地形植生誌

菊池多賀夫─［著］

東京大学出版会

Vegetation and Landforms
Takao KIKUCHI
University of Tokyo Press, 2001
ISBN 978-4-13-060176-4

付図 栃木県那珂川上流の植生図（原図は縮尺1:5000）
各部の植生がよく表示されている．1：ヒメアオキーブナ群集，2：シロヨモンーブナ群集，3：アカミノイヌツゲークロベ群集，4：ジュウモンジシダーサワグルミ群集，5：タマアジサイーブサザクラ群集，6：ヒメノガリヤスーヤシャブシ群集，7：崩壊地草本群落，8：カワラハハコーヨモギ群落，9：チマキザサーダケカンバ群落（伐採跡地），10：タラノキーヤマブキ群落（伐採跡地）．（宮脇ほか，1971 より作成）

はじめに

　植物の暮らしは土地に根ざしており，立地は，植物が求める条件にかなう土地にちがいない．植物が何を条件にして生育しているかを追求することは植生学として重要である．しかし，それはそれとして，私は立地は地表の一角にどのように成立するのか，隣りあう別の立地との違いはどのように生まれるのか，特質の異なるさまざまな立地がどのように配置されてまとまった１つの地域になるのか，そのようなことを考えながら野外調査を行ってきた．むろん，そこに成立している植生と対置しながらのことである．

　土地は，斜面方位，傾斜，陽あたり，風あたり，土壌の乾湿，積雪の多寡，物質の移動，堆積，地表の攪乱などの諸要素からみて，性質の異なる無数の地点から成り立つ．一方，植生の広がりも均一ではない．むしろ場所的な違いを豊富にかかえており，植生の違いは上記の土地的違いと無関係ではありえない．この関係を整理し，記述するのが本書の課題であるが，立地にも構造がある．地形的な特性，構造のことをいっているのであるが，これを骨格に据えて，いわば肉づけとして植生を記述すること，そうすることで体系的に植生を把握することを考えている．

　本書の組み立ては，大筋で流域の構造をふまえている．日本のような湿潤温帯の気候下で顕著な地形の形成営力は，なんといっても水の作用である．山腹，丘腹斜面に降った雨はいったんは地下に浸透し，地表に湧き出したところで斜面の侵食に関与し，生産された物質を運び，下流に至って堆積させる．この作用を通じて浸透域，侵食域，運搬域，堆積域とでも呼んで区別すべき４つの地域が生まれる．植生としても，それぞれに固有のものがあり，これらは流域を構成する基本的な地域要素というべきものである．本書では，全体に対して導入となる第１章の後，第２章で浸透域の植生を各種のスケールで取り上げている．ここには侵食，運搬，堆積の作用に伴う地表の攪乱が基本的に存在しない．その分，気候要素の影響が明らかな部分である．次いで第３章で山腹，丘腹斜面の地形，植生の構成を取り上げ，特に浸透域と侵

食域の区分について述べた．そのうえで侵食域の詳細を第4章で取り上げた．第5章では河川による運搬の作用と植生の関係，第6章で堆積域を取り上げた．以上によって流域の植生の全体をひととおり網羅的に取り上げることができたと考えているが，記述すべき事項には，ほかにも，水の作用とは別の営力による地形の影響がある．高山の寒冷気候下における地形の影響，海岸における波の作用の影響，地質的構造がかかわる地形の影響などである．これらについてはほとんどふれていないが，構成上やむをえなかった．

「地形植生誌」という本書の題名は，生物学，生態学を専攻する著者には，地形という部分がいささか無謀である．しかし，立地条件として土地の地形的特性を考えながら植生にかかわりあってきたことは冒頭で述べたとおりである．この間，多くの方々の教示を受け，また共同研究を通じて議論を深めてきたが，特に牧田　肇，三浦　修，田村俊和，宮城豊彦，大場秀章の各氏に深甚の謝意を表したい．永年にわたる彼等の厚誼なしに本書は成らなかったはずである．なかんずく三浦氏には多忙にもかかわらず粗稿を通読いただき，構成にもかかわる数々の貴重なご意見をいただいた．編集にあたっては東京大学出版会編集部の光明義文氏，岸　純青氏に大変お世話になり，約束から大幅に遅れたにもかかわらず暖かい励ましをいただいた．厚くお礼を申し上げたい．

目　　次

はじめに ………………………………………………………………………… i

第 1 章　植生と地形 ……………………………………………………………… 1

1.1　地形と植生を結ぶ 2 つの経路 ………………………………………… 1

　　(1) 地形の形態的特性が植生に及ぼす影響　1
　　(2) 地形の変動的特性が植生に及ぼす影響　2
　　(3) 形態規制経路と攪乱規制経路　3

1.2　植生図を読む　1 ── 栃木県那珂川上流の植生図 ………………… 3

　　(1) 植生図　3
　　(2) 河床の植生　4
　　(3) 山腹斜面の植生　4
　　(4) 支谷の植生　5
　　(5) 斜面の開析と植生　6

1.3　植生図を読む　2 ── 越後山脈守門岳主稜線の植生図 …………… 7

　　(1) 高度要因と地形要因　7
　　(2) スケール　9
　　(3) 高度に沿って異なる立地選択性　9
　　(4) 谷部の植生がよく発達する東側斜面　10

1.4　植生図を読む　3 ── 東北地方の植生図 ………………………… 12

　　(1) 3 列の植生の帯　12
　　(2) 沖積地の植生と山地・丘陵地の植生　12
　　(3) 要因は気候か地形か　14
　　(4) 植生図のスケール　14
　　(5) 現存植生と原植生　16

1.5　植物群落の組成と環境 ……………………………………………… 16

　　(1) 植分 (林分) と群落型　16
　　(2) 環境傾度と植物群落の組成　17

(3) 座標軸と空間　*17*
　　(4) 環境の構造　*19*
　　(5) 群落の類型・分類　*20*
　　(6) 群落と群集　*20*

第 2 章　地形の形態的特性と植生 …………………………………… *22*

　2.1　高度と植生帯 ……………………………………………………… *22*
　　(1) 日本中部の植生帯　*22*
　　(2) ヒマラヤの植生帯　*22*
　　(3) 東・南アジアの植生帯　*23*

　2.2　障壁としての山脈 ………………………………………………… *25*
　　(1) モンスーンの雨を阻むヒマラヤ　*25*
　　(2) 日本海側のブナ林と太平洋側のブナ林　*26*
　　(3) 日本列島の積雪の偏りと植生の背腹性　*26*
　　(4) 北東アジアの植生の地域分化　*27*
　　(5) 日本の植生と積雪　*28*

　2.3　斜面方位と植生 …………………………………………………… *28*
　　(1) 中国四川省コンガ山にみられるカシ林の森林限界　*28*
　　(2) 奥日光・奥鬼怒地方の冷温帯林と斜面方位　*30*
　　(3) 斜面方位による積雪の偏りと植生の違い　*31*
　　(4) 雪田の雪融けの時期と高山植生　*33*
　　(5) 風衝地の高山植物　*34*
　　(6) ヒマラヤの高山植生のパターン――日向斜面と日陰斜面　*36*
　　(7) 植生パターンからみた高山植生のタイプ　*39*

第 3 章　斜面の地形構成と植生 ……………………………………… *42*

　3.1　斜面の微地形構成 ………………………………………………… *42*
　　(1) 谷頭の微地形区分　*42*
　　(2) 斜面を構成する微地形単位　*46*

　3.2　谷頭の微地形とモミ-イヌブナ林 ……………………………… *49*
　　(1) 谷頭の微地形と植物の分布　*49*
　　(2) 気候的極相林モミ-イヌブナ林と微地形　*52*

　3.3　コナラ林の植生パターンと微地形 ……………………………… *53*

　　　　(1) 次数による尾根の分類と植生　53
　　　　(2) 谷頭凹地のコナラ林　56
　3.4　谷頭凹地の植生 ……………………………………………………… 57
　　　　(1) 谷頭凹地におけるアオキの特異な生育形　57
　　　　(2) 谷頭凹地におけるモミの早い更新　59
　　　　(3) 山火事跡地の植生にみられる谷頭凹地の大きな現存量　61
　　　　(4) 谷壁斜面を欠く浅い谷頭の植生　63
　3.5　上部斜面域と下部斜面域 —— 斜面の大区分 ………………………… 65
　　　　(1) 侵食前線　65
　　　　(2) モミ林が卓越する斜面の下部に発達するイイギリ林　66
　　　　(3) シイ林域における下部谷壁斜面 —— 千葉県清澄山の例
　　　　　　69
　　　　(4) シイ林域における下部谷壁斜面 —— 奄美大島の例　71
　　　　(5) 上部斜面域と下部斜面域　74
　　　　(6) 斜面における水の動態と微地形　75
　　　　(7) 上部斜面域の谷底面 —— シデコブシの立地　78
　3.6　スケールを異にした重層的な地形分類 ……………………………… 82
　　　　(1) 微地形単位の追加　82
　　　　(2) 分類単位の相互比較と植生の研究への活用　84
　　　　(3) 斜面の歴史と後氷期侵食前線　86
　　　　(4) 斜面の多重的分類と立地としての意味　87

第4章　斜面崩壊と植生 —— 下部斜面域の植生 ……………………………… 89
　4.1　後氷期における斜面の開析 …………………………………………… 89
　4.2　下部斜面域の土壌攪乱とイイギリ林 ………………………………… 92
　　　　(1) 群落組成の傾向と地形単位　92
　　　　(2) 土壌攪乱とイイギリ林　94
　　　　(3) 高尾山の浅開析谷とイイギリ　96
　　　　(4) イイギリとフサザクラ　98
　　　　(5) 主谷と支谷の下部谷壁斜面　98
　4.3　崩壊地のフサザクラ …………………………………………………… 99
　　　　(1) 地すべり斜面のフサザクラ低木林　99
　　　　(2) フサザクラの発生・成長と萌芽　101
　　　　(3) フサザクラの生活史　103

    (4) タマアジサイ-フサザクラ群集　*105*

 4.4 ヤシャブシ低木林 ………………………………………………… *106*

    (1) 崩壊性の斜面のヤシャブシ低木林　*106*
    (2) 河床のヤシャブシ低木林　*107*
    (3) ヤシャブシ低木林の動態　*108*

 4.5 ミヤマカワラハンノキ群落 ……………………………………… *109*

    (1) ミヤマカワラハンノキ-ウワバミソウ群集　*109*
    (2) ミヤマカワラハンノキ低木林の動態　*110*

 4.6 雪崩頻発斜面のヒメヤシャブシ群落 …………………………… *112*

    (1) ヤマブキショウマ-ヒメヤシャブシ群集　*112*
    (2) 雪崩が頻発する斜面の上部斜面域とミヤマナラ群落　*113*
    (3) 下部斜面域のヒメヤシャブシ群落　*114*

 4.7 ヤハズハンノキ群落とミヤマハンノキ群落 …………………… *115*

    (1) ヤハズハンノキ群落　*115*
    (2) ミヤマハンノキ群落　*116*

 4.8 サワグルミ林 ……………………………………………………… *116*

    (1) 奥入瀬渓流のサワグルミ林　*116*
    (2) 安定立地における更新か変動立地における動的平衡か　*118*
    (3) 大規模な地すべり地のサワグルミ林　*119*
    (4) 氾濫原の段丘化とサワグルミ林　*121*

 4.9 土石流・沖積錐の植生 …………………………………………… *121*

    (1) 地すべりと山崩れ　*121*
    (2) 速い移動と遅い移動　*122*
    (3) 地すべりの植物群落と山崩れの植物群落　*123*
    (4) 土石流堆積地の植生　*125*
    (5) サワグルミ林の成立と動態　*127*
    (6) シオジ林の成立と動態　*129*

第5章 河川における物質の運搬と植生 ………………………………… *132*

 5.1 河川縦断方向でみた河床特性と植生の変化 …………………… *132*

    (1) 河床における物質の動態　*132*
    (2) 石狩川における上流から下流への植生の変化　*133*
    (3) 東北・北海道の河床植生の比較　*133*

(4) 河床礫の礫径変化と植物群落　*136*
　　　(5) 上流のヤナギ林と下流のヤナギ林　*139*
　5.2　河川上流部の谷底の植生……………………………………………*141*
　　　(1) マスムーブメントによる扇状地状の堆積面とハルニレ林　*141*
　　　(2) 埋没礫質堆積層とハルニレ林　*144*
　　　(3) 谷底におけるマスムーブメントと河食　*145*
　　　(4) 露岩河床の植物群落　*147*
　5.3　河床の立地の動態と植生……………………………………………*148*
　　　(1) 河床における地形形成過程と植生　*148*
　　　(2) 河床の地形と植生における循環的な動態　*152*
　　　(3) ケヤマハンノキ林　*154*
　5.4　河床における砂礫堆の動態と植生…………………………………*155*
　　　(1) 砂礫堆の比高，堆積物粒径と植物　*155*
　　　(2) 植生図の比較による4年間の変化　*158*
　　　(3) 下流の砂堆の植生　*161*

第6章　沖積平野の地形と植生……………………………………………*165*
　6.1　沖積平野の構成 —— 仲間川下流平野の地形と植生　…………*165*
　　　(1) 沖積平野の地形　*165*
　　　(2) 植生の配置　*167*
　　　(3) 表層堆積物の堆積過程　*170*
　　　(4) 海進・海退の歴史と現在の植生　*171*
　　　(5) 現在の堆積作用と微地形スケールの地形・植生分化　*172*
　　　(6) スケールの異なる現象の重ね合わせ　*173*
　6.2　扇状地の植生と地形…………………………………………………*175*
　　　(1) 扇状地のアカマツ林　*175*
　　　(2) ムクノキ-エノキ林　*177*
　6.3　自然堤防と後背湿地の植生と地形…………………………………*178*
　　　(1) ムクノキ-エノキ林　*178*
　　　(2) タブノキ-ウラジロアカメガシワ林　*179*
　　　(3) オギ群落　*180*
　　　(4) 後背湿地としての伊豆沼湖沼群　*181*

6.4 三角州の植生と地形……………………………………………………184
  (1) 三角州の発達と植生　184
  (2) マングローブと塩生沼沢，淡水湿地　187
  (3) サロベツ原野の泥炭地　189
  (4) マングローブ林の泥炭形成と海面の上昇　192

6.5 海浜の地形と植生……………………………………………………196
  (1) 浜堤列　196
  (2) 砂丘の動態と植物　198

引用文献 ………………………………………………………………202
おわりに ………………………………………………………………214
索　引 …………………………………………………………………217

第1章　植生と地形

1.1　地形と植生を結ぶ2つの経路

（1）地形の形態的特性が植生に及ぼす影響

　地表がもし平滑なものであるなら，植生に対する立地としての地表は単一，一様な特性を示すであろう．いうまでもなく現実には多様に分化し，植物はそれぞれに好みの土地を選んで生育している．本書では植生の成立要因として地形のことを考えるが，地形の特性が植生の存在を規制する経路には，大きく異なる2つの経路がある（図1-1）．

　立地の地形的な違いは，多くは地表に起伏があることから導き出される．大きな起伏から生まれる高度差は温度差を生み，植生帯の垂直分布を出現させる．起伏があればこそ斜面が現出し，斜面の方位，傾斜の別が生まれ，そ

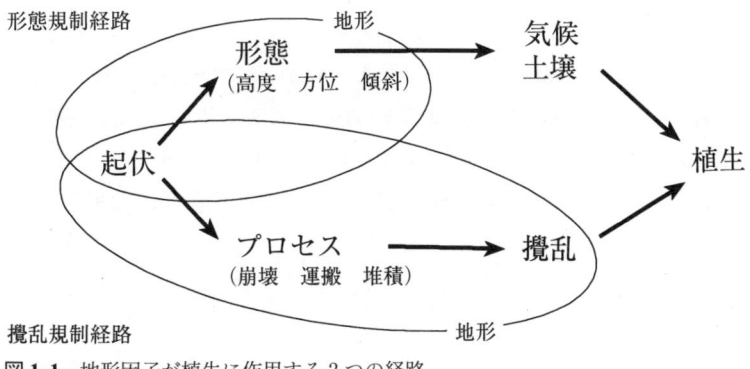

図1-1　地形因子が植生に作用する2つの経路

れらの違いは日射や風あたり，積雪・残雪，土壌水分などの差を生み出し，それぞれ特有の植生を成立させる．この仕組みでみるかぎり，植物の存在に対する直接の要因は気候条件や土壌条件である．地形はそれらの条件を生み出す背景であり，植物に対する要因としては間接的である．ここでいう意味の起伏は小地形，亜小地形，あるいはさらに大きいスケールの起伏のことを指しており，その形成には地史的な時間が費やされている．植物の生活史の時間幅をはるかに超えるもので，起伏を生み出した地形形成作用が，現に生きている植物に対して直接の要因になるわけではない．

（2）地形の変動的特性が植生に及ぼす影響

一方，地形の形成は現在でも当然進行しており，その作用がさかんな土地では，地表の物質の移動から生まれる攪乱が植物の生育に直接の影響を及ぼす．日本のような湿潤温帯の気候下でいえば，地形の形成に顕著にかかわる作用は河食（河川による侵食作用）である．降水として斜面にもたらされた水はいったん地中に浸透し，傾斜に従って斜面を移動して斜面の下部に湧き出す．湧水は直接，間接に斜面崩壊のような形で斜面の侵食を誘導し，この作用によって斜面の開析が進行する．開析とは，もともとの地形面が外的な作用によって侵食され，地形をつくっている物質が露出するようになることであるが，山腹斜面で開析作用の及ぶ範囲には限界がある．現在進行中の開析については，その上限を連ねる線が後氷期開析（侵食）前線と呼ばれている（羽田野，1986）．当然，開析前線より下位の部分は多かれ少なかれ変動性をそなえた土地で，ここにはフサザクラやハンノキ属の低木林，イイギリ林など，独特の群落が成立する．斜面崩壊と関連してサワグルミ林が成立する．これに対して上部域にはブナ林やシイ林のような気候的極相が卓越し，開析前線を挟んだ2つの地域は植生からみて画然と異なる．Kikuchi and Miura (1991) は開析前線を境として山腹斜面を上下に区分し，上部斜面域，下部斜面域と呼んだが，山腹斜面の植生と立地に以上のような相違を認めたからであった．

さらに，斜面崩壊から生産された物質は河川を通じて運搬され，下流に堆積する．この過程でもさまざまな微地形が形成され，それぞれを立地として特色ある植生が成立する．上記の斜面崩壊も含めて，これらの立地を特徴づ

ける地形的特性は地表の変動,攪乱である.この特性は微地形の形成にかかわると同時に植生の成立にとっても直接の要因となる.

(3) 形態規制経路と攪乱規制経路

このように,地形が植生の成立に影響を及ぼす経路は2つある (図1-1).一方の経路では,地形の影響は気候,土壌の特性を制御する形で現れ,これを直接の要因として植生の成立が規制される.この場合,地形要因として有効に働くのは地形の形態的側面である.これに対してもう一方の経路では,地形形成作用(プロセス)がもたらす地表の攪乱が,植生に対して直接の規制要因となる.

本書ではそれぞれをかりに形態規制経路,攪乱規制経路と呼ぶが,実際の植生で2つの規制経路はどのように現れるものか,まず植生図から読み取ってみる.

1.2 植生図を読む 1 ── 栃木県那珂川上流の植生図

(1) 植生図

地図を読む楽しみというものがある.地図には,地表に展開するさまざまな事象が等高線や記号で表記されていて,これを読み取って土地の風物や暮らしに自在に想いを馳せるのが楽しみなのである.そういう情報が無数に詰め込まれているが,情報をもっぱら植生にしぼったものが植生図である.

植生は,ある地域を覆っている植物集団の総体である.この場合の地域は広くとっても,狭くとってもよい.いずれにしても,地域の全体にわたって植生が一様だということは通常はない.むしろ場所によって生育する植物が違うというのが,おおかたの実感というものである.

ある場所に一緒に生活している植物の集団を植物群落,あるいは単に群落と呼ぶ.植物群落はそれぞれに種組成(組成),構造,季節性,相観などについて特徴をそなえており,それによってほかの場所の植物群落から区別される.植物群落にはそのような個別性があるが,一方,同じような立地には同じような特徴をもった植物群落がみられるのも事実である.そのような再

現性をふまえて，植物群落をタイプとして把握することができる．把握された群落タイプの空間的な広がりを図に示したものが植生図である．

付図の植生図は，宮脇ら (1971) による栃木県北部，那須岳山域の植生図の一部である．原図の縮尺は5千分の1である．那珂川の上流が図の西の端を北から南に向かって流れているが，上流といってもすでにかなりの規模の河川のようで，河谷底は 100 m 前後の幅がある．

（2）河床の植生

那珂川の河床には中州があちこちにあって，流路は網の目のようである．この形から，ヒトの頭ほどの礫がごろごろところがっていたり，こぶしほどの礫が敷きつめられているような砂礫堆がよく発達する中流域の河川が想像される．雨が降ればたちまち洪水となり，水の勢いで礫も動くだろうし，そのために植物もなかなか大きく育てないだろう．地表を100%覆うほどの植生は発達できないにちがいないが，植生図では，カワラハハコ-ヨモギ群落とヒメノガリヤス-ヤシャブシ群集とで河床がすっかり覆われているように表現されている．凡例によるとカワラハハコ-ヨモギ群落は草原，荒原であるが，ヒメノガリヤス-ヤシャブシ群集は低木林である．

図の左下すみにある州に注目してもらいたい．ここではカワラハハコ-ヨモギ群落が広がる州の一部に，島状のヒメノガリヤス-ヤシャブシ群集が分布している．ヒメノガリヤス-ヤシャブシ群集は低木林なので，荒原状のカワラハハコ-ヨモギ群落よりはより安定した立地に成立しているにちがいない．洪水のときにカワラハハコ-ヨモギ群落が冠水しても，この部分は，冠水をまぬがれるように少し高くなっているのであろう．それにしても洪水が大規模なときは水をかぶるにちがいない．

（3）山腹斜面の植生

山腹斜面は広くブナ林に覆われている．群落型からいうと大部分はヒメアオキ-ブナ群集である．尾根の部分はシロヤシオ-ブナ群落という別のタイプのブナ林になっているが，同じタイプが那珂川の支流に沿っても書き込まれている（図の中央やや左下）．そこは斜面の最下部だから，尾根とはいわば反対の地形になる．渓流沿いにはしばしば急斜面が発達するし，ときには岩

壁もできる．そのような地形にブナ林が成立するとは考えにくいから，ここのシロヤシオ-ブナ群落は，斜面が急斜地や岩壁に移行する"肩"にあたる部分に成立したものだろうか．このような立地が尾根に通じる特性をもっているのかもしれない．尾根といえばアカミノイヌツゲ-クロベ群集がまさに尾根のもので，尾根という尾根にこの群集が筋状に分布している．しかし，その尾根は先にみたシロヤシオ-ブナ群落が発達している尾根とは性格が違うものらしく，シロヤシオ-ブナ群落が発達している尾根から派生する支尾根にかぎって分布しているようにみえる．河川に主流と支流があるように尾根にも主脈と支脈は当然あるが，その違いは立地としての性格を変えるものなのであろう．急な斜面を登り切って稜線に出ると，そこにはゆるやかな斜面が展開していることがしばしばある．シロヤシオ-ブナ群落がみられる尾根というのは，頂部にありがちなそのような緩斜面なのかもしれない．

(4) 支谷の植生

斜面を切り込んで発達する支谷の底は，ジュウモンジシダ-サワグルミ群集が占有している．下流にたどると谷底の植物群落はカワラハハコ-ヨモギ群落に入れ替わり，那珂川本流に続いている．ジュウモンジシダ-サワグルミ群集とカワラハハコ-ヨモギ群落とはどちらも河床を立地にしていて，その立地を上流と下流で分けあっているようである．しかし，那珂川本流の右岸（下流に向かって右）上流側にみられるジュウモンジシダ-サワグルミ群集はカワラハハコ-ヨモギ群落，ヒメノガリヤス-ヤシャブシ群集と並行して成立している．ジュウモンジシダ-サワグルミ群集は，ここでは，谷底の群落というよりはむしろ斜面の脚部（下端）に発達するようにみえる．そして，この群落を下流側にたどるとタマアジサイ-フサザクラ群集に替わっていく．この植生図でみるかぎり，ジュウモンジシダ-サワグルミ群集とタマアジサイ-フサザクラ群集との立地の違いは読み取れない．

ほかに崩壊地草本群落と名づけられた群落が点在しているが，多くは，ジュウモンジシダ-サワグルミ群集が分布する谷をさかのぼり，さらに支谷をさかのぼってたどりつく谷の源頭にみられる．名前からして崩壊地に成立する群落にちがいないが，そういう立地は谷地形の一環として系統的に形成されるもののようである．

(5) 斜面の開析と植生

付図の植生図から読み取ったことを表1-1にまとめてみた．この植生図の地域ではブナ林の面積が圧倒的に広いが，いうまでもなくほかにも多くのタイプの群落がみられる．注目されることは，ブナ林以外の多くの群落が谷底かそれに接する斜面の脚部に集中していることである．谷地形にかかわりがないのはアカミノイヌツゲ-クロベ群集のみで，これは尾根に分布している．群落を山腹斜面の群落，谷部の群落というように立地から分けてみると，互いに共通のものがないことにも注目すべきである．2つの立地は，植物にとっては世界が違うというほどに違うもののようだということが，植生図から読み取れる．

地表には開析の作用がさかんに働く部分とそれをまぬがれる部分とがある．斜面の脚部は開析の作用が集中する場所であり，谷底は開析によって生産された物質が堆積し，さらには下流に運搬されていく道筋である．地形の変動性がことさら顕著に現れる場所であり，植生に対する地形の影響はもっぱら攪乱規制経路によるであろう．表1-1で谷部に一括された諸群落は，そのように成立したものにちがいない．いうまでもなく植生の成立要因を植生図から実証できるわけではない．しかし，成立要因のあれこれに想いをめぐらす素材が至るところにみつかるのも植生図である．

表1-1 付図から読み取れる地形と植物群落の対応

地 形			植物群落
尾 根			アカミノイヌツゲ-クロベ群集
斜 面	一般の斜面		ヒメアオキ-ブナ群集
	頂部の緩斜面		シロヤシオ-ブナ群落
	谷隣接部		シロヤシオ-ブナ群落
谷 部	源 頭		崩壊地草地群落
	支 流		ジュウモンジシダ-サワグルミ群集
	主 流	斜面の脚部	ジュウモンジシダ-サワグルミ群集 タマアジサイ-フサザクラ群集
		砂礫堆	カワラハハコ-ヨモギ群落 ヒメノガリヤス-ヤシャブシ群集

対照的にブナ林が広がる地域は開析の作用をまぬがれた，相対的に安定な地域なのであろう．そのなかにもヒメアオキ-ブナ群集とシロヤシオ-ブナ群落の違いがあり，さらにはアカミノイヌツゲ-クロベ群集がみられる．それらの分布も地形の違いに対応しているように読み取れるが，この場合の地形の影響は，主として形態規制経路によるものであろう．

1.3 植生図を読む 2 —— 越後山脈守門岳主稜線の植生図

(1) 高度要因と地形要因

日本の日本海側地方は世界有数の多雪地域といってよい．なかでも越後山脈は典型的な多雪山地の1つで，守門岳はほぼその中央部にある．図1-2は畠瀬と奥田 (1999) が作成した守門岳山頂とその周辺の植生図である（原図は約2万5千分の1）．範囲は標高1200 mの等高線で区切られていて，それよりも高い地域が表示されている．山頂（標高1537.6 m）は図の東の端近くにあり，ここから北西方向と南西方向とに稜線が延びている．

この稜線を境にして，東西の植生が明瞭に違っているのがまず目につく．

稜線の西側で高度の低い地域に広がる植物群落はおおむねマルバマンサク-ブナ群集で，1300 mから1350 mあたりの高度を境にしてそれより高い地域ではミヤマナラ群集に替わっている．ただしこの境界はかなり不規則で，互いに上下して入り組みあっている．特に主稜から西に向かって派生する何本かの尾根の上にみられるように，ミヤマナラ群集の分布域は尾根の上では低い方まで延びているようにみえる．一方，マルバマンサク-ブナ群集にもミヤマナラ群集が卓越する地域に侵入しているような部分がみられ，ときには1500 m近くの高さに達しているところがある．確かとはいいにくいが，等高線からは，マルバマンサク-ブナ群集が谷部を伝わって上昇しているように読み取れる．そのほかタテヤマスゲ-ヌマガヤ群落，イワイチョウ-ショウジョウスゲ群集などもみられるが，主稜線西側のこの斜面では，概略的，巨視的にみればマルバマンサク-ブナ群集とミヤマナラ群集がそれぞれ卓越する地域が高度に従って分かれていて，いわば植生帯を形成している．しかし境界は詳細にみれば上下しており，一方の分布域が互いに相手の分布域に

凡例:
- イワイチョウ-ショウジョウスゲ群集
- タテヤマスゲ-ヌマガヤ群落
- ヤブキショウマ-ヒメヤシャブシ群集
- チシマザサ群落
- ミヤマナラ群集
- マルバマンサク-ブナ群集
- 裸地

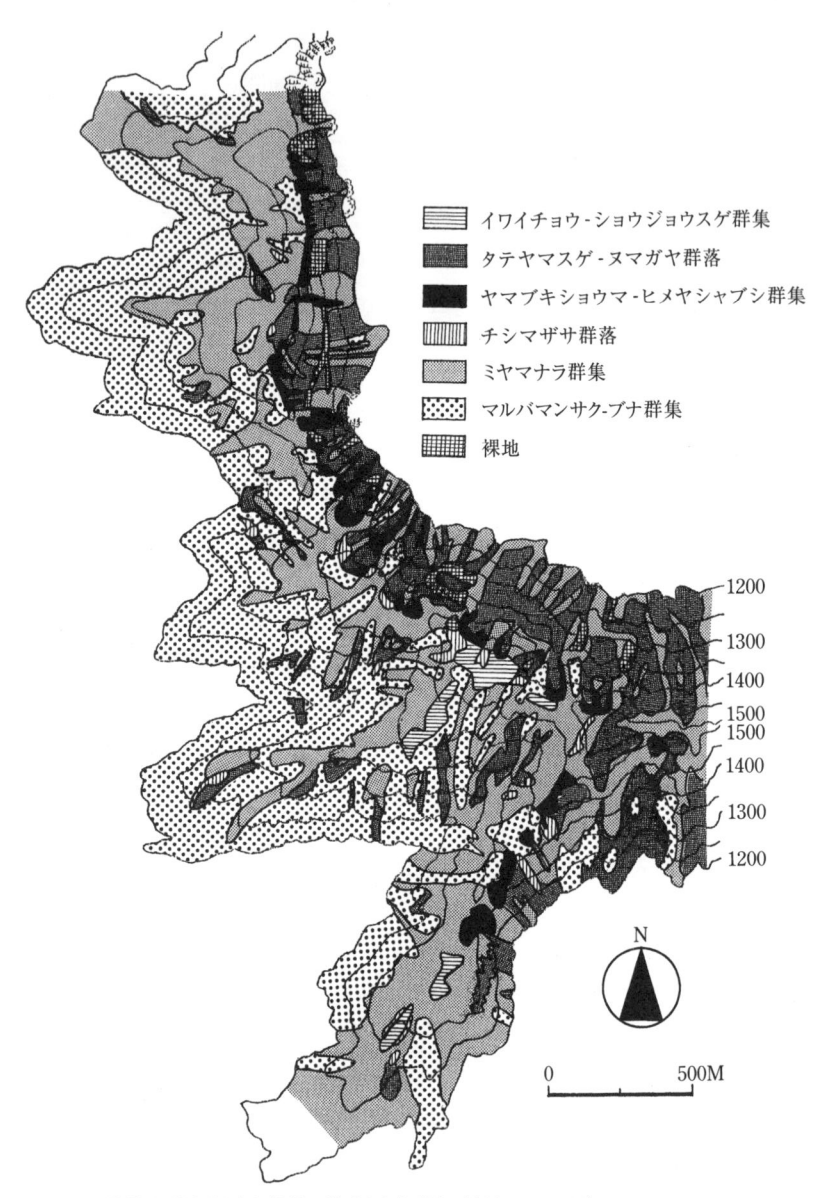

図 1-2　越後山脈守門岳主稜線の植生図（原図は縮尺 1：25000）
西斜面と東斜面の植生の違いが明らかである．（畠瀬・奥田，1999 より作成）

入り込むような複雑なものになっていることが読み取れる．しかもそのとき，マルバマンサク-ブナ群集は谷部，ミヤマナラ群集は尾根部というように別の立地をもっているようにみえる．

(2) スケール

まず，植生図から遠く離れた位置に立って，巨視的に観察したと仮定してみよう．このときには分布域は高度によって分割されて，植生帯が形成されているようにみえるはずである．この場合の高度の違いは温度の違いに読み替えて理解してさしつかえないであろう．この距離からは境界の微細な出入りはよくみえない．

つぎに，植生図に目を近づけて境界を詳細に観察すると，2つの群落はそれぞれ固有の立地を選びながら上下に入り組んでいるのがみえてくるはずである．高度については互いにはみ出しがあり，境界域でみるかぎり，2つの群落を分けている要因は地形的条件であって高度ではない．それでは，それぞれの群落の分布主要部でも，マルバマンサク-ブナ群集は谷部，ミヤマナラ群集は尾根部というように特定の地形を選んで成立しているのであろうか．おそらくそうではないであろう．植生図を微視的に観察しても，境界域で観察されたような特定の地形に偏った分布パターンはどちらの群落でもみえないからである．その観察が正しいなら，分布の主要域では，土地的条件の違いを超越して尾根にも谷部にも成立していることになる．

2つのことを指摘できる．

先の記述は，観察する対象と観察者との距離の違い，それに伴う視野の広さの違いにもとづいている．これは植生図の縮尺（スケール）の違いにおき替えてよい．大きい縮尺の植生図には細部までが表現されるし，小縮尺の植生図ではその点は省略される．それは当然のことであるが，重要なことは，小縮尺の植生図から読み取れることと大縮尺の植生図からみえることとは，現象がしばしば別だということである．ここの例でいえば，高度差に伴う植生の違いと地形条件による植生の違いとして読み取ることができる．

(3) 高度に沿って異なる立地選択性

もう1つ指摘したいことは，植物群落による立地の選択性が高度によって

違っている点である．分布の境界付近でみられる尾根あるいは谷筋への立地の限定は，それぞれの群落の分布中心域ではみられない．高度が，あるいは気候が成立に好適であるとき，土地的条件が多少適していなくても植物は問題にしないということであろうか．あるいは，分布中心域の気候では尾根も谷筋も等しくその群落の成立に好適な条件になるということであろうか．前者ならば構成種の生育特性の問題だし，後者なら環境の構造の問題である．

(4) 谷部の植生がよく発達する東側斜面

主稜線の東側の斜面はヤマブキショウマ-ヒメヤシャブシ群集とタテヤマスゲ-ヌマガヤ群落，ミヤマナラ群集の3群落でほとんどが占められている．マンサク-ブナ群集もみられるが面積はごく小さい．もちろん標高1200 m以高でのことで，より低い場所のことはわからない．

この3群落のうちヤマブキショウマ-ヒメヤシャブシ群集は，多くの例が主稜線に沿って並列に並んでいる．ただし稜線に沿って連続というのではなく，円頭部を稜線に向けた幅100-150 m程度の大きさの半円形，あるいは馬蹄形の広がりが，頭頂部を稜線に接して横に並んでいる．ほかの2群落，タテヤマスゲ-ヌマガヤ群落とミヤマナラ群集は狭い帯状の分布を示しており，それが稜線に対して直角の方向に延びている．しかも，それらが交互に交替しているのが目につく．この2群落のうち，タテヤマスゲ-ヌマガヤ群落は，稜線に接するヤマブキショウマ-ヒメヤシャブシ群集の下方に続いている．

ミヤマナラ群集は稜線の西側の斜面でも主要な群落であった．しかもそれは尾根に成立する傾向があることを指摘した．東側斜面でも等高線の走り方を詳細にみるとそのようにみえないこともない．ミヤマナラ群集の立地の選択性がそういうものであれば，これと交互に交替しているタテヤマスゲ-ヌマガヤ群落は谷に沿って成立する群落なのかもしれない．さらにヤマブキショウマ-ヒメヤシャブシ群集はその谷の源頭に現れる群落なのかもしれない．源頭部にヤマブキショウマ-ヒメヤシャブシ群集をいただき，その下流側にタテヤマスゲ-ヌマガヤ群落が発達する谷部の植生と，尾根に成立するミヤマナラ群集とが交互に入れ替わっている姿なのではなかろうか．さらにミヤマナラ群集が西側の斜面でも主要な群落であることをふまえていえば，谷部

の植生の発達が東側の斜面の顕著な特徴なのではあるまいか．このことを確認するにはなんといってもこの植生図の縮尺は小さすぎるが，現象把握への導入としては，十分に有効な縮尺である．

以上のように読み取った分布構造を図1-3に模式的にまとめた．このような分布構造の成因については当然のことながら原著者らの見解がある（畠瀬・奥田，1999）．しかし本章の主題は植生図を読むことなので，記述はここまでにとどめたい．冒頭に述べたように，守門岳は豪雪地域にある．雪が降る季節の主風は西から吹いて，風陰の東向き斜面，それも稜線の直下に吹き溜りをつくりやすい．このことは雪が多い地方にはよくみられることで，この知識が多少ともあれば，稜線を挟んで東西の斜面の植生があざやかに違うこと，特にヤマブキショウマ-ヒメヤシャブシ群集の成立には雪（残雪）がからんでいることをまず疑うであろう．原著者らはこのことをデータであざやかに確認しているが，そのことは後にあらためて取り上げる．

いずれにしても谷部に集中してみられるヤマブキショウマ-ヒメヤシャブシ群集とタテヤマスゲ-ヌマガヤ群落の成立には，侵食がからむ地表の変動性（撹乱規制経路）が関与していることであろう．

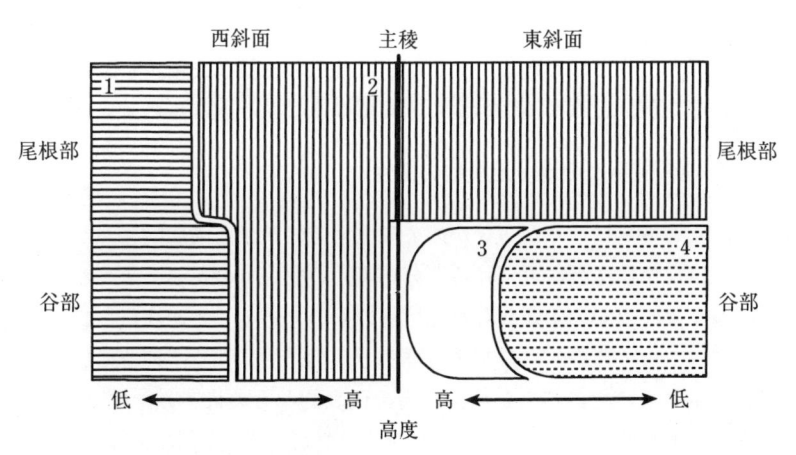

図1-3 守門岳主稜線の群落の配置
図1-2の植生図から読み取った配置の模式図．1：マルバマンサク-ブナ群集，2：ミヤマナラ群集，3：ヤマブキショウマ-ヒメヤシャブシ群集，4：タテヤマスゲ-ヌマガヤ群落．

1.4 植生図を読む 3 ── 東北地方の植生図

(1) 3列の植生の帯

図1-4は東北地方の植生図である（吉岡, 1973）. これまでみてきた2枚の植生図に比べると地域が格段に広く, 地図の縮尺はぐんと小さくなって約300万分の1である. その分, 広い視野からの大局的な植生の把握が期待できる.

東北地方の南半分では日本海側にブナ林, 太平洋側にモミを伴うイヌブナ林がそれぞれ分布していて, この地域を大きく東西に二分している. モミ-イヌブナ林の分布はこの地域にかぎられるが, その北の北上山地にはミズナラ林が分布している. 一方のブナ林は東北北部まで広がるが, それが北部の全域を覆うわけではなく, 特に日本海沿岸域にはスギを伴うブナ林, ヒノキアスナロが混じるブナ林が顕著である. そして, 太平洋岸ではミズナラが混生するブナ林がある. 概略的には南北方向に連なる植生の帯が3本, 並行に走っているような構造を読み取ることができる. 小島ら (1997) は東北地方の自然について "三列の山並みがわけるみちのくの風土" と述べたが, その構造は植生図にも現れている. それは大地形的な構造から解き明かされるべき性質のものであり, 積雪が日本海側に多く太平洋側に少ないという気候的な相違をも導き出すものである. それがまた植生の性格にも密接に関係しているに相違ないが, むろん植生図からその機構まで読み取れるわけではない.

(2) 沖積地の植生と山地・丘陵地の植生

以上は, ことさらに遠くからながめて東北地方の植生を大局的につかんだものである. 目を植生図に近づけると分布範囲の狭いものがみえてくるが, それらの多くは, 上記の主要な群落とは別のものであることが注目される. 広い範囲にわたって連続的に分布する群落と, 相対的に狭く不連続に成立する群落とは別のものであるらしい. 後者の代表的なものはアカマツ-コナラ林と沼沢・湿原植生である. アカマツ-コナラ林の分布は岩木川, 北上川, 雄物川, 最上川, 阿武隈川などの大きな河川に重なっている. これらの分布地の下流部にはまた沼沢・湿原植生が分布することが多い. この2つの群落

凡例:
- 暖温帯常緑広葉樹林
- モミ・イヌブナ林
- ブナ林
- ブナ・スギ林
- ブナ・ヒノキアスナロ林
- ブナ・ミズナラ林
- ミズナラ林
- 高山・亜高山植生
- ミズナラ・イタヤカエデ林
- アカマツ・コナラ林
- 沼沢・湿原植生
- 砂浜・砂丘植生

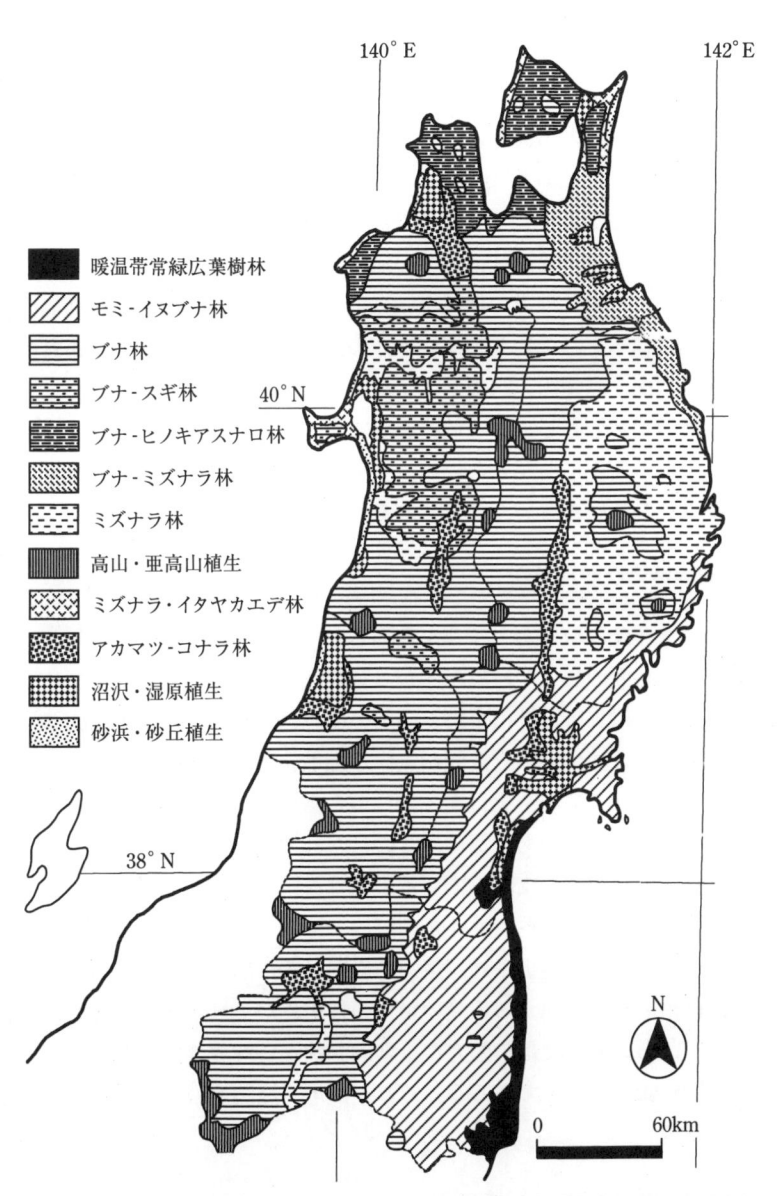

図 1-4　東北地方の植生図（原図は縮尺 1：300 万）（吉岡，1973）

は沖積平野の植生で、アカマツ-コナラ林は扇状地性の，沼沢・湿原植生はデルタ性の土地に成立するということであろうか．津軽平野，秋田平野，庄内平野，仙台平野などの海岸は砂浜・砂丘植生で縁取られている．これも沖積平野の1つの要素である．

沖積平野の植生がこのようなものである一方，3列の帯をなして浮かび上がった上記の植生は，丘陵地，山地の植生である．このほかに，面積はさらに小さいながらも東北地方のほぼ全域に点々と分布地をもつ高山・亜高山植生が植生図には示されている．東北地方の山について多少の知識があれば八甲田山，岩木山，岩手山，八幡平，早池峰山，栗駒山，鳥海山，月山，朝日，飯豊山などの山に分布している植物群落であることが理解できるはずである．これらも山地の植生にちがいないが，高度が高いために，そこだけ特有の植物群落が成立しているということである．

（3）要因は気候か地形か

以上のように読み取ったところを整理して，図1-5に模式的に示した．山地・丘陵地の斜面の植生が日本海側から脊梁部，太平洋側と3列をなして分かれているのに対して，沖積平野と高山の植生にはそのような地域的な差がない．このことは植生の成立要因が気候か土地の特性かということとからんで注目すべきことである．裏日本・表日本と俗にいわれるような違いが日本海側と太平洋側の気候のあいだにあるのはだれでも知っているし，この違いが山地・丘陵地の植生を支配しているのではなかろうかということである．一方，沖積平野では土地的特性からの制約が強力で，群落は沖積平野に適合できるという1点から選択され，気候の影響は表に出てこないということであろう．群落の成立に対する環境の影響の仕組みがそれほど単純なものでもなかろうが，あえていえば，強力な土地的制約から解放されるときには気候からの影響が表に現れるであろう．それが山地・丘陵地の植生だとみることができる．

（4）植生図のスケール

付図の植生図ではブナ林が大きな面積を占めるが，それとは違う谷底の植生が明らかに表示されていた．また図1-2では，沢すじと尾根すじの植生の

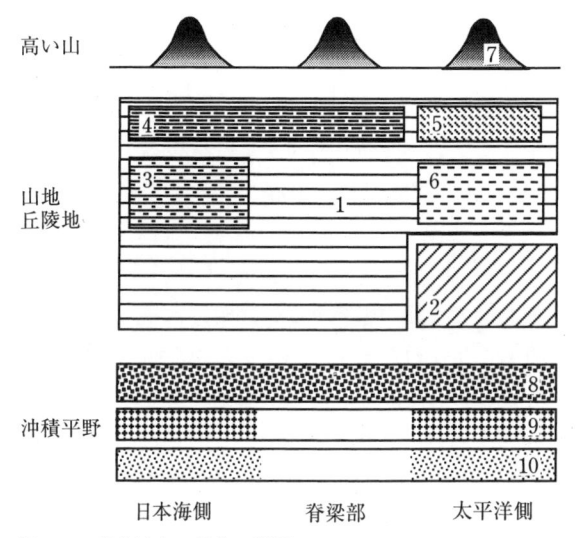

図 **1-5** 東北地方の植生の配置
図 1-4 の植生図から読み取った配置の模式図. 1：ブナ林, 2：モミ-イヌブナ林, 3：ブナ-スギ林, 4：ブナ-ヒノキアスナロ林, 5：ブナ-ミズナラ林, 6：ミズナラ林, 7：高山・亜高山植生, 8：アカマツ-コナラ林, 9：沼沢・湿原植生, 10：砂浜・砂丘植生.

交替という植生の細部が表現されていた. 図 1-4 にそのような小面積の群落をみつけることはできない. これは単純にスケール（縮尺）の問題である. 図 1-4 に表現されている植生の最小の広がりは原図上において約 1 mm で, これは実際の広がりとしては 3 km に相当する. それより小さい面積の植生は, より広い面積をもつ隣接の群落のなかに飲み込まれた形で, 図示の段階で省略されることになる. そうすることによって植生の分布構造, 空間構造がより単純で一様化された形に表現されるが, 地形を要因として成立している植物群落は, 形態規制経路によるものにしろ攪乱規制経路によるものにしろ多くが省略されることになる.

付図では, 谷に沿って現れるさまざまな植生の存在が目についた. 図 1-4 の縮尺ではそのような植生の表現はない. 代わって, 山地, 丘陵, 平野, 盆地というような広さを 1 単位にまとめた植生の特徴, あるいは東北地方日本海側と太平洋側の植生の違いが浮かびあがっている. そして, もし縮尺をさ

らに小さくとって世界の植生図のなかに東北地方の植生を示すとすれば，図1-4の凡例のミズナラ・イタヤカエデ林以下の植生は当然省略されるだろう．そのほかについてもせいぜいブナ林とモミ-イヌブナ林が表現されるか，あるいは東北地方全体をブナ林で塗りつぶすことになるかもしれない．そのときは，東北地方の植生はブナ林1つで性格づけられ，論じられることになる．

(5) 現存植生と原植生

植生はいろいろな形で人間の影響を受け，変質する．われわれが今日，現にみることができる植生を現存植生というが，現存植生を構成する植物群落の多くはそのように変質して成立した二次植生，または代償植生と呼ばれるものである．現存植生でもっとも広い面積をもっているのは，東北地方にかぎらずどの地方でもいまや二次植生である．ブナ林やモミ林のような自然のままの植生がそのままの姿を維持している例もないではないが，けっして広くはない．先に述べた縮尺に伴う省略の手続きを現存植生図に適用して小縮尺の植生図をつくるとすれば，残るのは間違いなく二次植生である．本来の自然の姿を伝える植物群落の多くは，二次植生ばかりが目立つ現存植生に紛れてひっそりと存在しているにすぎない．そのような例を見逃さずに情報として駆使し，人為の影響による変容以前の植生像を復元したものを原植生図という．原始の姿に理想化された植生像である．図1-4に示されているのは実は原植生である．現存植生図は植生の現状を知るうえで基本的な資料である．一方，人為の影響を除いた姿に表現された原植生図も，植生の本来ある姿とその環境を考えるうえで重要な情報源である．

1.5 植物群落の組成と環境

(1) 植分（林分）と群落型

これまでの記述では，植物群落を"カワラハハコ-ヨモギ群落"のように呼ぶ一方で，"ヒメノガリヤス-ヤシャブシ群集"のように"群集"を付して呼んだ．またブナ林のように群落の様態が想像できるような言葉でも呼んでいて，呼称に統一がない．植物群落の組成の性格と群落の類型，さらに類型

されたものの呼称について多少述べておきたい.

ある場所に一緒に生活している植物の集団を植物群落,あるいは単に群落と呼ぶ.このことはすでに述べたが,植物群落という用語は個別に存在している具体的な集団に対しても用いるし,タイプ（群落型）として把握された抽象的なものについてもいう.それでは混乱が起きるが,個々の群落については別にスタンドという用語があり,訳語としては植分という.森林が対象の場合は林分ともいう.

われわれがそのなかに入って実際に観察できるのはスタンドである.

(2) 環境傾度と植物群落の組成

植物群落は多くの種によって構成されるが,それぞれの種の量的関係は環境が変わるにつれて変化する.さらには構成種の一部が交代する.個々のスタンドを環境の特性によって座標軸上に位置づけると,組成は環境の傾度に従って連続的に変わる.このことは直接的,間接的手法によって古くから把握されているが (Curtis and McIntosh, 1951; Bray and Curtis 1957; Whittaker, 1956 など),環境の変化に対する応答が群落構成種のあいだで必ずしも同調的ではなく,それぞれがむしろ独立に反応するためであると考えられている (Gleason, 1939).環境条件が違うとスタンドの組成は連続的に変化,交替するという関係を,群落を代表する種,たとえば優占種を想定して図 1-6 A に模式的に表現してみた.環境とスタンドとの関係がこのようなものであれば,タイプ（群落型）として植物群落を区別することは本来できないであろう.したがって,群落の空間的な広がりにも境界を引くことはできないはずである.植生図としての表現は,あえてやるとすれば連続的に変わる濃淡のような表現になるほかないであろう (Whittaker, 1953).

(3) 座標軸と空間

図 1-6 A の座標軸は,湿潤から乾燥,寒冷から温暖,というような環境の傾度を表現している.抽象的な座標軸と現実の空間とは当然同じものではないが,少しずつ違う環境条件が,一定の方向性をもって,連続的に出現するということが現実の空間にないものだろうか.図 1-6 A の横軸を図 1-6 B のように空間の距離におき替えることができるか,ということである.気温

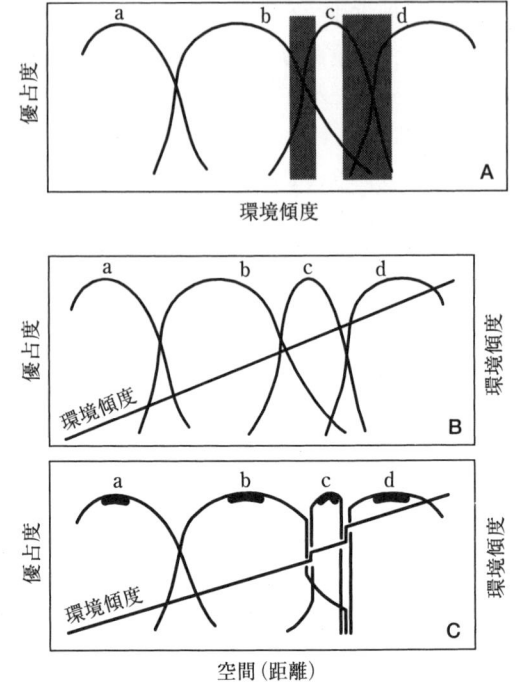

図 1-6 環境の変化に対する植物群落の組成の変化を示す模式図
a-d は群落構成種を表す．

は高度に従って一定の割合で低下することはよく知られている．現実に植生が成立しているヒマラヤの斜面に沿って実測したところ，気温は高度に従って一定の割合で変化した（表 1-2）．緯度や高度に沿って変わる気温の変化はそういうものとみておそらく間違いない．そのほか湿度，降水量などは，少なくとも平均値でみれば現実の空間でも連続的に変化するであろう．そのように変化する環境を要因として成立する植物群落には，現実の空間でも，連続的，漸移的に変化することを期待してよいかもしれない．

一方，現実の植物群落の配置や広がりをみると，群落相互の境界は必ずしも漸移的なものばかりではなく，しばしば画然としている．群落組成は環境の変化に対して連続的，漸移的に変わるという原理を受け入れる一方で（図 1-6 A），群落間に明瞭な境界が存在するということが事実ならば，これを

表1-2 ヒマラヤ山地における高度 (A) と気温 (T) との関係式 $T=a-bA$ における a および b の値
昼間における時刻ごとの観測から得られた値である。r は相関係数。(Kikuchi and Ohba, 1988 a)

時　刻	a (°C)	b (°C/100 m)	r
6:00	26.5	0.49	0.952
7:00	25.5	0.44	0.982
8:00	27.1	0.45	0.884
9:00	30.0	0.51	0.905
10:00	31.3	0.55	0.930
11:00	30.9	0.51	0.931
12:00	30.4	0.51	0.890
13:00	30.8	0.53	0.940
14:00	32.1	0.56	0.962
15:00	30.4	0.54	0.934
16:00	27.7	0.46	0.936
17:00	27.1	0.46	0.971
18:00	28.4	0.51	0.966
19:00	26.0	0.46	0.978

説明するには現実の場における環境条件の出現に片寄りがあり，ときには欠落する条件があることを仮定しなければならないのではなかろうか．図1-6 Aで網をかけたような部分がもし立地として欠落していると仮定すれば，そこに成立するはずの植物群落（植分）が欠け，隣接する群落（植分）相互の組成的な関係は不連続なものになるであろう．そして，欠落部分をもった環境傾度が現実の立地に展開されれば，群落間の境界は不連続で明瞭なものになるはずである（図1-6 C）．

（4）環境の構造

図1-6のAの横軸は環境傾度であるが，B, Cでは具体的な空間を表している．前者は環境条件に対する植物種の応答，種の消長である．種の適合曲線と理解してもよい．これに対して後者は，ある種にとって立地となりうる条件が，現実の空間に実在するか，欠落するかを表現しようとしている．前者は生物の問題であるが，後者は環境の構造の問題である．環境には構造がある．その構造に沿って種がどのように応答し，植物群落をつくるか，さらには地域全体の植生を構成するかということである．

本書では，特にこのことを主題として取り上げてみたいと考えている．

(5) 群落の類型・分類

環境条件は地点ごとに変わり，植物群落の組成はそれに応じて個々に，少しずつ変わるとすると，同じような組成をもった群落は，なかなかないということになる．しかし，現実の植生調査から実感される事実としては，同じような組成・構造をもつ植物群落は各所にみられる．植物群落にはそのような再現性がしばしばみられる．先に述べたような欠落が環境条件にあると仮定すれば，変異の幅はかぎられたものになるし，スタンド間の組成の違いも小さくおさえられることになる．図 1-6 C の種 c のような場合である．この場合，同じような立地-植物群落の関係が繰り返し各地にみられることになる．仕組みが先に述べたようなものかどうか，本当のところは不明というほかないが，このような再現性が植物群落にはしばしばみられる．

植生の研究では，植物群落をタイプとして認識，把握することが普通に行われる．この手法は先に述べた植物群落の (スタンドの) 再現性にもとづくものと考えてよいかと思う．いうまでもなく個別性・変異性が顕著で再現性に乏しい場合もある．図 1-6 C に沿っていえば，種 a と種 b が優占する群落がそれにあたる．この場合，あえて群落型を認識するとすれば，両群落の移行部分を意図的に省略し，図に太い線で示された部分のみを取り上げることになる．この場合の省略は，環境-植物群落の欠落部を意図してつくり出しているともとれる．伊藤 (1977) が指摘するように，なまのままではその秩序性がなかなか理解できない複雑多様な植物的自然を，人間が理解しやすい形に取り出すための研究戦略というべきものであろう．

(6) 群落と群集

群落型は，もはやスタンドを超越して抽象化された単位である．群落型がそのように把握されると，さらに，組成や立地などの特性にもとづいて座標軸上に位置づけられ，ほかの群落型との相対的な関係が解析される．あるいは一定の分類体系に照合し，分類体系上の位置が追求される．分類体系にはいろいろなものがあるが，ここでは，チューリッヒ・モンピリエー学派の体系に従った日本のブナ林の分類を例として示す (福嶋ほか, 1995)．

ブナクラス
　　　　　ブナ-ササオーダー
　　　　　　　ブナ-スズタケ群団
　　　　　　　　　ブナ-シラキ群集
　　　　　　　　　ブナ-ヤマボウシ群集
　　　　　　　　　ブナ-スズタケ群集
　　　　　　　ブナ-チシマザサ群団
　　　　　　　　　ブナ-クロモジ群集
　　　　　　　　　ブナ-チシマザサ群集

　ブナクラス（宮脇ほか，1964）は日本の落葉広葉樹林（夏緑広葉樹林）を大きくまとめる植生分類単位で，ブナ-ササオーダー（鈴木，1966）のほかにも2，3のオーダーを含む．そのように，いくつかの類似の群集をまとめて群団という分類単位にまとめ，群団をオーダーにまとめ，さらにクラスにまとめるというように，階層的な分類体系となっている．この分類体系で基本的な単位となるのは群集である．本書では，引用した文献で分類単位が明確に示されているときにはその単位（普通は群集）をそのまま使用した．しかし，分類単位が明らかになっていないことは多々あるし，研究者間で見解の異なる場合も多い．先のブナ林の分類に本章の1.2節に出てくるヒメアオキ-ブナ群集（宮脇ほか，1968）が含まれていないが，ブナ林の分類に関して見解が異なるためである．このような相違に対してそれぞれに是非を論じ，いずれかに特定する能力は私にはない．要するに分類の素養がないし，そもそも本書の主題はそこにはない．本書では，引用の場合を除いて，"ヨシ群落"のように単に"群落"として記述することを原則としたい．群落型と認識はしているが，分類体系に組み込まれたものとして扱うわけではないということである．

　また"ブナ林"という場合の"林"のように，"低木林"，"草原"，"湿原"などの呼び方も普通に用いた．群落の様態をおのずから表している点でむしろ重宝である．これらは一般語といってさしつかえないが，相観に基礎をおいた群落の類型基準でもある．相観の相はヒトの人相や手相などという場合の相にほぼあたり，その違いにもとづいて植物群落を類別する方法である．

第2章　地形の形態的特性と植生

2.1　高度と植生帯

(1) 日本中部の植生帯

　地表には起伏があり，起伏から斜面の傾斜，方位などの違いが生まれる．これは地形の形態的特性で，その違いに起因してさまざまな植生の違いが導かれる．起伏によって生まれる高さそのものも植生の分化を生みだす重要な要因となる．

　中部地方の平地の気候的極相は常緑広葉樹林である．今日の現実の植生はヒトの活動の影響に支配されており，極相に達した森林が実際に広い広がりをみせているわけではない．しかし，安定な立地に十分に成熟した森林が成立しているときは，決まってシイやカシの類が優占する常緑広葉樹林であることからそのように判断される．同じ性格の立地に成立する植生は，高度約1000 m くらいに達すると落葉広葉樹林に替わり，さらに約1500 m ほどで常緑針葉樹林に替わる．約2500 m になると，ついにはハイマツが優占する低木群落に替わっていく．高所では植生に対する人為の影響が小さいから，針葉樹林やハイマツ群落の場合は，広い広がりを現実にみることができる．

(2) ヒマラヤの植生帯

　ネパールヒマラヤの山麓には *Shorea robusta* の森林が広がっている．この地方には明瞭な乾期があって，乾期には葉落する落葉広葉樹林である．この落葉広葉樹林は約 1000 m の高度で常緑広葉樹林に交代する．ここではヒメツバキやシイ・カシの類などが優占するが，2000 m あたりから上になる

と，同じ常緑広葉樹林でも *Quercus semecarpifolia* が優占種になることが多い．さらに約3000mになるとモミ属優占の常緑針葉樹林に替わり，これが約3800mの高さまで続いて森林限界に達する．その上には約4000mまでシャクナゲ属の低木林があり，それより高いところは矮性のシャクナゲ属が優占する群落や草原が展開する高山帯となり，約5000mで雪線に達する．それから上は年中雪に覆われる世界である（菊池，1987）．

高度が上がると気温が一定の割合で低下することはよく知られているが，前章の表1-2に示したように，雨期のヒマラヤで測定した気温減率は高度100mに対して約0.5℃であった．同じヒマラヤで，雨期あけの季節に観測した最低気温の気温減率が報告されているが，その値は100mにつき0.6℃というものであった（大沢ほか，1983）．そのような割合で高所ほど低温となっており，その差に従って植生も変化していると理解される．しかし，気温が植生帯を規制する仕組みはもう少し複雑なものらしい．

（3）東・南アジアの植生帯

図2-1は，Ohsawa（1990）が東アジア，南アジアの山々の森林-気候帯区分と，特に森林限界を示したものである．寒冷な北から暖かい南に向かうにつれて，同じ植生帯がより高い場所に成立する．このことからも，植生帯の垂直方向の変化が温度に強く影響されて成立していることをうかがうことができるが，その関係が直線的な関係として成り立つのは北緯20°付近より北にかぎられている．それより南では，森林限界の上昇は頭打ちとなっている．そして森林限界をつくる樹種も北緯20°付近を境にして違っており，それより北では落葉広葉樹を伴いながらも主として常緑針葉樹であるのに対し，南では常緑広葉樹となる．この違いはつぎのように説明されている．

月平均気温から5℃を差し引いた値の積算値をあたたかさの指数（吉良，1948）と呼び，気温条件を表す指数として使われている．気温は高度とともに低下するので，あたたかさの指数も高度とともに小さくなるが，森林限界の高さのこの指数は，どこでも12-15℃・月の値になる．指数の値が12-15℃・月となる高度を追跡していくと北では低く，南に向かって次第に高くなるが，北緯20°付近より南ではほぼ一定の高さに現れて，全体として森林限界の高度分布と一致するということである．一方，月平均気温5℃以下の

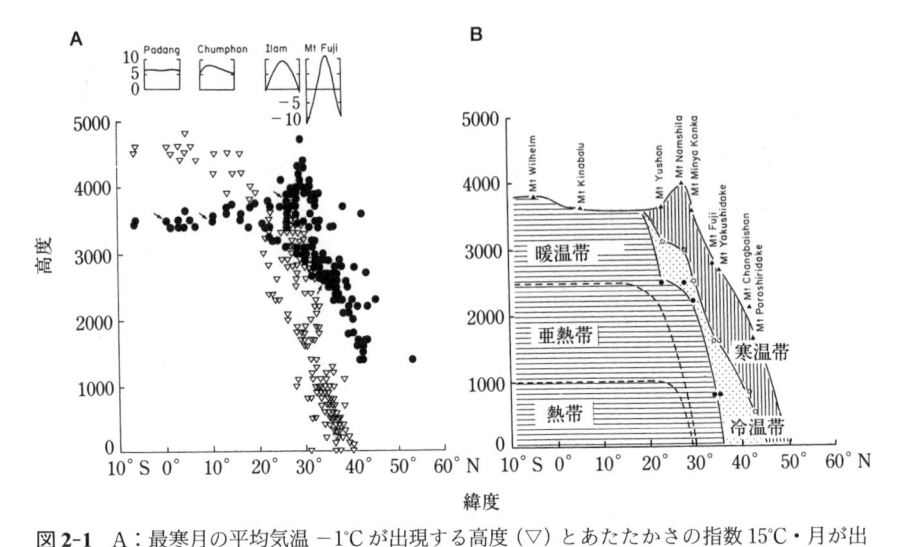

図2-1 A：最寒月の平均気温 −1℃が出現する高度（▽）とあたたかさの指数15℃・月が出現する高度（●），B：湿潤アジアの山岳における植生-気候帯
A：図の矢印は上部に気温の季節変化を示した地点．B：図のシンボルは，それぞれの山岳における森林限界（▲），寒温帯と冷温帯の境界（○）および冷温帯と暖温帯の境界（●）の高度を示している．（Ohsawa, 1990）

月について5℃と月平均気温との差の積算にマイナス記号（−）を付した値を寒さの指数という（吉良，1948）．常緑広葉樹林の上限の高さにおけるこの指数は−10℃・月となる．この条件は最寒月の平均気温−1℃にも一致しているというが，温帯では森林限界の高さ（あたたかさの指数12-15℃・月が現れる高さ）よりもずっと低い高さに現れる．したがって，常緑広葉樹林の上限と森林限界とのあいだには空白があり，そこに落葉広葉樹林や常緑針葉樹林が存在している．ところが熱帯ではこの関係は逆転し，寒さの指数−10℃・月の気温条件の方が，あたたかさの指数12-15℃・月が現れる高さよりも高いところに現れる．このことは森林限界の高さ，あるいはそれよりも高い高度まで常緑広葉樹林が分布できる気候条件であることを示している．以上のように，Ohsawa（1990）は，植生に対する高度の影響を森林の成立を支える温量としての側面と，生存に対する制限要因としての低温条件とを巧妙に組みあわせて森林限界の高度分布と森林限界を形成する樹種とを統一的に説明している．両者の関係は緯度に従って変わるが，高度が植生の成立

に重要なかかわりをもつことに違いはない.

　高度とともに変化する条件は気温だけではなく,たとえば,高度とともに気圧は下がり,それに伴って酸素の量が減少する.そのためにわれわれが4000 m を越えるような高山で行動すると息ぎれがして苦しいが,植物にとっては光合成のための二酸化炭素の減少も問題になるはずである.しかし実際に測定したところでは,多少少ないという程度の違いであったという(寺島,1992; Terashima *et al.*, 1993).

　二酸化炭素の減少は,意外にも,光合成に対して大きな影響を与えていないらしい.あるいは補完の仕組みをもっているらしい.それに比べると,植物に対する温度の影響は明らかである.

2.2　障壁としての山脈

(1) モンスーンの雨を阻むヒマラヤ

　高く大規模な山の連なりは大気の流れに対して障壁となり,気象現象にも影響を及ぼす.

　ヒマラヤの南側にあるカシミールから北側のラダックに向かって,車でヒマラヤ山脈を越えたことがあった.チベットに源流をもつインダス川は,ヒマラヤの北側を西に向かって流れてヒンズークシ山脈にあたり,そこで南に転じてインド洋に向かう.ヒマラヤ山脈は,西はここまで延びてくるが,そのあたりのヒマラヤのことである.

　モミ属,ハリモミ属の針葉樹林帯をぬって登り,カンバ属の落葉樹林帯がわずかにあって森林限界となる.その上は矮低木群落,草原が展開する高山帯である.そして峠を越えれば,今度はインダス上流の谷に向かって下ることになる.当然カンバ林が再び現れ,さらに針葉樹林帯に入っていくはずである.しかし,下っても一向にそれはみえてこないのである.そのことに気がついたとき,高山植生と思っていたまわりの植生は,すっかり乾地性のものに変わっていた.荒原状の植生という点では同じようなもので,疾走する車から漫然とみていては,内容の違いまですぐには気がつかなかったのである.

ヒマラヤ山脈の南側はモンスーンの強い影響下にあって、夏のあいだ、インド洋から湿った風が吹きつけて雨を降らせる。ヒマラヤ山脈は、これに対して強力な障壁となって立ちはだかり、そのためにヒマラヤの北側は乾燥地帯となる。この気候の違いを反映する植生の違いはまことに劇的であるが、それほどではないにしても、山脈が障壁になっている例を日本列島にみることができる。

(2) 日本海側のブナ林と太平洋側のブナ林

日本のブナ林は冷温帯気候下に成立する気候的極相で、日本ではもっとも広く分布する植物群落の1つである。このブナ林が日本海側のものと太平洋側のものとでは組成が少し違っている。福嶋ら(1995)によると日本海側のブナ林は、ブナとハウチワカエデが結びついた上層と、チシマザサ、クマイザサ、チマキザサと地表を這うような形の常緑低木とに分かれた低木層に構造としての特徴があるという。太平洋側のブナ林は、高木層でブナにアカガシ、ヤブツバキ、ウラジロモミなどの常緑広葉樹、あるいは常緑針葉樹が混生すること、低木層にスズタケが生育するところに特徴があるという。日本海型のブナ林にみられるハイイヌガヤ、ハイイヌツゲ、エゾユズリハ、ヒメモチ、ヒメアオキ、ユキツバキなどの常緑低木がもっている地表を這うような形は、日本海側で圧倒的に強い積雪の圧力を避ける形と受け取ることができる。

(3) 日本列島の積雪の偏りと植生の背腹性

日本列島は雪の多い地域である。冬になると大陸から吹き出してくる寒冷で乾燥した気団が暖かい日本海の上で雲の発生を誘い、大量の雪を降らせる。このように降る雪は、大陸東岸の暖流の海に浮かぶ島という地理的条件から生み出されるもので、脊梁の山並と直接のかかわりはない。かかわりがあるのは、この大陸からの吹き出しを山並がさえぎり、風下となる太平洋側地域に雲の空白域が生まれ、そこはおおむね晴天になることである。そのために、日本海側には雪が降り、太平洋側は晴れるという天気が冬にはしばしば現れ、その集積として、日本海側に偏って多雪地帯が形成される。多雪はヒトの暮らしにも大きな影響をあたえ、かつて表日本、裏日本と呼ばれたような地理

的な分化を生み出している.同じような分化は植生にも現れることを,ブナ林を例にしてすでに述べた.亜高山帯でも,太平洋側の山の亜高山帯は針葉樹林から成り立っているのに対し,日本海側の山には針葉樹林が欠け,相当する高度にはナナカマド,ミネカエデなどの落葉低木が散在するチシマザサ群落やミヤマナラ低木林,雪の吹き溜り(雪田)特有の草原などがいり混じる植生が広がっている.この植生帯は偽高山帯の名前で呼ばれるが(四手井,1952),日本海側タイプのブナ林がおおむね脊梁の山々を範囲に入れてその東側の麓を境界にし,さらに東北地方中北部では全体をその範囲に入れているのに対し(福島ほか,1995),偽高山帯は,奥羽山脈のごく一部を含むもののおおむね出羽山地,朝日飯豊山地,上越山地など,より積雪量の多い山地にかぎられている(石塚,1978;小島ほか,1997).

日本の植生にみられるこのような背腹性は,個々の群落を検討すればまだまだ多いはずで,日本の植生の地理的構造として基本的なものとみてよい.この構造を生み出したもっとも大きな要因は積雪の背腹性だと考えられるし,その背腹性を生み出す要因は日本列島の脊梁の山並である.大量の雪そのものは,大陸と日本海と列島の配置がつくり出す地理的条件から生まれるが,脊梁の存在が雪の配置を裁量している.

(4)北東アジアの植生の地域分化

大量の降雪を伴う気候は,日本の環境の特徴と考えてよいであろう.隣接する大陸の気候はむしろ乾燥しているからである.Kim (1997) は日本,韓国を含む北東アジアの冷温帯植生を比較して,大陸型,島嶼型,海洋型を区別し,さらにそれらを細分して相互の組成的類縁関係を検討している.その結果,組成的な独自性からいうと大陸の植生が一方の極に位置し,それに対してもっとも遠い関係にあるものは,北海道最南部を含む本州日本海側の植生であるという結果を得ている.東北アジアの植生の変化軸からみると,日本列島日本海側の植生は,大陸のものに対立するもう一方の極に位置する特異な組成をもっているということになるが,日本列島でも太平洋側の冷温帯林は大陸の植生により近い.脊梁の存在は,その東側地域に対して降雪を緩和していることは先に述べたが,そのことは植生における日本列島の特異性を薄めるように働いているともいえる.

（5）日本の植生と積雪

　日本列島日本海側にみられる植生は北東アジアの植生として特異なものであり，その分化・成立にかかわる重要な要因は積雪であるらしい．この要因は気候であって地形ではないが，脊梁の存在という地形的要因は列島の太平洋側を積雪から解放するように作用し，多雪地型の植生の成立を制限するように働いている．しかし，以上の記述では，このことを積雪の分布と植生タイプの分布とを重ねあわせることから納得したにすぎない．植物群落を構成する個々の種のレベルでみれば，気候の違いを越えて両方に存在するものも，一方のみに存在してそれ故に群落タイプの区別の根拠となる種もある．これらの種の個々について，なるほど積雪なくしては生存できない，あるいは積雪下では存続がむずかしいというようなことを生活史として理解したうえで論じているわけではない．そして，もし理解を構成種の生活史のレベルまで掘り下げるとすれば，積雪の把握も広域的な分布図ですますわけにはいかない．積雪の量，重さ，移動，温度，期間，残雪，融雪水，等々，積雪がもつ多彩な側面を取り上げなければならなくなる．

　日本の植生の性格を考えるとき，もっとも重要な問題の1つとして雪を取り上げなければならないが，環境要因としての雪はまだまだわからない．

2.3　斜面方位と植生

（1）中国四川省コンガ山にみられるカシ林の森林限界

　図2-2の植生断面図は，中国四川省の西の端近くにあるコンガ山の標高4260mで記録したカシ林のものである．この林分よりわずか上の標高4300mの高さで，このカシ林が森林限界をなしている．

　カシといっても少し複雑である．カシ類を含むブナ科コナラ属はコナラ亜属とアカガシ亜属に分かれ，日本でいう落葉性のナラ（楢）と常緑性のカシ（樫）の区別がおおまかにはこの亜属の区分に対応する．ところが，コナラ亜属に含まれる種で常緑性のものがある．日本のものではウバメガシがそれであるが，このコナラ亜属の常緑種が，チベット高原の東の縁にあたる雲南

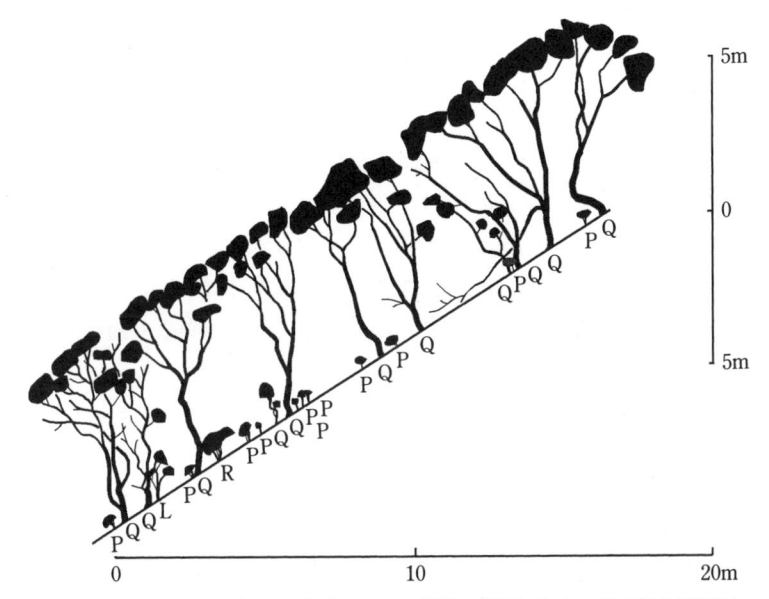

図 2-2　中国四川省コンガ山の標高 4260 m 付近で観察したカシ林の植生断面図
このカシ林が森林限界をなすが，南向き斜面にかぎってみられる．北向き斜面は常緑針葉樹林が森林限界をつくる．Q: *Quercus pannosa*, P: *Potentilla furticosa*, R: *Ribes* sp., L: *Lonicera* sp.

省から四川省にかけての地域に非常に多い．種類も多いし，また，堂々たる高木種から高さが 1 m にも満たず，地表を這うようなものまで形も多彩である．そして，温帯域からここにあげた例のように森林限界まで，広い高度範囲にわたって分布する．この図のカシ，*Quercus pannosa* もそのような種の 1 つである．

　日本でわれわれがみなれている森林限界は一般に針葉樹林がつくっているし，そうでなければダケカンバのような落葉広葉樹林となっている．このことは北半球では共通のものといってよい．しかし，この景観は北半球でも温帯域のもので，すでに述べたように熱帯では常緑広葉樹林が森林限界をなす (Ohsawa, 1990；図 2-1 参照)．それではコンガ山はどうかというと，この山は北緯 28°30′ 付近の温帯にあって，針葉樹（モミ属）がつくる森林限界が別にある．特記すべきことは針葉樹の森林限界は北向き斜面に現れ，南向き斜面にかぎっては *Q. pannosa* が森林限界をつくっていることである．日本

列島の日本海側と太平洋側というようなスケールではない．1つの尾根を挟んだ北側と南側の斜面というスケールで，2つのタイプの森林限界が現れるのである．高度の違いは特にない．

この地点の緯度，28°30′ は Ohsawa (1990；図2-1) に従えば森林限界を針葉樹林がつくる緯度にある（図2-1）．記載地点に近い稲城（タオチェン）の気候値からあたたかさの指数を計算すると，森林限界の気温条件とされるあたたかさの指数12ないし15℃・月という値は4200m付近に現れることになって，現実の森林限界の高度とほぼ一致する．一方，寒さの指数で常緑広葉樹林が分布できる上限とされる −10℃・月の値は，稲城よりもはるか低地の2700m付近に現れることになる．Ohsawa (1990) が明らかにした大地域的なスケールの分布傾向に照らせば，この山地の森林限界は針葉樹林となるべき条件で，常緑広葉樹林になるべき条件ではない．そうなると，ここのカシ林は，図2-1に示されているような熱帯の森林限界を形成する常緑広葉樹林とは無縁なもので，南向き斜面にかぎって部分的に成立する特異な森林，という位置づけになろう．南向き斜面という立地がそれほどに特異だということになるが，どのように特異なのか，その実態はわからない．日向斜面の日射が土壌の乾燥を生み出すというような，土壌の乾燥を考える必要があるのではなかろうか．今後，検証しなければならないことである．

（2）奥日光・奥鬼怒地方の冷温帯林と斜面方位

南北斜面間で植生にこれほど明瞭な違いが認められる例は日本ではみあたらない．比較的降水量が多い日本の気候では，日射が局地的な土壌の乾燥を導くほどの影響を生みにくいのかもしれない．しかし，詳細にみれば植物の存在，生活史に影響が現れている例は意外に多いのではないかとも思える．

図2-3は奥日光と奥鬼怒のブナ林，ミズナラ林，コメツガ林について，植生調査地点（スタンド）間の組成的な類似性によって地点を座標上に配置したものである（織戸・星野，1997）．AとBで地点の配置は同じであるが，Aでは斜面の方位別に，Bでは群落タイプごとに区別して示されている．両方を対照すると，コメツガ林が北向き斜面に，ミズナラ林が南向き斜面に多くみられ，ブナ林は両方の斜面に出現するものの北向き斜面にやや多いという傾向が読み取れる．また群落構成種の出現の仕方でも，日本海側に特徴

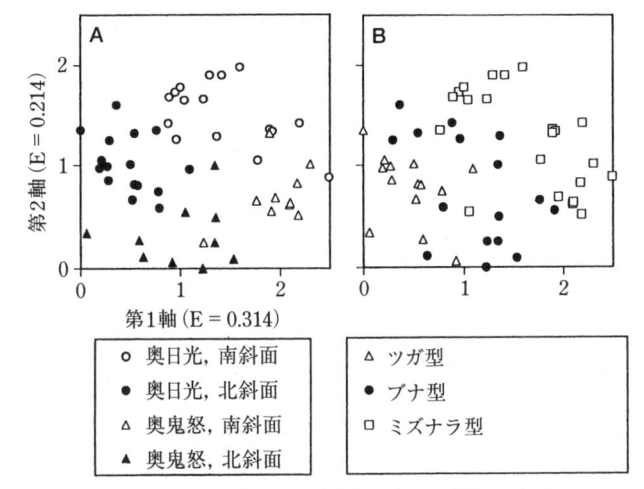

図 2-3 DCA 法による奥日光・奥鬼怒地方冷温帯林の序列
A では地域・斜面方位別に，B では TWINSPAN 法による森林（林冠）型別に示されている．（織戸・星野，1997）

的な種は南向き斜面よりも北向き斜面に多く含まれていたとされている．太平洋側と日本海側の環境の大きな違いは積雪量であり，奥日光，奥鬼怒は両地域の移行域にあたる．そのような移行域では，太平洋側により近い微環境をもつ南向き斜面よりも，より遅くまで積雪があり，その点で日本海側により近い微環境をもつ北向き斜面に日本海側に特徴的な種が多く生育すると説明されている．相対的に乾燥する南向き斜面にミズナラが多く，雪の保護を受けると考えられる北向き斜面にブナが多くみられることも同じように受け取られている．ミズナラに比べて展葉が早く（丸山，1979），開いた葉は霜にごく弱いブナにとっては（樫村，1978），雪がおそくまで残り，早春の芽ぶきが抑えられた方が都合がよいと考えられている．

南向き斜面と北向き斜面の環境の大きな違いは日射であり，その差は地温，蒸発量，土壌水分などに差を生じるであろう．上記の例では日照時間の差が残雪の差を生み出すと考察されている．

（3）斜面方位による積雪の偏りと植生の違い

青森県に八甲田山という標高 1585 m の山がある．山麓にはいまでも広い

ブナ林が残っており，標高約 900 m を境にしてそれより高いところにはアオモリトドマツ林が広がっている．森林限界が約 1400 m の高さにあり，それより高いところは高山帯になる．八甲田山はかなり積雪の多い山で，初夏の 6 月頃でもまだ，まだら模様の残雪をみることができる．そういう時期に観察すると，残雪の分布には法則性があることがわかる．分布が東向き斜面に偏るのである（Yoshioka and Kaneko, 1963）．

冬の風は北風といいならわしているが，実際には，北西ないし西からの風が卓越する．尾根を乗り越えた風は，当然，風かげで風速が落ちて運搬力を失い，運んできた雪をそこに落していく．またいったん地上に積もった雪がふたたび風で飛ばされ，それも風かげに落ちつく．東向き斜面は風かげで，積雪が集中するそういう場所にあたっている．

雪の融け方からすれば日向と日陰で差があり，その差が植生の差を生ずることを指摘した例についてはすでに述べた（織戸・星野，1997）．早春の雪融けのころにはそのような差もおそらくある．そうだとしても，雪の積もり方そのものが東向き斜面に極端に集中していて，その偏りは，融雪のときに生まれる南北斜面間の違いよりもはるかに極端なのであろう．積雪のこの偏

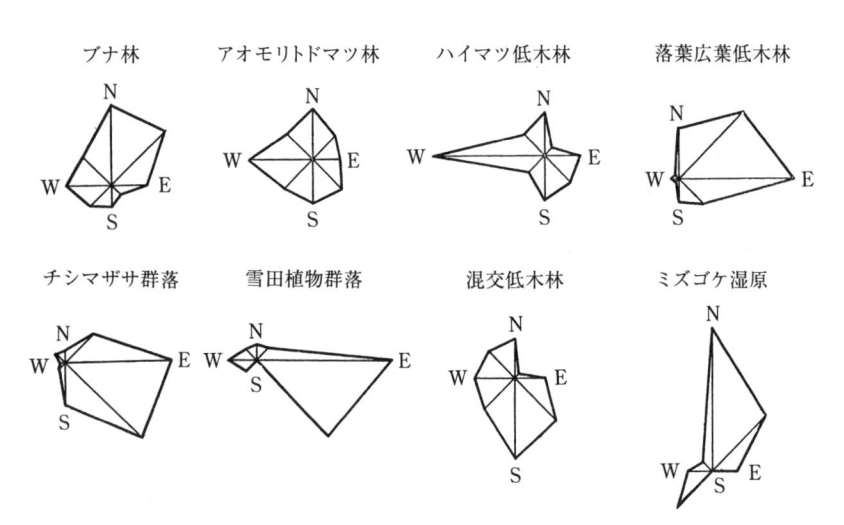

図 2-4　八甲田山の植物群落における斜面方位別出現頻度
（Yoshioka and Kaneko, 1963）

りに対応して，植物群落の分布が東向き斜面に偏っている例を図2-4に示した（Yoshioka and Kaneko, 1963）．この地域の気候的極相群落のアオモリトドマツ林にそのような偏りがみられないことと比較すれば，落葉広葉低木群落，チシマザサ群落，雪田植物群落の分布の偏りは明瞭である．なかでも雪田植物群落は，積雪がもっとも集中する部分に形成される雪の"ふきだまり"（雪田）そのものを立地とする群落である．このことを典型例として，雪が集中的に積もる立地に成立する独特の群落があること，そういう立地が東向き斜面を中心とする一定の地形的な限定のもとに形成されることがわかる．

（4）雪田の雪融けの時期と高山植生

雪田では，雪が融けるにつれて残雪は縮小していく．そのために早々と積雪から解放される場所からおそくまで雪が残る場所まで，融雪の時期が違う一連の立地が形成され，それぞれの立地に対応して植物はつぎつぎに入れ替わっていく．図2-5は大雪山のある雪田植生（標高1790-1910 m）にみられる植物の分布パターンで，KudoとIto (1992) の資料をもとにしてKudo (1996) が示したものである．プロットはAからFに向かって融雪時期がおそくなるように選ばれている．年間の変動は当然あるが，1988年から1995年までの8年間の観察で，プロットAでは5月31日から6月15日，プロットFでは8月6日から8月25日の間に雪が融けている．無雪期間は，平均して，プロットAで114日，プロットFで42日となっている．

この雪田における植物の暮らしはつぎのようである（工藤，1997）．

雪融けの早い場所は積雪の浅いところであり，雪による断熱効果が低いために土壌凍結が起こる．まだ気温の低い春先に積雪から解放されるために植物には高い耐寒性，耐凍性が要求される．一方，雪融けの遅い場所では冬は深い積雪に保護されて土壌の凍結はなく，植物に乾燥害や凍害が起きることはない．十分に気温が上昇した夏に積雪から解放されるので，休眠期や成長初期における耐寒性，耐凍性はそれほど要求されない．ただし年間の生育期間は極度に制限されるので，短い光合成期間に効率よく成長し，繁殖活動（開花・結実）を短期間に終わらせることが要求される．雪融け時期が違う一連の立地が存在すると，植物に要求される適応形質はこのように異なり，

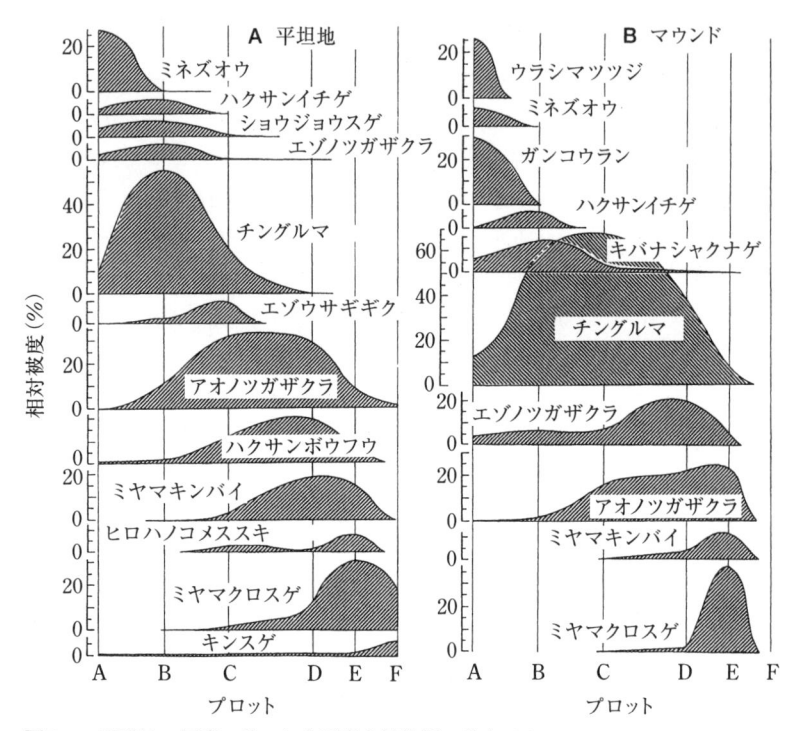

図 2-5 雪融けの傾度に沿った主要高山植物種の分布パターン
積雪は例年, プロット A からプロット F に向かって消えていく. 北海道大雪山.
(Kudo, 1996)

生育する植物はきわめて狭い範囲内で交替するし, それだけ群落構造は多様になる.

雪田では融雪がおくれ, そのために植物の活動開始時期がおくれ, 年間の生育期間は短縮される. しかし, そのことが高山生態系の多様性を高める要因になっていると指摘されているのである. さらに雪融け傾度の存在は, 開花パターン, 開花時期, 開花期間などをも多様なものにしていることも指摘されている (Kudo, 1996).

(5) 風衝地の高山植物

積雪の浅い場所は雪による断熱効果が低く, また積雪の被覆を早々に失う. そのために土壌の凍結が起こりやすい. そのような場所には当然雪田とはま

るで違う植物群落が成立する．図2-5でも，6月初旬には積雪から解放されるプロットAの場所は，立地の性格として雪田とは異なるものである．ここに優占しているガンコウラン，ウラシマツツジ，ミネズオウなどの種はコメバツガザクラ-ミネズオウ群集と呼ばれる矮性の常緑低木群落の主要な構成要素である．福嶋(1972)は，白山で，孤立しているアオモリトドマツの樹形（旗状樹形）にもとづいて冬季季節風の風向を推定し，西-西北西方向が卓越するという結果を得た．そして，ハイマツ低木林，ガンコウラン風衝ハイデ，タカネツメクサ岩屑斜面植物社会が西向きを中心に北西向き，南西向き斜面に多いとの結論を得た．YoshiokaとKaneko(1963)もこのタイプの群落が風上斜面（西向き斜面）に偏って分布する傾向があることを示している．しかしこの偏向は，反対の風背斜面の多くの部分が雪田植物群落によって占有される(Yoshioka and Kaneko, 1963)ことと表裏の関係にあり，立地の選択性はむしろ雪田の方が決定的であるように思える．コメバツガザクラ-ミネズオウ群集は，特別の立地を選ぶというよりはむしろ高山帯の一般的，基本的な植生型とみるのが適当であろう．そして局地的に特に風当たりの強い立地，いわゆる風衝斜面には別の植物群落がみられる．地方によっ

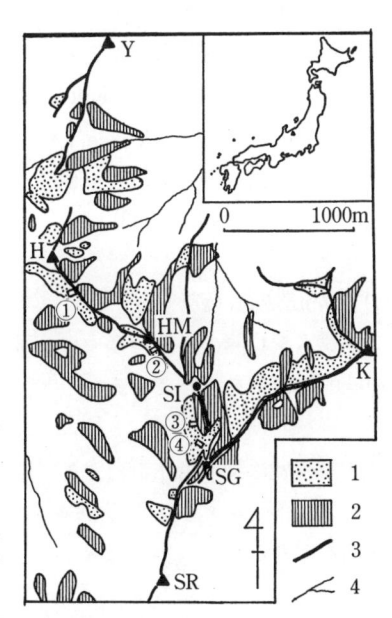

図 2-6　砂礫地の分布
1：強風砂礫地，2：残雪砂礫地，3：尾根，4：水路，SR：白馬岳，SG：三国境，K：小蓮華岳，H：鉢ヶ岳，HM：鉢丸山，Y：雪倉岳．(小泉, 1979)

て組成は異なるが，ヒゲハリスゲ，オヤマノエンドウ，エゾオヤマノエンドウ，ミヤマウスユキソウ，ハヤチネウスユキソウなどの多年生草本植物を主体とする群落である．そして極端に風衝の強い部分は裸地状の砂礫地となり，タカネスミレ，コマクサ，イワツメクサ，イワブクロ，ウルップソウなどが散生する．

図2-6は小泉(1979)が示した白馬山系北部の高山域における砂礫地の分布である．この図では，強風地のほかに雪田で雪が融けたあとに現れる砂礫地も取り上げ，岩田(1974)に従ってそれぞれ強風砂礫地，残雪砂礫地と呼んで示している．稜線を挟んで西側に強風砂礫地，東側に残雪砂礫地が発達していることがよくわかる．風下側の砂礫地の成立は，主として残雪が多いことが原因となる生育期間の不足によるものである．一方，風上側の砂礫地が成立し，さらに裸地状に維持されるについては，ただ強風が吹きつけるということだけでなく，そのことが引き起こす積雪の少なさ，地表の凍結，表土の攪乱などが要因となる．

(6) ヒマラヤの高山植生のパターン —— 日向斜面と日陰斜面

ヒマラヤの高山帯の植生については，Miehe (1982, 1990, 1997)の研究や私たちの一連の報告などがある (Kikuchi, 1991 ; Kikuchi and Ohba, 1988 b ; Kikuchi *et al*., 1992 ; Kikuchi *et al*., 1999 a ; Kikuchi *et al*., 1999 b など)．広大で複雑な自然を包含するこの地域の植生の全体像をつかむにはまだまだ知見は貧弱であるが，概略をまとめるとつぎのような群落がある(菊池，1992 ; Kikuchi, 1993)．

① *Potentilla* 広葉草原
　キジムシロ属のほか，多くの広葉草本植物が美しく花を咲かせる草原で，連続的な植被をもっている．

② *Bistorta* 落葉矮低木群落
　イブキトラノオ属の落葉低木 (*Bistorta vaccinifolia*)，キジムシロ属の落葉低木であるキンロバイなどがつくる高さ30-50 cm ほどの群落．植被はほぼ連続．

③ *Primula* 広葉草原

　数種のサクラソウ属植物が優占する草原で，植被率はやや低く，60ないし70%程度．

④ *Rhododendron* 常緑矮低木群落

　ごく小形のシャクナゲ *R. anthopogon* が優占し，その下にヒゲハリスゲ属の *Kobresia nepalensis* が密に生える高さ10-40 cmほどの群落．植被はほぼ連続している．

⑤ *Kobresia* スゲ草原

　K. nepalensis が優占する草原で，多くの広葉草本植物が混じる．群落高は低く5-20 cm程度．植被はほぼ連続．

⑥高山荒原

　丈の低い植物がごくまばらに生える砂礫地．組成的にはいくつものタイプがあるが，現状では相互の関係は不明．

　図2-7はロルワリンヒマールと呼ばれる山域の調査から得られたもので，標高と斜面方位に対する上記の群落の分布パターンを示している．

　ヒマラヤでは，約3800 mの高度にモミ属の森林がつくる森林限界があり，その上にヒトの丈を少し越えるほどの高さのシャクナゲの低木林が一種の植生帯を形成する．その上限が標高約4000 mで，その上に約5000 mの高さまで，上記のような矮低木群落や草原，荒原の植生が展開する．ここが高山帯であり，図2-7に示す範囲であるが，同じ高山帯といってもだいたい4700 mあたりを境にして植生はまるで違っていて，それよりも高いところはほぼ全面的に礫原，あるいは砂礫地の高山荒原となっている．植物はユキノシタ属，サクラソウ属，ヒゲハリスゲ属，ウルップソウ属などに属する小形のものがまばらに生えるのみである．一方，ヒマラヤの高山帯でも，標高4700 mあたりよりも低い地帯には地表をほぼ一様に覆った植生が発達する．ただし図から読み取れるように一部に荒原状の砂礫地が発達しており，西向き斜面にかぎられていることから，おそらくそれは風衝地である．植生のこ

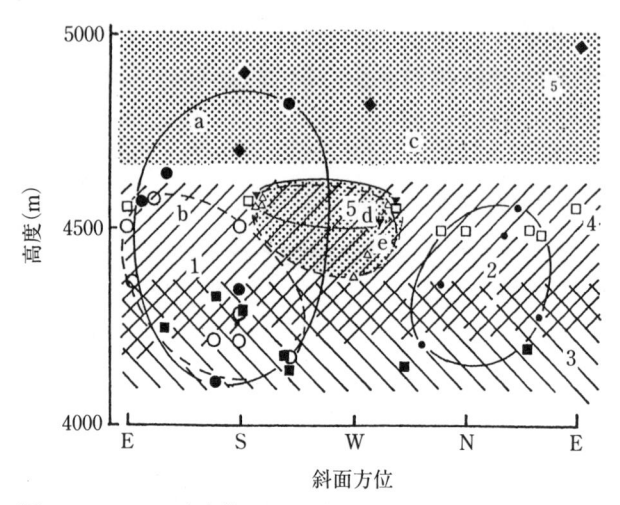

図 2-7 ヒマラヤ高山帯における斜面方位と標高に対する植物群落の分布範囲
1：*Potentilla* 広葉草原でaは落葉矮低木を含むタイプ，bはそれを欠くタイプ．2：*Rhododendron* 常緑矮低木群落，3：*Bistorta* 落葉矮低木群落，4：*Kobresia* スゲ草原，5：高山荒原でc, d, eはその下位単位．ネパールロルワリンヒマール．
(Kikuchi and Ohba, 1988 b)

のパターンは前述の日本の強風砂礫地のあり方とよく似ており，このことをふまえると，日本のいわゆる高山帯はヒマラヤの高山帯の下部域に対応するであろう．しかし，ヒマラヤには，局所的な残雪で生育期間が短縮されてできたとみられるような植物群落はみあたらない．この点は日本の高山植生と著しく異なる点である．冬季は乾期にあたるヒマラヤでは降雪が少なく，おそらく雪田のような立地は成立しないのであろう．

それよりも，ヒマラヤでは，南向き斜面と北向き斜面とで植生が違っていて，それがきわめて明瞭である．東西方向に走る尾根を境にして，南向き斜面に *Potentilla* 広葉草原，北向き斜面に *Rhododendron* 矮低木群落が配置されている例が随所にみられる．地表の風化物質はどちらの斜面でも高山帯としてはやや厚く，群落の差が土壌によるものとは考えにくい．崖錐面を刻み込む溝（ガリー）の壁面のような微小な地形でも方位差に応じて植生はまったく同じような対照を示す．この場合，地質は共通して崖錐を形成する岩

屑なので，地質に起因する植生の差ということではない (Kikuchi, 1991). おそらく日射の差，日向と日陰の差，その差が生み出す地温，気温の差，さらには局地的な土地の乾燥の差が生み出す植物群落の違いなのであろう．

　ある方向を向いた斜面を刻み込んでガリーが発達する場合，ガリーの側壁をなす小斜面の方位は，小斜面の傾斜角度によって微妙に変わり，計算上は180°の範囲の方位を取りうる．たとえば東向きの崖錐があるとして，その上には東向きはもちろん，北向きの小斜面も，南向きの小斜面も成立できる．そして，植生は，そのような小斜面の単位で変化し，東西の方位を境にして北向き成分をもつ斜面と，南向き成分をもつ斜面とで植生がまったく異なっている (Kikuchi, 1991)．植生のパターンを群落単位から把握すれば南向き斜面と北向き斜面に二分されるように単純であるが，図2-5のように個々の種の出現から解析すれば，もっと多様な変化が見出されるかもしれない．

(7) 植生パターンからみた高山植生のタイプ

　高山では，植物はまず低温と短い生育期間への適応が要求される．その条件下で，相対的に長い生育期間が確保できるが極度の低温や乾燥にさらされる風衝地と，積雪の保護効果を期待できるが極度に生育期間が短縮される雪田とは，高山環境の両極をなす．これらを両極としてつくり出される高山のさまざまな環境に土壌養分，土性，水分状態，微気候などの非生物的要因や植物の種間競争，花粉媒介者との相互作用，昆虫や草食動物の被食作用，菌類による感染などの生物的要因が作用して，実際の植物は分布域を分けあって高山植生を形成している．工藤 (1997) はこのように指摘して，そのあいだの仕組みを図2-8のように示している．高山の環境では種間の分布域の分けあい，ひいては植物群落の分化は直接には風衝地と残雪地とのあいだにつくり出される環境傾度に従うものであろう．本書のテーマに沿えば，環境傾度がそのようにつくり出される背景に，卓越風に対する斜面方位という地形的要因が働くことに注目することになる．さらに，卓越風と斜面との関係から，積雪に顕著な不均一が生まれることが背景になり，それには，そもそもある程度以上の降雪があることが条件となる．

　ヒマラヤにも，風衝の作用によると考えられる局地的な砂礫地と，その部分に特有な植物群落が風上側の斜面に認められる．この砂礫地が日本の高山

40　第2章　地形の形態的特性と植生

```
風衝地 ←──────────────────→ 雪田
        早い  雪融け時期  遅い
        長い  生育期間   短い
        必要  耐寒性・耐凍性 不要
```

非生物的環境要因
(養分, 水分, 土性, 微気候)

潜在的分布域（生理的適域）
種a　種b　種c　種d
環境傾度

生物的要因
(種間競争, 送粉, 食害)

実際の分布域（生態的適域）
種a　種b　種c　種d
環境傾度

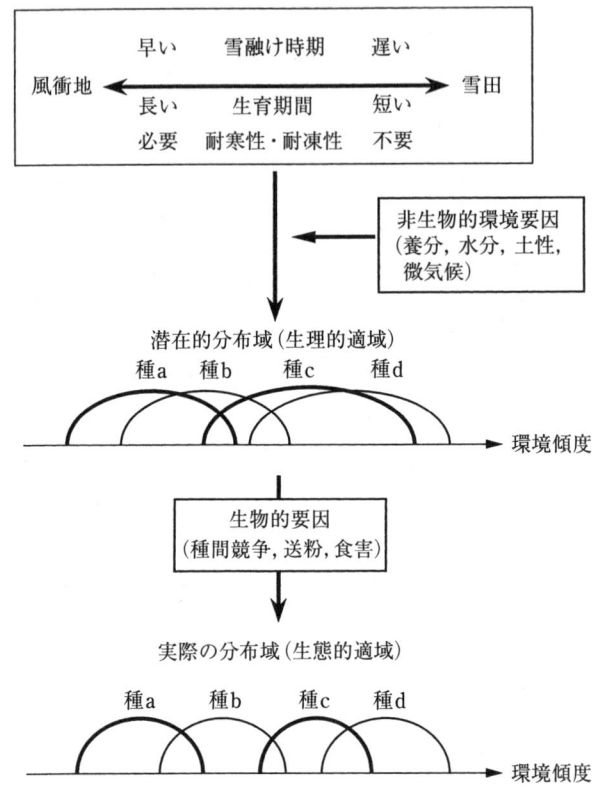

図 2-8　雪融け傾度に沿った高山植物の分布様式の形成パターン　物理的環境要因に対する生理的種特性によりそれぞれの種の潜在的分布域が決定される．さらに植物の種間競争，訪花昆虫との相互作用，食害などの生物的要因によって実際の分布域（生態的適域）が決定されているとの考えが示されている．（工藤, 1997）

と同じように積雪の保護がないために起こる土壌凍結によって形成されるものであるならば，逆に，そのほかの部分には凍結を抑制する程度には積雪があることになる．しかし，風下側に雪田の痕跡はみあたらない．ヒマラヤ地域の年平均降水量は西部と東部では大きく違うが，ネパール西部で1000-3000 mm 程度，ネパール東部では1500-5000 mm もある（Dahr and Mandal, 1986）．けっして少ない量ではないが，降水の80%以上はモンスーン期に集中し，冬季の降水はわずかである（安成・藤井，1983）．こういう気候

のために雪田のようなものはできず，極端な残雪の影響を表した植生はあまり発達しないのであろう．

　植生に残雪の影響が顕著に現れたときは，冬の卓越風の方向に沿った植物群落の入れ替わりが顕著になる．雪が吹き払われる風上斜面から，雪田が形成される風背斜面までの立地の分化が起きるからである．多くの場合，その方向は東西方向であるが，ヒマラヤでもこの方向の植物群落の入れ替わり（植生パターン）はある．しかしけっして顕著ではない．代わって南向き斜面と北向き斜面での植生の違いが顕著である．日向斜面と日陰斜面の違いであり，この差を生み出すのは日射による日向斜面の乾燥であるまいかということは前に述べた．北半球に関するかぎり，南向き斜面はどんな地方でも日向斜面である．日向斜面の土壌が植物の存在に影響が出るほどに乾燥するということは，その地域の気候そのものがある程度以上に乾燥していることを背景とするものであろう．ヒマラヤの高山の植物相は中国-日本の植物相とは違って，中央アジアの山岳のものに類縁が深いという指摘がある（Gupta, 1994）．植生の分布パターンからみても，日射の差が植生パターンに反映される点，積雪の不均一性が植生パターンに現れる日本の場合とは違って，乾燥する中央アジアの山岳に近いとみてよい．工藤（1997）は，積雪の不均一性が高山生態系の多様性を導く重要な要因であることを指摘したが，乾燥・半乾燥地方では，日射の不均一性がそれに替わっているように思われる．前者は周極的に，または湿潤地域一般にあてはまる原理であろうし，後者は乾燥・半乾燥地方のものである．Gupta（1994）が指摘する植物相の性格ともあわせて考えると，斜面方位に対する植物群落の分布パターンから導かれた2つのタイプの高山植生は，広域的視点から高山植生を比較するとき，意外に意義の深い違いなのかもしれない．

　高山帯の植生といえば，熱帯にも特有のものがある（Smith, 1994）．しかし，気温の日変動が大きい反面，季節的変動にとぼしい熱帯高山では（Rundel, 1994），積雪の偏在とその消滅の季節的リズムがつくり出す雪田植物群落が成立するとは考えにくい．太陽高度が高いので斜面間の日射の差も大きくはないはずである．分布パターンを生み出す2つの原理とはいうものの，熱帯の高山には適用できないであろう．

第3章　斜面の地形構成と植生

3.1　斜面の微地形構成

(1) 谷頭の微地形区分

　斜面には斜面固有の植生が展開する．第1章，付図で斜面に広く展開するブナ林のようなものを念頭において述べているが，ここで斜面固有というのは，谷部には別の種類の植物群落が集中して分布することとの対比からいっ

図 3-1　丘陵地斜面に刻まれた谷（宮城県仙台市近郊（利府町），1983年9月）

ている．図 3-1 に示したのは比高 50 m 程度の丘陵地の斜面である．付図にあてはめれば，この程度の斜面では一様にブナ林が広がるように表示されるであろう．しかし，一口に斜面といっても，この規模の斜面がまったく一様ということはまずない．この写真でも稜線から少し下がった位置から始まる谷が何本も斜面に刻まれており，斜面はそれらが並んでつくる谷と尾根との繰り返しから成り立っていることがわかる．谷と尾根の相違は植生の違いを生み出す要因になりうるし，すでに付図でみた尾根と谷の植生の違い，図1-2 の東斜面にみられる群落の配置は，このスケールの地形の相違にかかわりをもつものであろう．斜面が谷と尾根との繰り返しから構成されるものならば，1本の谷とその左右の尾根とからつくられる，ひとまとまりの地形は斜面を構成する基本単位だとみてよい．その地形がいくつも複合してひと続きの斜面がつくられることになるからである．

　水系の最上流部で，谷の先端は通常スプーンで浅くえぐったように一方に開いた凹地で終っている（図 3-2）．この凹地を谷頭と呼んでいる．

図 3-2　谷頭部の地形（宮城県仙台市近郊（利府町），1983 年 5 月）

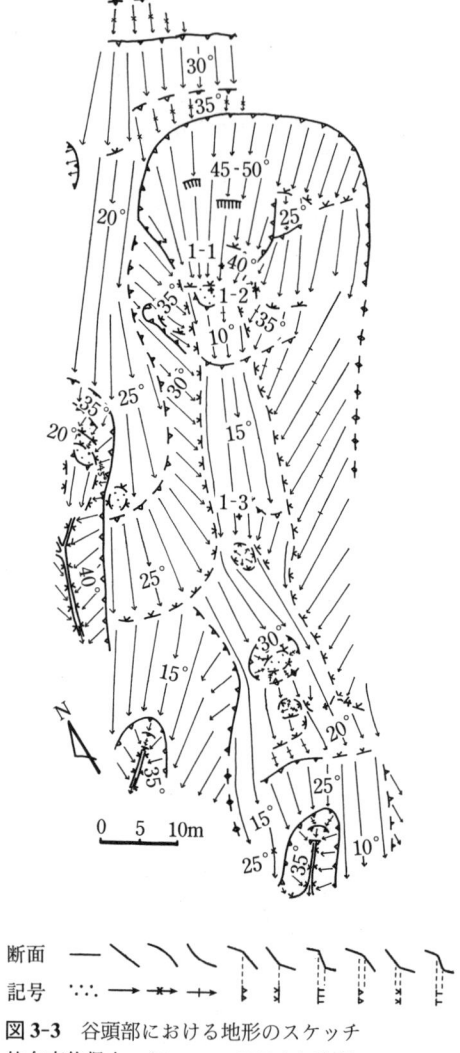

図 3-3 谷頭部における地形のスケッチ
仙台市佐保山．(Tamura, 1969 より改変)

地表にはさまざまな性質の傾斜変換線があり，傾斜変換線で区切ることによってそれぞれ固有の形態的な特徴をもつ微細な部分に地表を分けることができる．図3-3は，仙台市郊外の丘陵地に実在するある谷頭について，

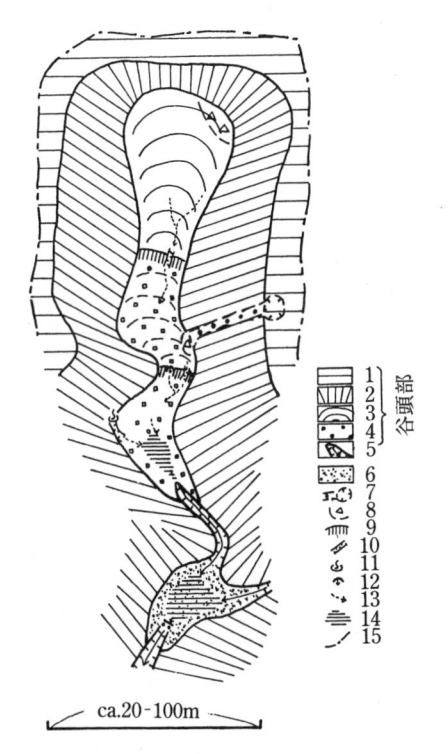

図 3-4 谷頭部を構成する微地形単位
1：頂部斜面，2：谷壁斜面，3：谷頭凹地，4：谷頭平底，5：水路，6：谷底低地，7：小規模な地すべり，8：崖錐，9：小崖，10：不連続的な溝，11：湧水，12：パイプ，13：不連続なリル，14：湿地，15：分水界．（田村，1974a より改変）

Tamura (1969) が，Savigear (1965)，Curtis ら (1965) の手法を多少改良した方法にもとづいて区分したものである．斜面の微地形的な構造を把握しようとするときは，このような地表の区分が最初の基本的な作業となる．彼はいくつかの谷頭についてこのような斜面区分図をつくり，さらに土壌調査も行って谷頭部が 6 つの微地形単位から構成されることを見出した．その後，関東，東北地方のいくつかの丘陵地で同様の谷頭の調査を行い，けっきょく 5 つの単位にまとめた（田村，1974a, 1974b）．谷頭は，それらが一定の秩序をもって図 3-4 のように配列されて成り立っており，個々の微地形単位の大

きさや相互の比率は主要な河川からの距離や起伏量によって変化するが，構成の大要は変わらないとしている．

（2）斜面を構成する微地形単位

谷頭の下端，具体的には谷頭平底の下部からは連続的な水みちが現れ，谷頭平底を切り込んで水路と呼ばれる微地形が形成される（図3-4）．谷頭はこの部分より上流側を指すものとみてよい．水路が成立すると，その下流は急な谷壁斜面で挟まれた谷になり，さらに下流には狭い谷底低地が現れ，また合流を重ねて谷は次第に大きくなる．図3-4の谷壁斜面は流域最上流部に位置する谷頭の構成要素として記述されており，河川侵食の作用はほとんど考慮されていない．考慮されていないというよりも，谷頭下端よりも下流の地域は対象になっていないというべきであろうが，TamuraとTakeuchi (1980)は範囲を下流側に広げ，谷底低地が明瞭に現れるまでの全体を含めた微地形分類を行った．その結果，谷壁斜面を2つの微地形単位に分割し，上部谷壁斜面と下部谷壁斜面と呼んだ．両者は明瞭な遷急線（上方に凸な傾斜変換線）で区切られ，下部谷壁斜面は常に上部谷壁斜面よりも傾斜が急である．下部谷壁斜面には新しい表層崩壊の跡がみられ，河川侵食の主要部を成すとされている．対象地域を下流側に拡張し，谷底部の両側の侵食のさかんな斜面を下部谷壁斜面の名称で明瞭に認識したという点で，植生の立地を考究する立場からみてもこの分類は重要である．

流域の上流部を対象にした類似の研究はほかにも相次いでなされ（たとえば吉永・武内，1986；石坂ほか，1986；田村，1987など），また関連するシンポジウムも開催された（田村・阿小島，1986）．図3-5の微地形分類はこれらの研究をふまえたものである（田村，1987；松井ほか，1990）．この分類はその後現在に至るまで広い分野で利用されており，植生学に応用するうえでも重要なので以下に紹介する．

①頂部斜面　crest slope

稜線上に普通な微地形単位である．比較的緩傾斜．やや凸型の断面形を示すことが多い．傾斜は多くは15°程度以下で，ときに25°程度になることがある．下端は凸型の傾斜変換線（遷急線）で区切られる．土壌は多少とも侵

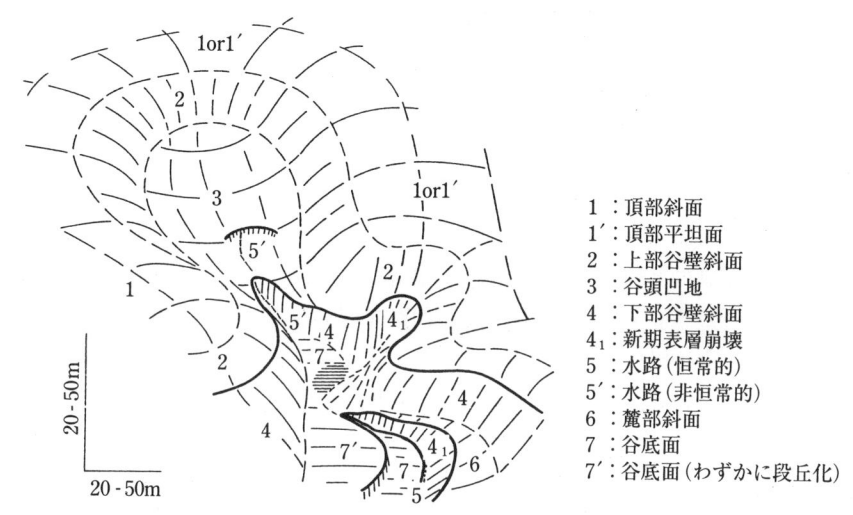

図 3-5 丘陵地谷頭部を構成する微地形単位（模式図）（松井ほか，1990）．

1 ：頂部斜面
1′：頂部平坦面
2 ：上部谷壁斜面
3 ：谷頭凹地
4 ：下部谷壁斜面
4_1：新期表層崩壊
5 ：水路（恒常的）
5′：水路（非恒常的）
6 ：麓部斜面
7 ：谷底面
7′：谷底面（わずかに段丘化）

食性で，ところによっては薄く，乾いている．

②頂部平坦面　crest flat

稜線上にあるきわめて平坦な地形（傾斜数度以下，幅数 10 m 以上）．平坦なことで頂部斜面から特に区別される．

③上部谷壁斜面　upper sideslope

頂部斜面あるいは頂部平坦面の下方に連なる．断面形は直線状ないしやや凸型．傾斜は頂部斜面より急であるが，つぎに述べる下部谷壁斜面よりゆるやかである．すなわち，この微地形単位は上・下端とも凸型傾斜変換線（遷急線）で区切られる．侵食されて上部を失った土壌断面がみられることが多いが，その上位に薄い匍行成土層が載っていることも少なくない．ふつう適潤性である．

上部谷壁斜面は谷頭凹地（後述）の上流にあたる部分で平面形が半円状になるが，ここでしばしば急斜面となる．これを特に谷頭急斜面 headmost wall と呼ぶ．その断面形はほぼ直線状で傾斜はときに 50°を越す．おそらく，過去のやや大規模な表層崩壊から発達したものと考えられ，後に述べる

下部谷壁斜面と同様，現在も地表の物質移動が活発である．しかし，薄いながらも腐植層のある A/C 型土壌断面をもつことが多い．

Tamura (1969)，田村 (1974a，1974b) が谷壁斜面の名称で述べた微地形単位は，事実上，上部谷壁斜面に相当する．

④下部谷壁斜面　lower sideslope

上部谷壁斜面と麓部斜面，谷底面，水路（いずれも後述）とのあいだに出現する．ところによっては上部谷壁斜面が介在することなく，頂部斜面や頂部平坦面と直接接して出現することもある．丘陵斜面中でもっとも急傾斜の部分となっている．傾斜はしばしば30°を越える．断面形はふつう直線状で，ところによってわずかに凹型を示す．上・下端がそれぞれ遷急線・遷緩線で区切られ，両者，特に前者は明瞭なことが多い．土壌は一般に匍行母材からなり，薄いが，基岩が露出するようなことは小崩壊跡や樹木の根返り跡など，一部にかぎられる．丘陵斜面のうちで地形変化（表層崩壊であることが多い）がもっとも活発な部分である．

⑤谷頭凹地　head hollow

谷頭急斜面の直下には，谷底状の地形でありながら明瞭な水路を欠く部分がある．水平断面形も横断面形も凹型を示す．この最奥部の谷底あるいは凹んだ谷壁を谷頭凹地と呼ぶ．頂部斜面（あるいは頂部平坦面）との比高が小さいところでは，頂部斜面，頂部平坦面から，谷頭急斜面を隔てずに直接谷頭凹地に移り変わる．谷頭凹地の下流側半分を谷頭平底 head floor と呼んで区別することがある．谷頭平底は最低部が平坦な横断面形をもち，この点で，全体に凹型の断面形をもつ上流側半分，いわば谷頭凹地プロパーと区別される．谷頭凹地（谷頭平底を含む）の下流方向への傾斜は，数度から30°程度まで多様である．

この微地形単位では土壌の発達が相対的によく，B層，C層あわせて厚さが1mを越すことも珍しくない．その多くは匍行・崩壊性母材からなるもので，かつてのA層が埋没していることもある．また，頂部斜面や上部谷壁斜面の土壌より一般に湿っている．なお，この微地形単位の下流端付近では匍行・崩積成の土層が再び小崩壊を起こしている例がしばしばみられる．

⑥水路　channelway

　谷頭凹地の下流端付近に，数 10 cm の幅および深さで突然出現することが多い．水路が始まった地点のすぐ下流では，その両側に急な下部谷壁斜面が迫り，V 字谷状の断面形を示す．幅数 m 以上の谷底面（後述）が出現するのは，普通，水路頭部から数 10 m 下流に至ってからである．その部分でも，水路は谷底面を多少とも切り込んで連続する．水路壁や水路底には，谷頭凹地の匍行・崩積物質が再崩壊・堆積した土層がみられることもあり，それがさらに侵食・除去されて基岩が露出していることもある．水路底に恒常的な水流があるとはかぎらない．

⑦麓部斜面　footslope

　下部谷壁斜面の脚部に，わずかに凹型の断面形を示す緩傾斜の面が付着することがある．それを麓部斜面と呼ぶ．これには，小支谷から水流で運ばれてきた物質が合流点付近に堆積した沖積錐的なもの，谷壁斜面からの崩落物質が堆積した崖錐性のもの，谷頭斜面の後退によると思われる削剝性のものなどが含まれる．また，削剝性の麓部斜面を崖錐や沖積錐が薄く被う場合もある．したがって麓部斜面の土壌は概して累積性で，しばしば埋没 A 層を挟み，厚いことが多い．

⑧谷底面　bottomland

　横断面の最低所に水路が形成され，その両側あるいは片側に谷底面が出現する．少なくとも横断方向には平坦な微地形単位で，明らかに流水の侵食，堆積によって形成されたものである．土壌は湿っていることが多く，ところによってはグライ土が出現する．やや大きな谷沿いでは段丘化したかつての谷底面と，最近も冠水する現成の谷底面とが区別できることも少なくない．

3.2　谷頭の微地形とモミ-イヌブナ林

（1）谷頭の微地形と植物の分布

　仙台市街の西には青葉山丘陵が連なり，その一部に佐保山という地域があ

る．図3-6は佐保山のある谷頭の微地形分類図である（三浦・菊池，1978）．ほぼ東西に走る尾根があって（図の上縁），そこから南に延びる2本の支尾根に挟まれて谷頭が発達している．尾根，支尾根はともに微地形単位としては頂部斜面の分類となる．図の範囲では上部谷壁斜面のみが出現し，下部谷壁斜面は含まれていない．東側（下流に向かって左側）の頂部斜面からはさらに支脈が派生し，その下流側に別の谷頭をつくっている．この谷頭はごく浅いものである．

　図中の4本の線 I-IV の位置で作成した植生断面図を図3-7に示した．目立つことは，大形の個体は頂部斜面に多くみられ，そのほかの微地形区では相対的に小形の個体が多く，しかも密度が低いことである．頂部斜面の高木はイヌブナ，イヌシデ，アサダなどの落葉樹が主である．常緑針葉樹のモミも，高木に達したものは主に頂部斜面にある．ただしモミの生育地には偏り

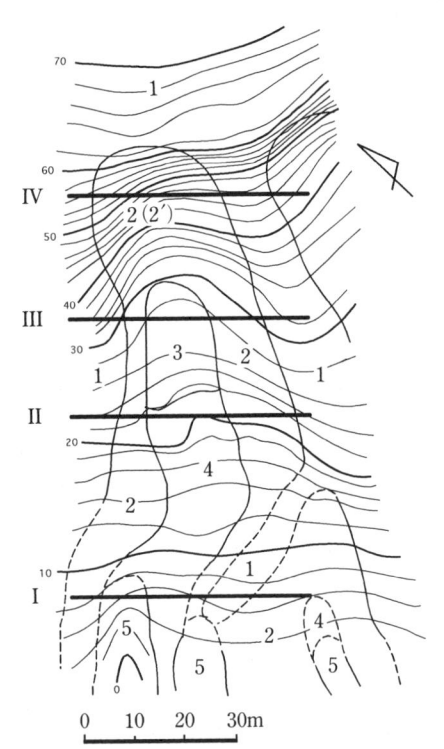

図3-6 仙台市佐保山のある谷頭部における微地形分類図
4本の直線は図3-7の植生断面図の位置を示す．1：頂部斜面，2：上部谷壁斜面，3：谷頭凹地，4：谷頭平底，5：水路．
（三浦・菊池，1978より作成）

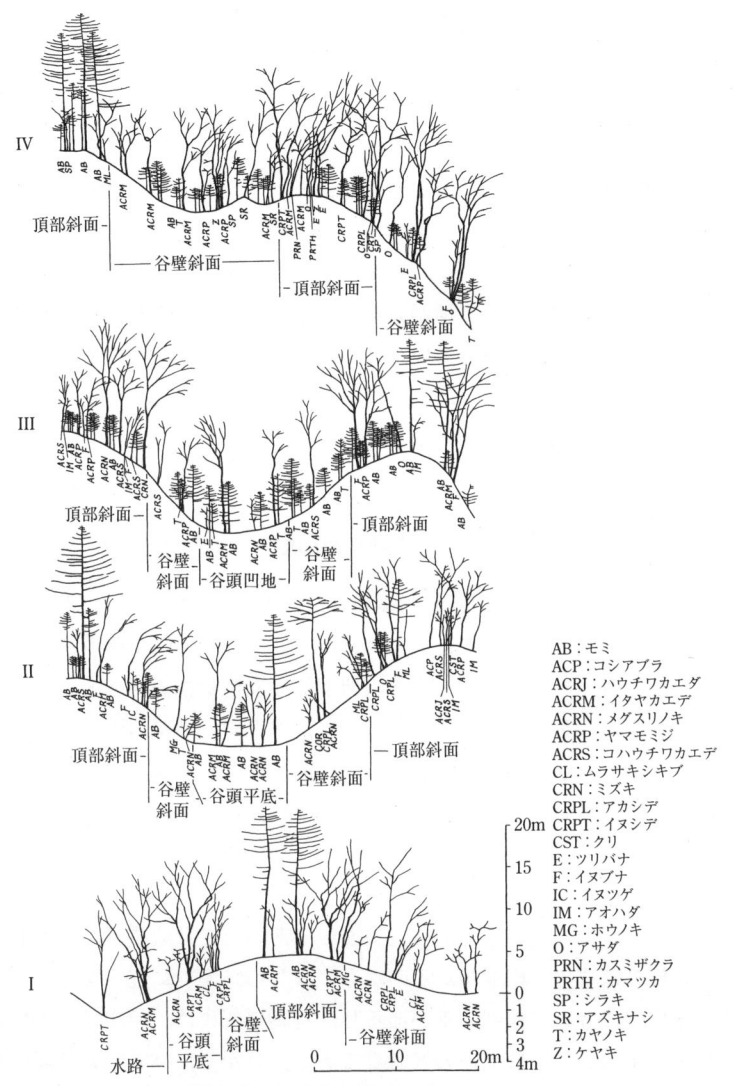

AB：モミ
ACP：コシアブラ
ACRJ：ハウチワカエデ
ACRM：イタヤカエデ
ACRN：メグスリノキ
ACRP：ヤマモミジ
ACRS：コハウチワカエデ
CL：ムラサキシキブ
CRN：ミズキ
CRPL：アカシデ
CRPT：イヌシデ
CST：クリ
E：ツリバナ
F：イヌブナ
IC：イヌツゲ
IM：アオハダ
MG：ホウノキ
O：アサダ
PRN：カスミザクラ
PRTH：カマツカ
SP：シラキ
SR：アズキナシ
T：カヤノキ
Z：ケヤキ

図3-7 図3-6の谷頭における植生断面図
位置については図3-6参照．（三浦・菊池，1978）

がある．谷頭の左右の頂部斜面は階段状に下っていて，モミの高木は傾斜がゆるくなった部分，階段にたとえていえばステップの部分に多いとされている．

　林床の草本植物では，チゴユリとシラヤマギクのように微地形の違いを超越してどこにでも生育する種もあるが，シュンラン，アキノキリンソウ，アズマスゲのように頂部斜面に分布の中心をもち，そこから上部谷壁斜面の上部に広がる種，また，キッコウハグマ，ヒメカンスゲのように上部谷壁斜面の全体に分布する傾向を示す種がある．これと対立して，谷頭平底から上部谷壁斜面下部を生育範囲としている種があり，ミゾシダ，キバナアキギリ，カノツメソウ，セントウソウ，モミジハグマ，ハエドクソウがそれである．谷頭凹地ではどの種も欠落する傾向が強いとされている（三浦・菊池，1978）．

（2）気候的極相林モミ-イヌブナ林と微地形

　吉岡（1952）は仙台地方の気候的極相をモミ-イヌブナ林とし，上記の佐保山の森林を典型例とした．この見方は菅原（1978）や平吹（1990）なども踏襲しているが，微地形からみると，その典型的な立地は頂部斜面ということになる（図3-7）．しかし，先に述べたように，頂部斜面の傾斜がゆるやかな部分ではイヌブナを含む落葉広葉樹とモミが混交し，傾斜が急な部分ではモミが欠けて落葉広葉樹が主体となるというような変化がある．こういう変化を含むモミ-イヌブナ林がこの地方の極相林の実態なのであろう．上部谷壁斜面では樹木は相対的に小型で密度も低いことが指摘されている．そのことから類推すると，頂部斜面と上部谷壁斜面とのあいだでは成長量のほか個体の交代・更新の様式でも相違があるのかもしれない．すでに述べたように林床の草本植物相にもある程度の差があるし，谷頭平底には，林床の草本植物に独自のものがあることは上述のとおりである．しかし，林冠層の落葉広葉樹をみるかぎり出現する種そのものが違っているようには読み取れない．谷頭平底にしても林冠部の樹種には固有のものがあるわけではない．

　微地形のスケールでみたとき斜面は一様ではないし，微地形の違いに応じて植生にもさまざまな違いがみられることは以上のように事実である．この違いについては次節でさらに検討するが，違いは，林冠層から林床までが微

地形ごとにそっくり違うというようなものではない．

3.3　コナラ林の植生パターンと微地形

(1) 次数による尾根の分類と植生

　谷頭は一定の微地形単位が図3-4や図3-5のように配置されて成り立っている．これに重なるような配置構造が植生にも期待される．しかし，2つの配置が無条件に重なるとは考えにくく，むしろ植生の違いを有効に生み出す微地形単位もあれば，そのように作用しないものもあるにちがいない．

　仙台市南西部に名取丘陵と呼ばれる丘陵地がある．一帯はコナラ林が優勢な二次林地帯で，図3-8はそこで微地形と植生との関係を解析した例である (Kikuchi, 1990)．斜面を微地形単位に区分し，区分からはみ出さないように設定した調査区にもとづいて得た林分の組成資料をDCA（除歪対応分析）と呼ばれる手法 (Hill, 1979 ; Hill and Gauch, 1980) で処理し，林分を座標に展開したものである．座標上の林分の位置関係は，組成的な遠近を表すと理解すればよい．

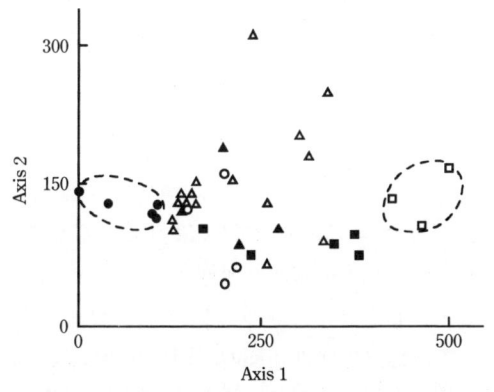

図3-8　コナラ二次林域から得られた林分の組成的相互関係と微地形単位
両軸はDCA第1軸と第2軸．●：3次の頂部斜面，○：2次の頂部斜面，▲：1次の頂部斜面，△：谷壁斜面，■：麓部斜面，□：谷頭凹地．(Kikuchi, 1990)

図3-8で頂部斜面を1次，2次，3次に分けているのは尾根の分類を試みたもので，水流を次数によって分類するのに準拠している．水流の次数は，水源から始まって支流をもたない細流を1次水流，2本の1次水流が合流した水流を2次水流，2次水流と2次水流が合流すれば3次水流，のように定められる．高次の水流に低次の水流が合流した場合は高次の水流の次数は変わらない．これはHorton (1945)の提唱をStrahler (1952)が改良した方法である．谷頭についていえば，谷頭の下端から始まる水路の底を流れる水流は1次水流にあたる（田村，1974a）．その上流に位置する谷頭そのものでは，地形形成営力として流水が顕著な作用を及ぼすことはない．この部分は塚本 (1974)が名づけた0次谷に相当するであろう（三浦・菊池，1978）．

2つの隣りあう谷頭は当然尾根で区切られる．見方を変えればこの尾根は1次水流，あるいは0次谷によって左右から挟まれた尾根である．この尾根を1次の尾根と定め，1次の尾根のみを支尾根とする2次の尾根，2次の尾根が結合して3次の尾根，という尾根の分類を試みた (Kikuchi, 1990)．図3-8では，そのように分類した尾根の上の微地形単位が，それぞれ1次，2次，3次の頂部斜面として示されている．

図3-8では頂部斜面のうちの3次の頂部斜面の林分が第1軸の左の極に偏り，右の極に位置する谷頭凹地の林分と対立している．そのほかの微地形単位の林分は，1次，2次の頂部斜面も含めて互いに入り混じりながら中央部を占めている．明瞭な組成の違いをもたない混沌とした集団から，一方は3次の頂部斜面の林分に向かって，他方は谷頭凹地の林分に向かって固有の組成的特徴がみられることを示唆している．

組成の実態は表3-1のようである．この表の林分の配列は図3-8の横軸と同じで，DCA第1軸のスコアに従っている．DCAの方法の原理は，表3-1で被度の数値が左上から右下に向かう配列になっているように，組成の違いが一定の傾向として浮かびあがるような植分（林分）と種の序列を見出すことにある．このとき，植分の序列と種の序列は互いに修正しあうという操作を繰り返して最終的な序列にたどりつくので，林分の序列と種の序列が同時に得られる．表3-1では，種の配列も林分の配列と同じく種について得られた第1軸のスコアに従っている．

全体としてみるとすべての林分が少しずつ，連続的に組成を変えているが，

表3-1 コナラ二次林が卓越する地域から得られた林分を DCA 序列分析のスコアに従って並べたときの微地形と高木層の組成の傾向 表中の数字は被度階級。1C, 2C, 3C：それぞれ 1 次、2 次、3 次の頂部斜面。SS：上部谷壁斜面、HF：谷頭平底、FS：麓部斜面。(Kikuchi, 1990 より編成)

整理番号	1	2	3	4	5	6	7	8	9	10	11	12	13	14	15	16	17	18	19	20	21	22	23	24	25	26	27	28	29	30	31	32	33	34	35	36	37	38
微地形単位	3C	3C	3C	3C	3C	SS	SS	SS	SS	SS	SS	1C	2C	SS	SS	SS	FS	1C	2C	2C	SS	2C	1C	SS	SS	FS	SS	SS	1C	SS	SS	SS	SS	FS	SS	FS	HF	HF
アカマツ	5	4	1	1	.	.	.	4	.	.	.	.	.	.	.	.	.	.	.	.	.	.	.	.	.	.	.	.	.	.	.	.	.	.	.	.	.	.
ヤマウルシ	.	1	.	.	.	1	.	.	.	.	.	.	.	.	.	.	.	.	.	.	.	.	.	.	.	.	.	.	.	.	.	.	.	.	.	.	.	.
マルバアオダモ	.	1	1	.	.	.	.	.	.	.	.	.	.	.	1	.	.	.	.	.	.	.	.	.	.	.	.	.	.	.	.	.	.	2	.	.	.	.
コナラ	2	1	5	5	5	5	2	5	4	4	4	4	.	1	3	4	5	3	4	3	3	3	3	3	2	1	2	.	1	.	1	1	2	1	.	2	.	.
アズキナシ	.	.	1	.	.	.	.	.	.	.	.	.	.	.	.	.	.	.	.	.	1	.	.	.	.	.	.	.	.	.	.	.	.	.	.	.	.	.
ヤマボウシ	.	.	1	.	.	.	.	.	.	.	.	.	.	.	.	.	.	.	.	.	.	.	.	.	.	.	.	.	.	.	.	.	.	.	.	.	.	.
ヤマコウバシ	.	.	.	.	.	.	2	.	.	.	.	.	.	.	.	.	.	.	.	.	.	.	.	.	.	.	.	.	.	.	.	.	.	.	.	.	.	.
リョウブ	.	.	.	.	.	.	.	.	.	.	1	1	1	.	.	.	.	.	2	.	.	.	.	.	.	.	.	.	.	.	.	.	.	.	.	.	.	.
ウリハダカエデ	.	.	.	.	.	.	.	.	.	.	1	1	.	.	1	.	1	.	1	.	1	.	.	.	.	.	.	.	.	.	.	.	1	.	.	.	.	.
カスミザクラ	.	.	.	.	.	.	.	.	.	.	1	2	1	2	.	.	.	.	.	2	2	.	.	.	.	2	.	.	.	.	.	.	.	.	.	.	.	.
ウラジロノキ	.	.	.	.	.	.	.	.	.	.	1	.	.	.	.	1	.	.	.	1	.	.	.	.	.	.	.	.	.	.	.	.	.	.	.	.	.	.
アオハダ	.	.	.	.	.	.	.	.	.	.	.	.	.	1	.	.	2	.	1	.	1	.	2	1	1	.	.	1	.	.	2	.	.	2	.	.	.	.
ハウチワカエデ	.	.	.	.	.	.	.	.	.	.	.	.	.	2	.	.	1	.	2	1	.	2	2	.	.	.	.	.	2	.	.	.	3	.	.	.	.	.
アカシデ	.	.	.	.	.	.	.	.	.	.	.	.	.	.	.	.	2	.	.	.	.	.	.	.	4	.	2	.	.	.	.	.	.	.	.	.	.	.
イヌシデ	.	.	.	.	.	.	.	.	.	.	.	.	.	.	.	.	.	1	.	.	.	2	2	.	.	.	2	.	.	1	3	2	2	.	.	.	.	.
エゴノキ	.	.	.	.	.	.	.	.	.	.	.	.	.	.	.	.	.	1	2	2	.	2	1	.	2	3	.	2	1	.	.	2	1	3	.	.	.	.
イタヤ	.	.	.	.	.	.	.	.	.	.	.	.	.	.	.	.	.	.	.	.	2	1	1	2	.	.	.	1	.	2	.	1	.	1	.	1	.	.
クリ	.	.	.	.	.	.	1	.	.	.	.	.	.	.	1	.	.	.	.	.	.	.	1	.	.	2	3	2	.	1	.	.	.	.	1	.	.	.
カヤノキ	.	.	.	.	.	.	.	.	.	.	.	.	.	.	.	.	.	.	.	.	.	.	.	.	.	1	1	2	2	2	.	2	2	1	.	.	.	.
アワブキ	.	.	.	.	.	.	.	.	.	.	.	.	.	.	.	.	.	.	.	.	.	.	.	.	.	.	1	1	2	.	2	1	.	1	.	.	.	.
ミズキ	.	.	.	.	.	.	.	.	.	.	.	.	.	.	.	.	.	.	.	.	.	1	.	.	.	.	1	2	.	2	.	1	2	2	.	.	.	.
ホウノキ	.	.	.	.	.	.	.	.	.	.	.	.	.	.	.	.	.	.	.	.	.	.	.	1	.	.	.	1	1	.	.	2	2	2	.	.	.	.
ウワミズザクラ	.	.	.	.	1	.	.	.	.	.	.	.	.	.	.	.	.	.	.	.	1	1	.	.	.	.	.	1	.	1	.	.	1	1	2	.	.	.
ケカマツカ	.	.	.	.	.	.	.	.	.	.	.	.	.	.	.	.	.	.	.	.	.	.	.	.	.	.	.	.	.	.	.	.	1	.	2	.	1	.
ヤマモミジ	.	.	.	.	.	.	.	.	.	.	.	.	.	.	.	.	.	.	.	.	.	.	.	.	.	.	.	.	.	.	.	.	.	1	.	.	.	.
ヤマグワ	.	.	.	.	.	.	.	.	.	.	.	.	.	.	.	.	.	.	.	.	.	.	.	.	.	.	.	.	.	.	.	.	.	.	.	.	.	2

左端の林分ではアカマツが優占し，右端の林分にはヤマグワが優占して，両端でみれば相当の違いがある．立地の微地形単位からみると，左の端に3次の頂部斜面が，右の端に谷頭凹地が集まるが，中央部では，1次，2次の頂部斜面，上部谷壁斜面，麓部斜面が互いに入り乱れている．中央部に配置されている林分にしても組成の相違は相当にあるが，微地形単位ごとにまとまって変わるというようなものではない．この点は図3-8からも見当がつくことである．組成からいえば，コナラ林が，かなり大きな組成的変異をかかえながら微地形の違いを超越して丘陵地の斜面に広く，一般的に成立しているということである．ただし，尾根も3次の尾根となるとアカマツ林が成立している．水流では次数が大きくなるにつれて水量が増え，谷の規模が大きくなり，河川としての規模も特性も変化する．同じように尾根でも次数が上がるにつれて比高が大きくなり，立地としての特性が明確になるのであろう．表3-1には高木層の組成を示しており，3次の頂部斜面に特に強く結びつく種はアカマツだけである．しかし，ほかにサンショウ，ミヤマガマズミ，ツクシハギなどの低木やオオアブラススキ，ススキ，ワラビ，ミツバツチグリなどの草本植物がこの立地に結びついて出現しており，3次の頂部斜面における群落組成の特性はかなり明瞭なものである (Kikuchi, 1990)．

（2）谷頭凹地のコナラ林

3次の頂部斜面に対立する一方の極には谷頭凹地の林分が配置されている（図3-8）．しかし，組成の実態からみると谷頭凹地には独自性があまりなく，特徴はコナラ林を構成する種の多くがこの立地では欠落するという形で認めることができる（表3-1）．この点は低木種でも同じで，ヤマツツジ，アズマネザサ，アオキ，ツリバナ，オオバクロモジ，ガマズミ，ムラサキシキブ，コゴメウツギなど，上部谷壁斜面や頂部斜面のコナラ林に一般的な低木種の多くが谷頭凹地で欠けている．ただアオキ，ツリバナ，ムラサキシキブなどはそこでもみられ，量も多く，密な低木層を形成する．草本種はやや違っていて，チゴユリ，コバギボウシ，モミジハグマ，オヤリハグマ，シラヤマギクなど，ほかの微地形単位と共通に生育する種が多い．それに加えて谷頭凹地を中心に生育する種も少数はみられ，ミゾシダがその代表である．しかし，ミゾシダにしても上部谷壁斜面の一部や麓部斜面などにも共通して出現し，

谷頭凹地に限定されるというほどの特異性はない (Kikuchi, 1990).

3.4 谷頭凹地の植生

(1) 谷頭凹地におけるアオキの特異な生育形

　前節に述べた植生は，3次の頂部斜面にはアカマツ林が現れるが，そのほかは，斜面一般にコナラ林が広がるというものである．ただ谷頭凹地ではコナラ林の構成要素の一部，なかでも高木，低木の多くが欠ける形で組成的な違いが現れる．欠落するものに代わって新たな種が現れるわけではなく，その意味ではやはりコナラ林の範疇にあるとみてよいが，それにしてもほかの微地形単位にはない特徴が谷頭凹地の植生にみられることは事実である．
　谷頭凹地の植生に現れる違いについて，さらに2, 3の例で検討する．
　アオキは，いろいろなタイプの森林にごく普通にみられる低木である．根元からよく萌芽を出すが，地表や地中を横に這う茎によって親株につながっている株や，親株につながるわけではないが地中を横に這う茎の痕跡をもっている株がある．後者は親株につながって発生し，後に切れて独立したと推定される．ほかに実生もみられる．IsobeとKikuchi (1989) はこれらを萌芽，付着株，独立株，実生と呼んで区別し（図3-9），それぞれの密度をコナラ林の林床で調べた．そして，谷頭凹地のアオキの密度は上部谷壁斜面に比べて圧倒的に高かったと報告している．高い密度は萌芽，付着株，独立株の数が谷頭凹地で特に多いことによるものであった．

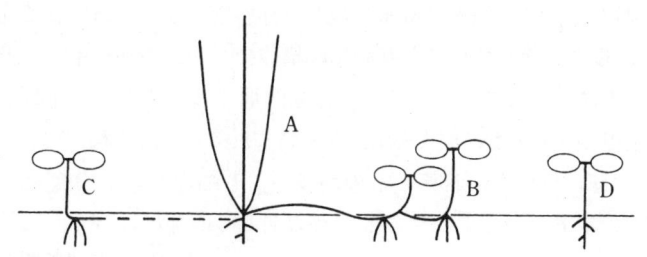

図3-9　アオキの株の4形
A：萌芽，B：付着株，C：独立株，D：実生．(Isobe and Kikuchi, 1989)

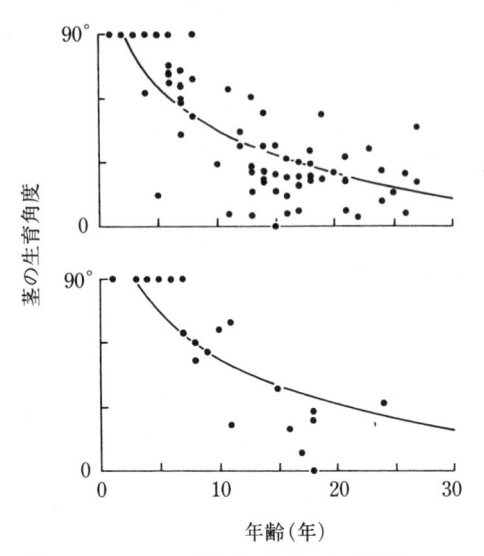

図 3-10 アオキの萌芽茎の年齢と生育角度
上：谷頭凹地，下：上部谷壁斜面．生育角度が小さいことは斜上，倒伏を表す．(Isobe and Kikuchi, 1989)

　図3-9から想像できることであるが，付着株は親株の根元に発生した萌芽が倒伏し，地面に接したところから不定根が出て形成されるものであろう．さらに倒伏した萌芽茎が腐朽して切れれば付着株は独立株となるであろう．図3-10はこの点を確認するために茎の倒伏角度を茎の年齢ごとに調べた結果である．発生当初の萌芽は直立しており，後に年齢とともに傾く傾向があることがわかる．この経過は谷頭凹地と上部谷壁斜面とのあいだで違いはない．一方，現に生育している萌芽の年齢構成は2つの微地形単位で違っている．図3-11に示されているように，谷頭凹地では，幼年の萌芽から始まって20年生程度までのものがまんべんなく含まれている．これに対して上部谷壁斜面の萌芽には幼年，若年のものが多く，老齢のものは少ない．図3-10と図3-11の事実をつきあわせると，谷頭凹地の萌芽には若く直立したものから老齢で倒伏したものまで平均してみられるのに対し，上部谷壁斜面の萌芽には直立のものが多く，倒伏したものは少ないことが推定される．そのこ

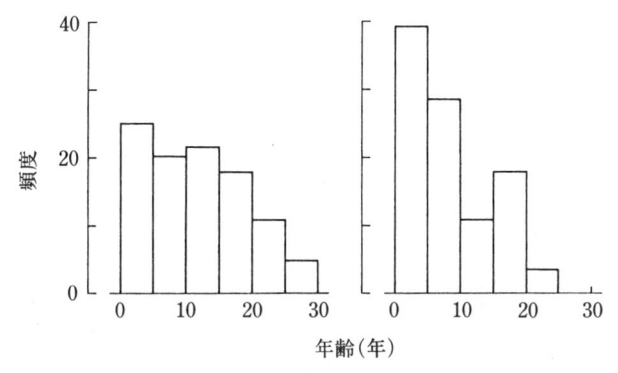

図 3-11 アオキ萌芽茎の年齢分布
左:谷頭凹地,右:上部谷壁斜面.(Isobe and Kikuchi, 1989)

とは実際の萌芽茎について確かめられている.

総合してみると,上部谷壁斜面の萌芽は,倒伏する間もなく比較的若齢のうちに枯死してゆき,一方,谷頭凹地の萌芽は長命で年齢とともに傾斜,倒伏し,ついには地面に接して不定根を出し,独立の株を形成していくものと推定される.谷頭凹地にみられる密度の高いアオキの個体群は,そのように形成され,維持されているようである.

(2) 谷頭凹地におけるモミの早い更新

仙台市街の西の丘陵地に東北大学理学部附属植物園がある.ここでは,1973 年に,園内の胸高直径 10 cm 以上の樹木について胸高直径と樹高が測定されている.図 3-12 は,その 16 年後の 1989 年に,園内のある谷頭部に生育する樹木の毎木調査を行い,1973 年の測定値と比較したものである(田村ほか,1990; Kikuchi and Miura, 1991).谷頭はほぼ北から南に向かって下っている.この谷頭を横断する幅 6 ないし 7 m の帯状区 5 本を設け,1989 年の調査時点で胸高直径 10 cm 以上の個体を測定しているが,図にはそれぞれの個体の位置,1973 年と 1989 年時点での樹高が示されている.1973 年から 1989 年のあいだに多くの個体が順調に成長しており,また,1973 年の測定で対象にならなかった小径個体が測定対象(胸高直径 10 cm 以上)となるまでに成長している.1973 年の調査時に存在し,その後枯死し

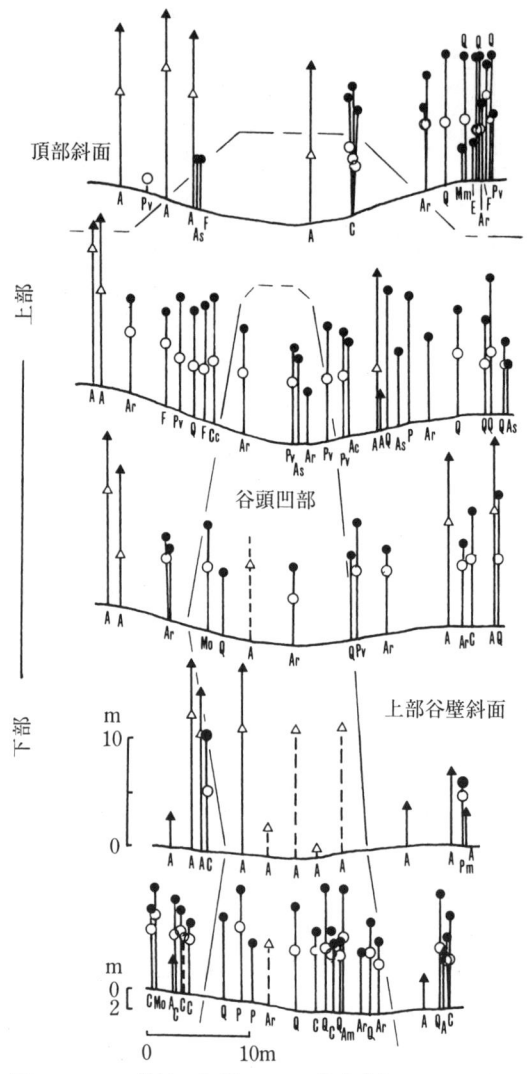

図 3-12　モミ林域の谷頭における胸高直径 10 cm 以上の樹木の分布と樹高

1973 年と 1989 年の測定値が示されている．三角印：モミ，丸印：落葉樹，白：1973 年，黒：1989 年．破線は 1973 年の測定後 1989 年までに枯死した個体．(Kikuchi and Miura, 1991)

た個体ももちろんあり，それは破線で示されている．

　田村ら (1990) では，上から数えて3番目までの帯状区にみられる左右の高所は頂部斜面とされ，ここにモミの高木が特に多く生育することが指摘されている．Kikuchi と Miura (1991) も同じ資料にもとづくが，この点は変更されて上部谷壁斜面としている（図 3-12）．いずれにしても頂部斜面と上部谷壁斜面にこの地方の気候的極相林（吉岡，1952），あるいはそれに近いとみられるモミと落葉広葉樹の混交林が成立している．谷頭凹地でも群落組成は大差ないが，この 16 年間に枯死した個体のほとんどが谷頭凹地に集中し，それも，そのほとんどがモミに集中していることが特に注目される．

　例が少なすぎるが，谷頭凹地に生育する個体，特にモミは，ほかの部分と違って若いうちに枯れている．モミがこの部分に生育できないということではない．老齢に達することがないということなので，回転早く更新しているということであろう．老齢の個体が欠落する年齢構成が，モミでは谷壁斜面ではなく谷頭凹地にみられる．このことは，先に述べたアオキの場合と反対である．

（3）山火事跡地の植生にみられる谷頭凹地の大きな現存量

　山火事が発生すると植生は損傷をうけるが，必ずしもすべてが失われるわけではない．地表のリターや林床植物だけが焼けて林冠には被害が及ばないことがあるし，林冠に火がついても地下部は生き残り，そこから萌芽を出して再生することもある．多年生草本植物の場合は地下部の多くが生き残ってそこから地上部を形成するし，樹木でも，地下の浅いところを縦横に伸びる根をもっていて，そこからたくさんの地上部を出すものもある．栄養繁殖に頼るだけでなく，種子発芽による植生の再生も顕著にみられることはもちろんである（叢・菊池，1998）．火災前に蓄積されていた埋土種子は少なくとも一部は生き残るし，火災後に飛来してくる種子も発芽のための種子源となる．

　山火事の跡地には，このような多くの機構によって遅かれ早かれ植生が再生する．

　図 3-13 は本州の北から南にわたる3地点，岩手県久慈市，宮城県利府町，広島県安浦町で，山火事後2年目の再生植生の地上部現存量を微地形単位別に測定した例である（Kikuchi et al., 1987）．地上部現存量は焼失した植生

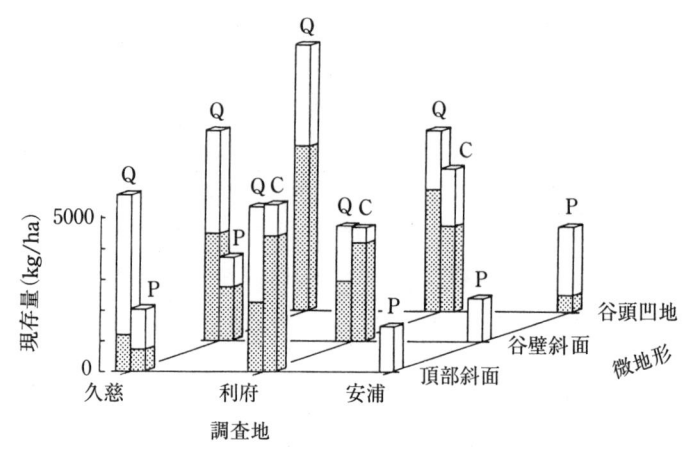

図 3-13 林野火災跡地に再生した植生の 2 年目における現存量と微地形. 網をかけた部分は実生による再生，白抜きは萌芽による再生か一年生植物．Q：コナラ林，C：スギ林，P：アカマツ林消失地．(Kikuchi et al., 1987)

によって違っており，アカマツ林焼失地でもっとも小さい．これに比べるとスギ林，コナラ林の焼け跡では格段に大きいが，いずれにしても頂部斜面，谷壁斜面，谷頭凹地の順に地上部現存量が大きくなる傾向がみられる．利府の頂部斜面の現存量はこの傾向からはずれて異常に大きいが，おそらく測定地点の地形が特に平坦で広く，頂部斜面というよりは頂部平坦面というべき微地形だったことと関係があるのであろう．

地上部現存量のうち栄養再生による植物体にかぎってみると，微地形間の差は必ずしも大きくない．谷頭凹地の大きな地上部現存量は，多年生草本植物と木本植物の芽生えが谷頭凹地に特に多く発生する傾向があることを内容としている．特に安浦では実生に起源をもつ植物が谷頭凹地にかぎってみられ，谷壁斜面と頂部斜面の植物のほとんどすべては萌芽に由来している．

谷頭凹地には特に大きな埋土種子集団が形成されていることが原因か，山火事の際の火のふるまいとして火災のダメージを逃れやすい仕組みが谷頭凹地にあるのか，芽生えた後の成長と生き残りに有利な条件，たとえば豊富な水分，良好な栄養条件などが谷頭凹地にあるのか．いろいろなことが考えられるが詳しいことはわかっていない．

関連して，山火事後数年までの植生の再生過程で，谷頭凹地の植生の遷移が頂部斜面の植生の遷移に対して早く進行する傾向があるという報告がある(Nakamura et al., 1989)．

（4）谷壁斜面を欠く浅い谷頭の植生

3.1節の微地形単位の記述に，全体の起伏が特に小さいときには，頂部斜面や頂部平坦面から直接，谷頭凹地に移り変わることがあるという指摘がある．谷頭急斜面（上部谷壁斜面の一部）によって隔てられることなしに，という意味である．これに相当するような谷頭の植生を八甲田山で観察した例がある（菊池，1981a）．

八甲田山はいくつかのドーム状の火山体から成り立っており，山体には放射状に刻まれた谷が発達する．谷頭部は幅数m，比高2-3m程度にすぎず定常的な流水もないが，下るにつれて流水も現れ，次第に谷としての規模を拡大する．谷と谷のあいだには広く平滑な山腹斜面が展開し，ここに，幅数mから20-30mほどのきわめて浅い，皿状の凹地が分布する．凹地内には目立った起伏もなく，下端に浅い溝が刻まれる．その溝に普段は流水はないが，連続的で，下って上記の谷に合流する．この浅い凹地は水系の最上流部にあたっており，谷頭の1つの形とみることができる．

この凹地は，図3-14に示したように比高2mにも満たないごく浅いものである．稜線にあたる縁辺の部分とその内側との境界は，不明瞭ながら上方に凸な傾斜変換線として認められる．

観察地の一般的な植生はアオモリトドマツ林，あるいはブナが混じるアオモリトドマツ-ブナ林であるが，図3-14でみてもわかるように，これらの群落は稜部にかぎってみられる．凹部にはチシマザサが密生するほか，ハウチワカエデ，ミネカエデ，オガラバナ，ブナなどが，いずれも亜高木または低木として生育し，高木が欠けている．したがって，稜部と凹部の植物群落には相観のうえで明らかな違いが生じている．一方，群落の組成には2つの部分を区別するような種，すなわち一方に出現して他方に欠けるような種はみあたらない．

群落の階層構造として林冠層が欠落するという明らかな差がある一方，種の存否については差はない．この例における稜部と凹部の違いを一般の谷頭

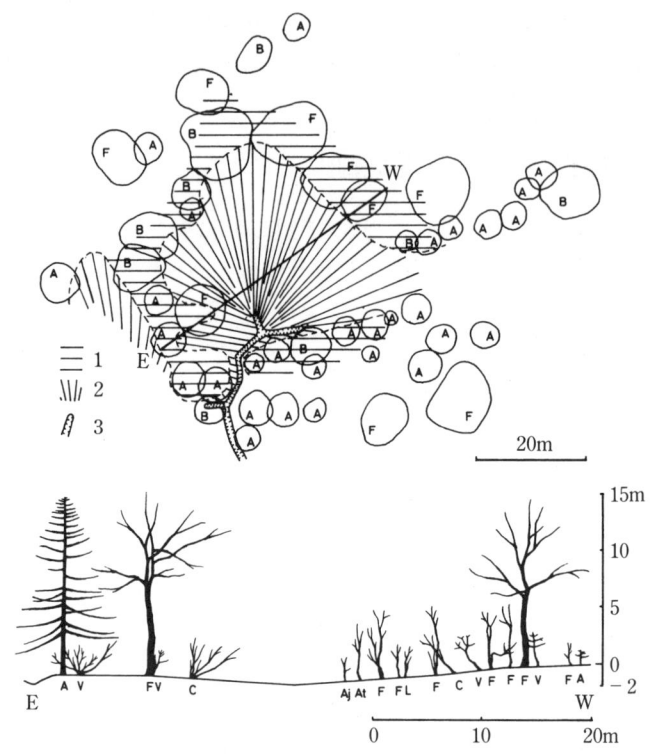

64 第3章 斜面の地形構成と植生

図 3-14 非常に浅い谷頭の微地形区分と樹木の配置
青森県八甲田山.1：稜部,2：凹部,3：水路.A：アオモリトドマツ,Aj：ハウチワカエデ,At：ミネカエデ,B：ダケカンバ,C：ツノハシバミ,F：ブナ,L：オオバクロモジ,V：オオカメノキ.
(菊池, 1981 a)

の頂部斜面と谷頭凹地の違いに比定してよいものかどうかは迷うところであるが,林冠層を欠く一方で組成に画然とした違いは認めにくいという稜部と凹地の関係は,名取丘陵のコナラ林における頂部斜面と谷頭凹地の違いによく似ている（表3-1参照).

　本節では谷頭凹地の植生がほかの微地形単位と違うことをいくつかの例によって示した.谷頭凹地にはそのような特異性があることは事実であるが,一方,群落の組成がほかの微地形単位と明らかに違うというほどの違いでもないことは認識しておく必要がある.

3.5 上部斜面域と下部斜面域 —— 斜面の大区分

(1) 侵食前線

　斜面を構成する微地形単位の分化とそれに対応する植生の違いを谷頭部について検討してきた．対象が谷頭だということは，谷頭の下端に発する水路から下流に続く谷底部とその左右に展開する微地形単位，特に下部谷壁斜面は対象に入っていないことを意味する．斜面全体からみれば，上方の半分とは明らかに異なる重要な部分がまだ残されている．この存在をまず図3-15と図3-16の模式図から理解してもらいたい．

　NagamatsuとMiura (1997) は，図3-16の地形分類にもとづいて多数地点の土壌を調査し，頂部斜面，上部谷壁斜面，谷頭凹地からなる斜面上半部には土壌から判断される地表の攪乱がほとんどなく，一方，下半部の土壌には常になんらかの攪乱の跡が認められることを報告している．攪乱といって

図3-15 下部谷壁斜面の一例（北海道旭岳，1999年7月）

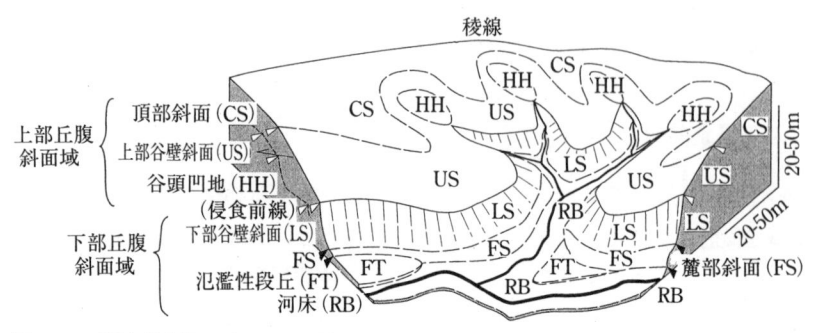

66　第3章　斜面の地形構成と植生

図 3-16　微地形単位の区分を示す模式図
△：凸形の斜面変換線，▲：凹形の斜面変換線．微地形単位は上部丘腹斜面域と下部丘腹斜面域にまとめられる．(Nagamatsu and Miura, 1997)

も一定ではなく，下部谷壁斜面では斜面崩壊による削剥，ほかは上方から，あるいは上流からもたらされた物質の堆積によるものが主であるとされており，基本的には河谷における斜面の開析・侵食の具体的な現れといってよい．Kikuchi と Miura (1991) や Hara ら (1996) が下部谷壁斜面の上方の境界を羽多野 (1986) のいう侵食前線としているのは，下部谷壁斜面が示すこのような攪乱性を認識してのことである．この点は図 3-16 も同じである．

　侵食前線は植生にとっても境界になるのか，斜面の下部には，上部とは違う独自の植生が成立するのか，この点を検討する．

(2) モミ林が卓越する斜面の下部に発達するイイギリ林

　仙台市にある東北大学理学部附属植物園の園内は広くモミ林に覆われている．図 3-17 はこのモミ林で微地形単位と植生との関係を検討したものである．この例では微地形単位として下部谷壁斜面が含まれている．

　微地形単位別に植生調査を行い，得られた資料を DCA (除歪対応分析) の手法 (Hill, 1979; Hill and Gauch, 1980) で処理し，林分の序列化を行った．この手法は 3.3 節のコナラ林の項で述べたものと同じである．座標上の領域をみると，頂部斜面と上部谷壁斜面の林分はお互いに混沌と混じりあいながら 1 つにかたまり，この領域を離れて谷頭凹地の林分が中央部に位置している．この関係は図 3-8 に示したコナラ林でみた関係と同じであるが，図 3-17 のモミ林域の場合は谷頭急斜面の林分も谷頭凹地の領域に重なって分布

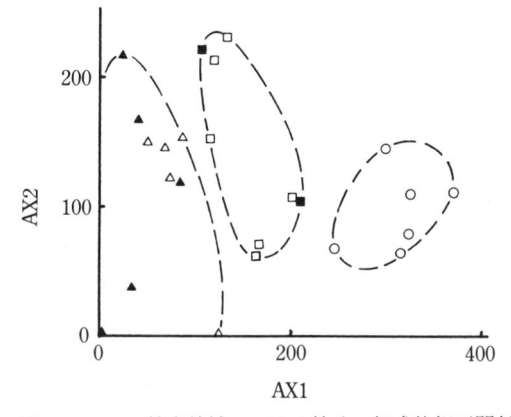

図 3-17 モミ林卓越域における林分の組成的相互関係と微地形(仙台市東北大学理学部付属植物園)両軸は DCA 第 1 軸と第 2 軸.▲:頂部斜面の林分,△:上部谷壁斜面の林分,■:谷頭急斜面の林分,□:谷頭凹地の林分,○:下部谷壁斜面の林分.(Kikuchi and Miura, 1991)

する.そして頂部斜面と上部谷壁斜面の領域の対極に,下部谷壁斜面の林分が集中している.林分のあいだのこのような関係はほぼ第 1 軸に沿った位置関係で記述できる.そこで林分を DCA 第 1 軸のスコアに従って並べ,出現種も同じく DCA の第 1 軸のスコアによって配列して表 3-2 の組成表を作成した.この手法も表 3-1 の場合と同じである.図 3-17 の座標で左下部に集まる頂部斜面と上部谷壁斜面の群落は,表 3-2 によればモミ林である.これに対して中央部の谷頭凹地と谷頭急斜面の群落はモミ林の断片というような群落で,モミをはじめとしてコハウチワカエデ,マンサク,タカノツメ,アオハダなどが欠落することで特徴づけられる.この点は表 3-1 のコナラ林の頂部斜面・上部谷壁斜面と谷頭凹地との関係によく似ている.ミゾシダが林床に出現し,またミヤマカンスゲの出現もミゾシダに似ており,谷頭凹地独自の組成要素の存在をわずかに示している.

これに対して下部谷壁斜面の林分には明らかな独自性がある.ミゾシダ,ミヤマカンスゲの 2 種が格段に大きな被度をもつほか,ウワバミソウ,ムラサキシキブが出現し,さらにイイギリが加わる.高木のイイギリが優占種として出現することは何よりも大きな違いで,林冠層としても独自性をそなえ

表 3-2 モミ林が卓越する地域から得られた林分を DCA 序列分析のスコアに従って並べたときの微地形と組成の傾向
表中の数字は被度 (%). CS：頂部斜面, USS：上部谷壁斜面, HMW：谷頭急斜面, HH：谷頭凹地, LSS：下部谷壁斜面. (Kikuchi and Miura, 1991 より編集)

調査区番号 微地形単位	20 CS	14 CS	12 CS	10 CS	19 USS	6 USS	11 USS	13 CS	15 USS	18 HMW	23 HH	21 HH	22 USS	24 HH	5 HH	17 HH	9 HH	16 HMW	25 LSS	26 LSS	8 LSS	27 LSS	28 LSS	7 LSS
コハウチワカエデ	10	+	10	·	·	·	·	+	·	·	·	·	·	·	·	·	·	·	·	·	·	·	·	·
バイカツツジ	+	+	·	+	·	·	+	·	·	·	·	·	·	·	·	·	·	·	·	·	·	·	·	·
キッコウハグマ	·	+	·	+	·	·	+	·	·	·	·	·	·	·	·	·	·	·	·	·	·	·	·	·
マンサク	10	20	·	10	10	·	·	10	·	10	·	·	·	·	·	·	·	·	·	·	·	·	·	·
タカノツメ	10	·	·	10	10	·	10	10	·	·	·	10	·	·	·	·	·	·	·	·	·	·	·	·
モミ	·	80	30	80	90	70	80	80	80	·	·	·	30	·	·	·	·	·	·	·	·	·	·	·
アオハダ	·	10	10	10	20	10	10	20	·	10	·	·	·	·	·	·	·	+	·	·	·	·	·	·
シラキ	·	20	20	10	20	10	10	·	10	+	·	10	·	·	·	·	·	·	·	10	·	·	·	·
ヤブコウジ	10	10	10	+	+	10	10	+	+	30	+	+	+	·	+	+	·	·	+	·	·	·	·	·
ミツバアケビ	·	·	+	·	·	+	·	·	·	·	·	+	·	·	·	·	·	·	·	·	·	·	·	·
オヤリハグマ	·	·	+	·	·	+	·	·	·	·	·	·	+	·	·	·	·	·	·	·	·	·	·	·
ヤブムラサキ	·	10	·	·	·	·	·	·	·	·	·	·	·	·	·	·	·	·	·	+	·	1	·	·
コシアブラ	·	10	·	20	10	·	·	10	·	·	·	·	10	·	·	10	·	·	·	·	·	·	·	·
ジャノヒゲ	+	·	·	·	·	·	·	·	·	·	·	·	·	·	·	·	·	·	·	·	·	·	·	·
アカガシ	·	·	·	·	20	·	10	20	10	·	·	·	·	·	·	10	·	·	·	·	·	·	·	·
ハウチワカエデ	10	·	·	·	10	10	+	·	10	·	20	·	10	10	·	10	·	·	·	·	·	·	·	·
スズタケ	80	+	70	30	40	50	30	40	10	10	10	60	+	50	20	10	60	10	5	·	5	10	·	·
ネズミモチ	·	+	·	·	·	·	·	+	·	+	·	·	·	·	·	·	·	·	·	·	·	·	·	·
イヌツゲ	+	·	+	10	+	+	+	+	+	+	+	·	+	10	·	+	·	+	·	+	·	·	·	·
アカシデ	·	·	·	10	·	·	·	·	30	·	·	·	·	·	·	10	·	·	·	·	·	·	·	·
チゴユリ	·	+	+	+	·	+	+	+	+	·	·	·	+	·	+	·	·	·	·	·	·	+	·	·
シラカシ	·	·	·	+	·	·	·	·	·	·	·	+	·	·	+	·	·	+	·	·	·	·	·	·
ヒサカキ	·	·	·	·	·	·	+	+	·	·	·	·	·	·	·	·	·	·	·	·	·	·	·	·
ウゴツクバネウツギ	·	·	+	+	·	·	·	·	·	·	·	·	·	·	·	·	·	·	·	·	·	·	+	·
ナライシダ	·	·	·	·	·	+	·	·	·	·	·	·	·	+	·	·	·	·	+	·	·	·	·	·
ハリガネワラビ	·	+	·	·	+	·	+	+	+	+	·	+	·	+	+	+	·	·	·	·	·	+	+	·
カヤノキ	·	10	·	·	·	·	·	·	·	·	·	·	·	·	·	·	·	·	·	·	+	·	5	+
アオキ	+	·	20	10	30	20	30	40	40	20	10	30	10	20	20	20	40	20	20	10	20	10	40	20
イヌブナ	·	·	·	·	·	·	·	30	·	·	·	30	·	·	·	·	·	·	10	·	20	·	·	·
ニワトコ	·	·	+	·	·	·	+	+	+	·	·	·	·	·	·	·	·	·	·	·	+	·	·	+
アワブキ	·	·	·	·	·	10	·	10	·	·	10	·	40	·	·	10	10	20	·	·	·	·	·	·
ウメモドキ	·	·	·	·	·	·	10	·	·	·	·	·	·	·	·	·	+	·	·	·	·	5	+	·
モミジハグマ	·	·	·	·	·	+	·	·	·	·	·	·	·	·	·	+	·	·	+	·	·	·	·	·
シロダモ	+	·	·	·	·	·	·	·	·	·	+	10	·	·	·	·	·	·	+	+	·	·	5	·
ヒメカンスゲ	·	+	·	+	+	·	·	·	·	·	+	·	+	·	·	·	·	·	+	+	·	5	+	·
タチツボスミレ	·	·	·	·	·	·	·	·	+	·	·	·	·	·	·	·	·	·	·	+	·	+	·	·
ミゾシダ	·	·	·	·	·	·	·	·	·	·	+	·	·	+	·	·	+	·	1	10	1	+	+	·
ミヤマカンスゲ	·	·	·	·	·	·	·	·	·	·	+	+	·	·	·	·	·	·	10	20	1	1	·	10
ウワバミソウ	·	·	·	·	·	·	·	·	·	·	·	·	·	·	·	·	·	·	1	·	20	+	·	·
イイギリ	·	·	·	·	·	·	·	·	·	·	·	·	·	·	·	50	40	·	·	40	80	40	·	·
ムラサキシキブ	·	·	·	·	·	·	·	·	·	·	·	·	·	·	·	·	·	·	+	1	·	20	·	·

た群落がここには成立している．

（3）シイ林域における下部谷壁斜面──千葉県清澄山の例

　SakaiとOhsawa（1994）は清澄山中の小流域で木本種の分布パターンを詳細に分析し，主として遷移後期の安定相の群落をつくる種は尾根側に，遷移初期に出現するような種は谷側に偏って分布することを報告している．調査地の斜面は平均で40°にも達するほどの傾斜があり，小規模の崖が多くみられる．流域外周の尾根からは小さい尾根がいくつも斜面上に派生し，斜面には，この小尾根によって区切られる浅い谷地形が形成されている．

　彼らはこの小流域で木本種の分布パターンを調査し，パターンの類似から種をA，B2つのグループに分けた．それぞれの分布と，どちらのグループの種の総基底面積（basal area）が大きいかによって分けた群落タイプの分

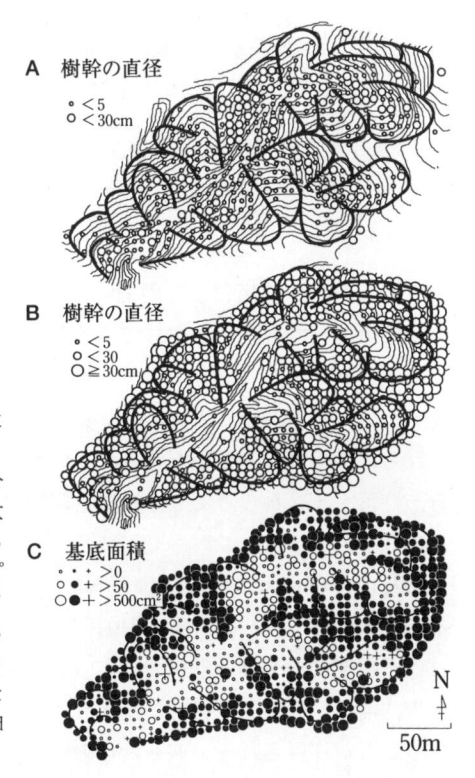

図3-18 千葉県清澄山のある小流域における樹木および植生タイプの分布
分布パターンから出現種を2群に分け，それぞれに属する個体のうち最大幹直径をもつ個体の分布を示している（A，B）．Cの基底面積は植生タイプ別（白と黒）に示されており，植生タイプは種群A，Bの総基底面積による優劣から決定され，優劣がないときは＋で示している．太い線で示されたのは地形区分（本文参照）．(Sakai and Ohsawa, 1994)

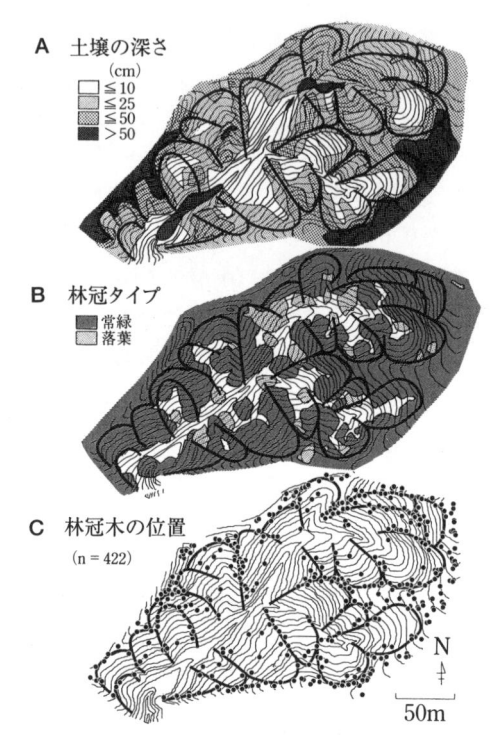

A 土壌の深さ
(cm)
≦10
≦25
≦50
＞50

B 林冠タイプ
常緑
落葉

C 林冠木の位置
(n = 422)

N
50m

図 3-19　図 3-18 の小流域における土壌の深さ (A)，林冠タイプ (B)，林冠木の分布 (C)
太い線で示されたのは地形区分 (本文参照). (Sakai and Ohsawa, 1994)

布を，上記の谷地形による斜面の区分に重ねて図 3-18 に示す．グループ A の種は主として谷部に分布しているが，ほとんどすべての落葉樹と落葉低木種はこのグループに含まれる．一方，グループ B の種のほとんどがツガ，モミ，スダジイ，アカガシ，ウラジロガシなどの常緑広葉樹および針葉樹で，これらは極相林の主要種だとされている．これらは主に尾根部に分布している．群落タイプからみても尾根に常緑樹林，谷部に落葉樹林が分かれて成立している．

Sakai と Ohsawa (1994) はさらに，土壌の深さ，林冠層のタイプ，林冠木の分布を示している (図 3-19)．地域の多くは常緑性の林冠で覆われ，それは尾根部に根を張る常緑樹によって形成されるものであることがわかる．一方，落葉性の林冠は谷部にかぎられ，そこには土壌の薄い部分が集中していることが注目される．彼らはこの部分が侵食と関連するものであることを

論じており，斜面のすそに位置して侵食の作用を活発に受ける部分であることから判断して，下部谷壁斜面にあたるものと考えてよいであろう．極相の森林が卓越する地域にあって，下部谷壁斜面の群落だけは明瞭に違うという顕著な例である．この場合は常緑樹林が一帯に広がる斜面にあって，下部谷壁斜面だけは落葉広葉樹林になっているという例である．

（4）シイ林域における下部谷壁斜面──奄美大島の例

一般に気候的極相林が卓越する斜面でも，下部谷壁斜面にはほかのタイプの群落が成立する．その例をさらに紹介する．

奄美大島の斜面に原生状態で成立する森林はシイ林である．細かく分類すると本土のスダジイと少し違ってその亜種に位置づけられるので，その意味ではオキナワジイ林であるが，ここでは簡単にシイ林と呼ぼう．図3-20は，そのようなシイ林に覆われる奄美大島のある斜面で，尾根から谷にまたがる幅25mの調査区に出てくる樹木の分布を，大きさ別に詳細に示したものである (Hara et al., 1996)．この研究は微地形と群落構造との関係を解析することを目的にしており，この図も，微地形の区分を下敷にして，その上に個体ごとの分布を重ねる形で作成されている．

図3-20を一見してわかるように，小さい個体は全体にわたって出てくるのに対して大きい個体はほぼ斜面の上部（頂部斜面・上部谷壁斜面）にかぎられていて，下部（下部谷壁斜面・麓部斜面・谷底面）には極端に少ない．頂部斜面と上部谷壁斜面に生育する胸高直径20 cm以上の個体は100 m²あたりそれぞれ5.4, 6.0本なのに対して下部谷壁斜面，麓部斜面，谷底面ではそれぞれ1.3, 1.5, 0.0本である．10 cmから20 cmまでの大きさの個体では6.2, 5.2本に対する0.4, 0.8, 0.0本で，この大きさの個体でも差は歴然としている．これに対して10 cm以下の個体となると95.4, 90.4本に対する84.5, 31.5, 60.0本で，大きい差はみられない．

この事実は，大きい個体から中形，小形の個体までをまんべんなく含むバランスのとれた森林は上部の斜面域にかぎって成立していることを示している．成熟したシイ林は斜面の上部域を立地にして成立すると理解すればよい．一方，下部域には小さい個体ばかりが生育していて，大きい個体はほとんどない．これは体形の小柄な種が下部域の群落をつくっているのか，あるいは，

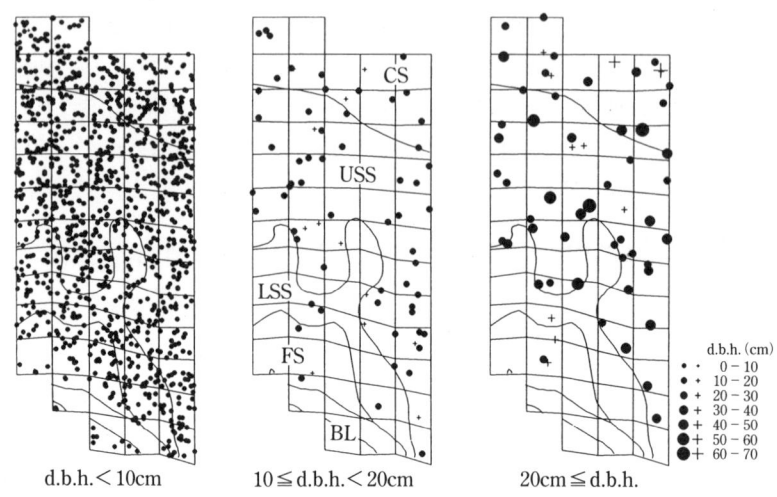

図 3-20 奄美大島のある斜面における大きさ別の樹木の分布
微地形単位の区分が示されている．CS：頂部斜面，USS：上部谷壁斜面，LSS：下部谷壁斜面，FS：麓部斜面，BL：谷底面．d.b.h.：胸高直径．プラス印は枯死個体．(Hara *et al.*, 1996)

上部域で大きくなっている木がここにもあるものの大きく成長できないのか，その点が問題である．

　Haraら(1996)は上部あるいは下部への分布の偏りを種ごとに検討して，下部域に偏って分布している種としてイスノキ，シシアクチ，モクタチバナ，ボチョウジ，ミヤマハシカンボク，アマシバ，オオシイバモチ，アカミズキ，ホソバタブの9種を抽出した．そのほかに分布が斜面の上部に偏る種を9種，またどちらにも偏らない種を7種抽出し，その代表的なものを図3-21のように示した．シイ（原著ではオキナワジイ）がどちらにも偏らない種に入っているのが興味深い．大きい個体としてはないものの，存否についていえば下部域にもシイは存在する．そこでも発芽，生育する機会はそれなりにあるが，大きく育つことはないということであろう．図3-22はもっとも高く育った個体の高さを，種ごとに，上部域と下部域とのあいだで比較したものである．下部に生育する木は一般に10 mにも満たないが，上部域の木は10 mを越えるものが多く，20 m，あるいはそれ以上の高さに達するものがある．加えて，上部域に分布が偏る傾向を示す種が下部域に生育したときには，

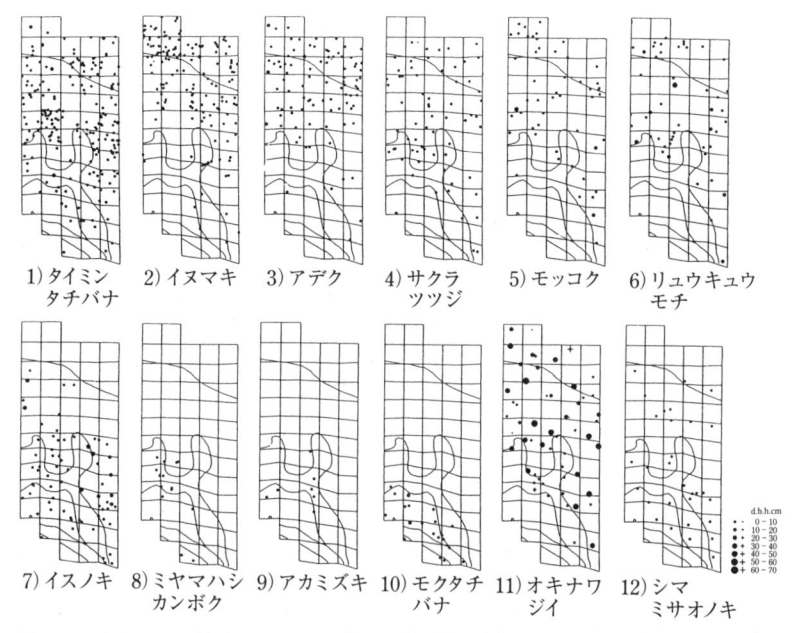

3.5 上部斜面域と下部斜面域　73

1) タイミンタチバナ　2) イヌマキ　3) アデク　4) サクラツツジ　5) モッコク　6) リュウキュウモチ

7) イスノキ　8) ミヤマハシカンボク　9) アカミズキ　10) モクタチバナ　11) オキナワジイ　12) シマミサオノキ

d.b.h.cm
・ 0〜10
・ 10〜20
● 20〜30
● 30〜40
● 40〜50
● 50〜60
● 60〜70

図 3-21 図 3-20 の斜面における 3 グループの種の分布パターン
1) から 6) まで (A グループ), 7) から 10) まで (B グループ), 11) 12) (C グループ) がそれぞれグループをなす. 微地形単位の区分は図 3-20 に同じ. (Hara et al., 1996)

樹高は著しく低くおさえられる. 一方, 下部域に偏る種は, 下部域で高く成長する傾向がある.

　上部域でさかんに生育している種の多く, 特にシイは下部域では十分な成長ができない. 必ずしもはじめから発芽も成長もできないというのではなく, ある程度の大きさの個体は存在するが, しかし, 大きくはなれない. これにも長命ではあるが大きくはなれないのか, 短命で, 若く小さいうちに更新してしまうのかという問題があるが, Hara ら (1996) は幼樹が生き残って大きくなることができないと考えており, その原因は地すべりの頻発や小規模の斜面崩壊の発生が引き起こす地表の攪乱にあると推定している.

　この地方の気候的極相というべきシイ林は斜面の上部にかぎって成立しており, 下部域はシイの生育, 成長には不適である. しかし, そこを主な生育場所にする種は別にあって, 上部域とは異なる特有の植物群落をつくる. この場合はモクタチバナやイスノキなどが, 10 m にも満たない高さに樹冠層

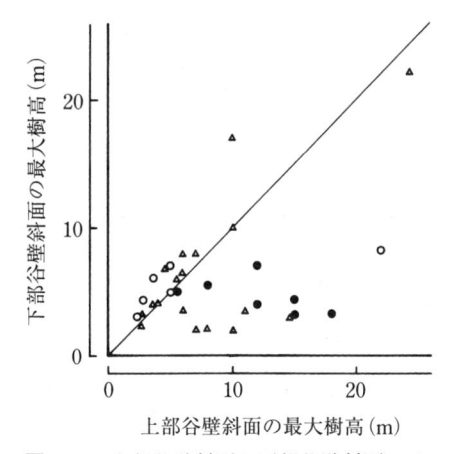

図 3-22 上部谷壁斜面と下部谷壁斜面のそれぞれにおける最大樹高の比較
●：Aグループ，○：Bグループ，△：Cグループ（グループについては図 3-21 参照）．
(Hara et al., 1996)

を形成する群落である．いずれも常緑樹で，前に述べた仙台市の例，清澄山の例ではいずれも落葉樹林であったことと異なる．

(5) 上部斜面域と下部斜面域

　斜面の植物群落を微地形単位ごとに検討すると，谷頭凹地の群落にはほかと異なる特性を認めることができる．このことは 3.3 節と 3.4 節を中心に，いくつかの例をあげて述べた．しかし，植物群落の組成として独自の性格をもつほどの違いでもなかった．このことも再三述べたことである．表 3-1 の例でいうと，頂部斜面，上部谷壁斜面の群落の林冠層や組成要素の一部が谷頭凹地では欠落しており，このことが谷頭凹地の特徴となっていることは事実である．しかし，そこに独自の種が入れ替わって出現するということはなかった．これに対して下部谷壁斜面では林冠層の種がモミからイイギリに入れ替わっており，ここには明らかに別のタイプの群落が成立している（表 3-2）．これだけの違いがある以上，立地としても斜面の上部にはない著しい特性が下部谷壁斜面にあることを予想しないわけにいかない．微地形単位の記載の項で紹介したように，下部谷壁斜面は，表層崩壊のような地表の変化が

もっとも活発に現れる部分であるという．このことについては次章でさらに述べるが，端的にいえば，地表のこの変動性が斜面の上部域ときわだって違う立地としての特徴である．

　植生と地形の双方からみて，斜面は性格の大きく異なる2つの部分に分かれる．この認識からKikuchiとMiura (1991, 1993) は丘陵地の斜面を上下2つに区分し，上部丘腹斜面と下部丘腹斜面と呼んだ．単純に斜面の上部，斜面の下部という位置の問題ではなく，侵食作用の及び方が異なり，地表の攪乱に差があり，そこを立地にして成立する植生に差がある2つの部分に分かれるということである．互いは相対的な関係ではなく絶対的な違いであり，境界は原則として不連続なものとして区分できる性質のものである．

　概略的にいえば，上部丘腹斜面はモミ林やシイ林のような気候的極相，あるいはその変形というべき植生が成立する安定な地域であり，下部丘腹斜面は侵食作用が顕著で地表の変動性が高く，先駆的な性格の植生が成立する地域である．斜面がこの2つの部分に分かれるのはおそらく丘陵地だけのことではない．広く山地にも適用できるであろう．その見通しも込めて丘腹斜面という呼び方をやめ，本書では上部斜面域と下部斜面域と呼ぶこととする．これらは，それぞれがいくつかの微地形単位を統括する上級の分類単位であるが，微地形単位との具体的な関係は次節で整理する．

(6) 斜面における水の動態と微地形

　日本のような湿潤温帯で地形形成に顕著にかかわる作用は，なんといっても水の営力である．それも流路をつくって地表をまとまって流れるときの水がもっとも顕著な働きをすることは明らかであるが，しかし，雨として地表に降った水が，ただちに水流をつくるわけではない．大部分の水はいったんは地中に浸透し，さまざまな形態をとりながら地中を移動した後に，再び地表に現れて水流となって流下する．その経過と，その過程で行われる機械的侵食をまとめると図3-23のようになる．

　雨水は直接，あるいは植物体にいったん捉えられた後，そこから滴りおちたり幹を伝わって流れて地表に達する．地表に達した水は，地表に滞留して蒸発を待つか，流出するか，あるいは土壌に浸透することになる．土壌への水の浸透速度には，土壌の性質・状態によって決まる限界があって，降雨が

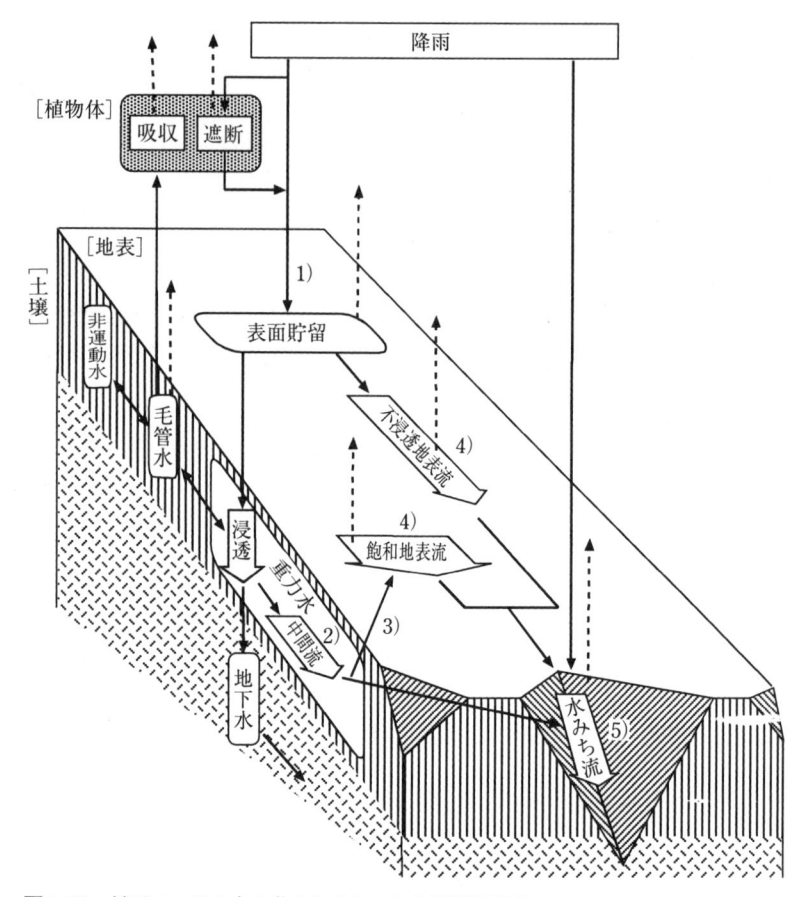

図 3-23 斜面における水の動きとそれによる機械的侵食
上向きの破線矢印は蒸発散を示す．1) 雨滴侵食，2) 側方洗脱および土壌匍行，3) パイピング，4) 表面侵食 (雨洗)，5) 水みち侵食 (頭部，底部，側方)．(田村，1974 b より作成)

　この浸透能を上回ると雨水は不浸透地表流として地表を流下する．地表流は斜面上を布状に広がって，あるいは斜面の凹凸や障害物によってリル (雨溝) と呼ばれる浅い，小さな溝をつくって流れ，斜面を侵食する．この場合，雨水の下刻作用は弱いが，反面，斜面を面的に削剝するので，布状侵食と呼ばれる．リルが成長して幅，深さともに大きくなるとガリー (雨裂) に発達

し，ガリー侵食が行われる．

　土壌に浸透した水は地下水面に向かって下降するが，透水性の低い土層に行きあたると一部はその上面に停滞し，上面が傾いているときは面に沿って低い方に移動する．土壌中のこのような水の流れは中間流と呼ばれるが，大量の降雨や長時間の降雨があって中間流の供給が増すと，土壌は斜面の下部から，そして土壌層のなかでは下層から順に飽和し，ついに地表まで飽和すると，そこから地表流が発生する．この地表流は前に述べた地表流（不浸透地表流）とは発生の機構からして別のもので，飽和地表流と呼ばれる．2つのタイプの地表流はともに低い所に集まって水みち流となって流下し，斜面に水路を切り込む．こうして線的な侵食が始まる．

　中間流は洗脱と呼ばれる一種の侵食を行うが，量的には大きなものとはいえない．中間流が地形形成に与える影響として顕著なのは，パイピングの現象である．この場合のパイプとは浸透水が集中して通ることによって土砂が局所的に排除されたり，枯死した植物の根の跡や土壌動物の活動の跡を水が集中して通ることによって土壌中につくられるパイプ状の孔隙で（塚本ほか，1988），降雨のときに，中間流が土砂の流亡を伴いながらこのパイプ状の孔隙を通って地表に吹き出す現象をパイピングと呼んでいる．浸透水の流出によって生じる侵食は広く浸出水侵食（seepage erosion）と呼ばれるが，寺嶋（1996）は，地下水流が地表に流出するときに起こる土砂の噴出，あるいは単に移動現象を広くパイピングと呼び，地下水の流出が引き金となって発生する土砂移動の多くがパイピングを契機として発生している可能性があることを指摘している．

　日本のような湿潤気候下では，地表流のうちの不浸透地表流が有効に働くことはあまりない．半乾燥地では顕著にみられるし斜面侵食の重要な営力とみなされる．しかし植生が発達しているとその作用は強く抑制され，何よりも，植生で覆われる土地では不浸透地表流そのものが発生しないことが知られている（田中，1996）．湿潤気候下で，斜面の侵食に重要な意味をもつのは飽和地表流の発生と，それに伴う水みち流の成立であり，中間流には，斜面に均一に降った雨水を徐々に集め，飽和地表流が発生しやすい場をつくるところに大きな意義がある（田村，1974b）．その場は斜面の基部に形成されるはずで，微地形単位に即していえば下部谷壁斜面から谷底面にかけての部

分にあたる（田村，1987）．下部谷壁斜面は，丘陵斜面でも表層崩壊のような地形変化がもっとも活発な部分とされるが（松井ほか，1990），ここが飽和地表流の成立に伴うパイピングの発生の場であることと関係しているのであろう．

　斜面は，中間流が卓越して相対的に安定な部分と，地表流とそれによる水みち流が卓越して，その作用によって地表の変動性が格段に高い部分とに分かれる．この違いは植生にも明らかな違いとなって現れ，KikuchiとMiura (1991)はこの2つを上部斜面域と下部斜面域として区分した．この区分は水と表層物質の動態を背景に成り立つもので，斜面の基本構造だと考えてよい．谷頭では，このように成り立つ斜面が，"円形劇場"，あるいは"開いた扇"を形づくるように半円形に配置される．扇の要にあたる部分には下部斜面域が集中して，そこから水路が始まる．その上部に展開する谷頭の大部分は上部斜面域に属することになる．谷頭の植生では，微地形間にそれほど明らかな違いがあるわけではないことを3.3節で述べた（表3-1）．一方，生育形，更新，山火事後の初期植生などを例にして谷頭凹地には相応の特性がみられることも述べた．矛盾するようではあるが，斜面の断面からみれば谷頭全体が上部斜面域に属するという一体性と，そういう斜面が半円形に配置されることから生まれる特性とが，あわせて植生に反映されているということであろう．

　下部斜面域に表層崩壊などからさかんに供給される物質は谷底に落下し，水みち流によって運び去られる．これは河川による侵食そのもので，その視点からみれば，下部斜面域の物質の移動は河川による侵食，いわゆる河食の最前線に位置づけることができる．下部斜面域の上限は，上部斜面域に対する明瞭な遷急線として認識できるが，この限界線は，河川による開析が現在進行している領域の最前線，つまり侵食（開析）前線（羽田野，1986）とみなすことができることはすでに述べた（田村，1987；Kikuchi and Miura, 1993）．反面，上部斜面域は，このような新期の開析の及ばない地域という捉え方ができる．

（7）上部斜面域の谷底面——シデコブシの立地

　これまで述べてきたことに機械的に従えば，谷底面は下部谷壁斜面の下位

に形成され，したがって下部斜面域に属する．また，物質の運搬路としての機能をもち，攪乱的性格が強いはずである．しかし，そのように割り切れない谷底面がある．

愛知県，岐阜県を中心とする東海地方の丘陵地には，ハナノキ，シデコブシ，ヒトツバタゴ，シラタマホシクサ，ミカワバイケイソウなど，多くの固有種，隔離分布種が集中してみられる．まとめて東海丘陵要素(植田，1989)の名前で呼ばれており，2,3を除いて，ほとんどは湿地に生育している．ただし，それぞれの種の植物地理学的性格はさまざまで，これらが東海地方に集中して分布しているのは，生物学的な要因よりは環境の側に原因があると考えられている(植田，1994)．このことについては，土岐砂礫層からなる土岐面に代表されるように，分布域には鮮新世後半から更新世の砂礫層が丘陵，台地をなしており(森山・丹羽，1985；森山，1987)，湧水が随所にみられ，湧水は極端に貧養で，これに涵養されて湿地が成立しているという考察がある(植田，1994)．このように成立する湿地が東海丘陵要素の立地になっているという指摘である．

シデコブシ(モクレン科モクレン属)は東海丘陵要素の代表的な種で，この地方固有の種である．以下の記述ではシデコブシを取り上げて，微地形スケール，小地形スケールでみたときの立地の地形的性格を考察したい．

シデコブシが分布する丘陵地について，丘腹斜面から谷底までを網羅して微地形単位ごとに植生調査を行い，シデコブシを含む群落がどの微地形単位を立地にしているかを追求した．特定されたのは"水路底"であった(後藤・菊池，1997)．この場合の水路底とは，図3-5の微地形分類に沿っていえば谷底面にほかならない．図3-24に例を示したように，谷頭に接する谷底面最上流部である．さらに，シデコブシの立地には湧水がかかわっており，湿地といっても流入する水が停滞することによって形成されるようなものではなく，湧水の場所そのものが立地であることが地下水の観測からわかっている(菊池，1998)．

後藤と菊池(1997)がこの立地を水路底と呼んで一般の谷底面から区別したのは，下流側の谷底面に比較して地表が格段に安定で，両者は遷急点で境されることを認識してのことであった．下流から上流に及ぶ新期の侵食が，遷急点で遮断されてここまで及んでいないという認識である．このことは2,

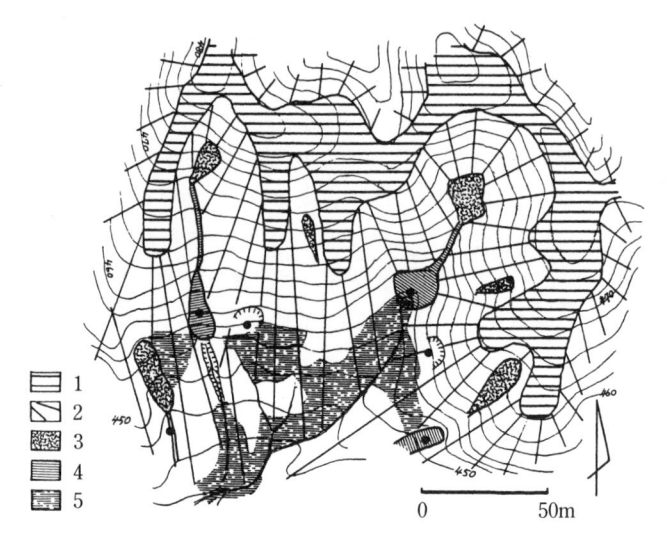

図3-24 東海丘陵要素を含む植物群落の位置と周辺地域の微地形分類図
岐阜県土岐市．1：頂部斜面，2：上部谷壁斜面，3：谷頭凹地・谷頭平底，4：水路・谷底面．5：イヌノハナヒゲ型湿地．黒点はシデコブシ群落の成立地点．(菊池ほか，1991)

3の例ですでに菊池ら(1991)が指摘していたことであるが，この認識に従えば，この立地は後氷期侵食前線よりも上位の地域，すなわち上部斜面域に属することになる．同じ谷底面であっても，流水の運搬作用による地表の攪乱が明らかな下流の谷底面とは，性格が異なるとの認識であった．

植生の概略からいうと上部斜面域は気候的極相が成立する地域であるということをすでに述べた．植生の成立を規制する攪乱要因が土地にないなら，もう1つの主要な規制要因として気候の役割が顕著になるということを述べたものであった．しかし，上部斜面域といえども土地は一様ではありえない．地質の違いもあれば起伏も当然ある．その違いに従って露岩があり，岩壁があり，崖錐が形成される．閉塞凹地に水が停滞することもあるし湖沼が成立することもある．傾斜地の下端には湧水も形成される．本書ではこれらを直接取り上げてはいないが，それぞれが関与して特徴的な植生が成立する．この場合の地形の影響は主として形態規制経路によることになり，なかでも土壌条件を介しての影響によって植生の成立が規制される(図1-1参照)．

上部斜面域に後氷期の開析作用は及んでいないとしても，上部斜面域にも起伏はあり谷地形がある以上，浸透水は斜面の下部に集まって湧水となり，湧水は水みち流となって水路を刻む．そもそも谷頭は上部斜面域に属し，水路は，そこで集められ，湧き出した水によって形成される．谷頭と水路との関係は，本来，上部斜面域の条件に従う自律的，調和的な関係なのであろう．自律的と述べたのは，河川の下刻作用は下流の侵食基準面に規制されており，この場合は，その規制からは独立だという意味である．実際の地形では，多くの場合，図3-16にも表現されているように水路はただちに斜面の侵食に参画し，水路の側壁は下部谷壁斜面に連続する．すなわち後氷期開析前線は水路の上端に及んでおり，この点は図3-5の表現でも同じである．しかし，後氷期開析前線の上流への波及が遷急点によって阻まれれば，そこから上流は，水，物質の動態からみて調和的，自律的な谷底が維持されることが期待できる．東海地方にはそのように後氷期の開析をまぬがれた谷底面が存在し，シデコブシの立地になっているのではないだろうか．シデコブシの立地の下流側に硬い岩質の基磐が遷急点を形成している例も知られており（菊池ほか，1991；菊池，1994），また斜面から谷底面に連なる上記の調和的関係が，まるごと段丘や台地に連続して維持され，谷底面がシデコブシの立地になっていると考えられる例もある（菊池，1998）．とはいえ詳細はまだ不明で，生態学的研究はもちろん，地形学的検討がのぞまれるところである．

　なお，東海丘陵要素を多く含むもう1つのタイプの湿地として，カヤツリグサ科ミカズキグサ属の数種が優先する湿地植物群落がある（浜島，1976；波田・本田，1981；瀬沼，1998）．湧水に涵養される点はシデコブシの立地と同じであるが，この場合は斜面に幅広く湧き出した水が斜面をシート状になって流下し，そこに湿地植物群落を形成する．したがって湿地には明らかな傾斜がある（図3-24のイヌノハナヒゲ型湿地；菊池ほか，1991）．湧水が谷底に収束するシデコブシの立地とはその点が異なるが，この湿地も上部斜面域に属するものと考えられる．

3.6 スケールを異にした重層的な地形分類

(1) 微地形単位の追加

田村 (1996) は，山地の水循環と地形変化の相互作用を課題とする論文集 (恩田ほか, 1996) のなかで，あらためて斜面の微地形分類を取り上げている．大筋ではこれまでの分類 (田村, 1974a, 1987 など) を踏襲するが，あらたに 2, 3 の微地形単位を設定し，さらに必要に応じて細分すべき微地形単位を示している．以下に紹介するが，3.1 節に紹介した内容に比べて特に変更がない微地形単位は省略する．それぞれの単位の配置は図 3-25 のようである．

①上部谷壁凹斜面

頂部斜面，頂部平坦面のすぐ下方に位置し，それらと凸型傾斜変換線 (遷

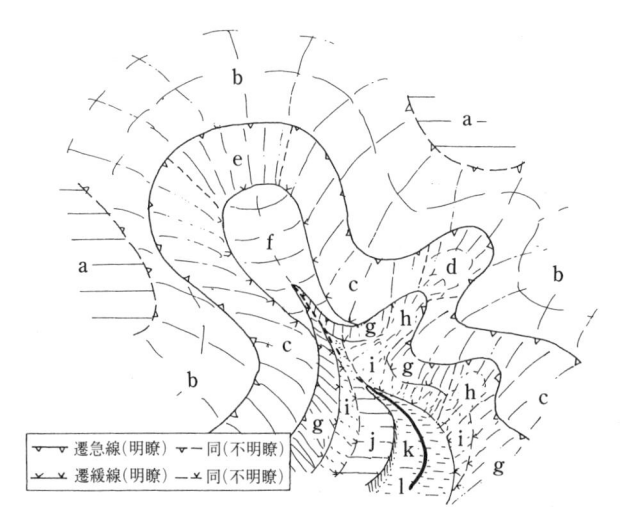

図 3-25 谷頭付近における微地形単位の配列傾向 (ブロックダイアグラム)
a：頂部平坦面，b：頂部斜面，c：上部谷壁斜面，d：上部谷壁凹斜面，e：谷頭斜面，f：谷頭凹地，g：下部谷壁斜面，h：下部谷壁凹斜面，i：麓部斜面，j：小段丘面，k：谷底面，l：水路．(田村, 1996)

急線）で区切られる．水平断面形，横断面形とも凹型を示す．縦断面形は凹型又は直線状．土壌断面の上部は削剝傾向を示す．この微地形域の下部では上部から移動してきた土層が上位に載っていることが少なくない．頂部斜面の土壌より多少湿っている．

②谷頭斜面

　従来の上部谷壁斜面のうち，谷頭凹地の上流側に続く部分を分けて谷頭斜面としている．この部分が特に急なときには谷頭急斜面として上部谷壁斜面から区別していたが，ここでは傾斜にかかわらず独立の微地形単位として区別している．横断面形，水平断面形とも凹型，縦断面形も凹型であることが多いが直線状のこともある．傾斜は上部谷壁斜面，上部谷壁凹斜面より多少とも急である．土壌は概して薄く，B層が発達しない未熟な断面型を示す．

③谷頭急斜面

　谷頭斜面のうち特に傾斜が急なものを区別する必要がある場合に設定する．この点，従来を踏襲する．

④渓岸急斜面

　下部谷壁斜面の下半分，特に水路に接する部分などが，上方を凸型傾斜変換線で区切られて著しく急傾斜を示し，そこを下部谷壁斜面の主要部から区別した方がよい場合に設定する．しばしば土壌を欠く．渓岸崩壊を含む新期の表層崩壊跡の集合であることが多い．

⑤丘脚先端斜面

　稜線の延長部に位置する下部谷壁斜面が，水平断面形，横断面形で特に顕著な凸型を示し，その部分を区別した方がよい場合に設定する．しばしば乾性の土壌断面がみられる．

⑥下部谷壁凹斜面

　上部谷壁斜面，上部谷壁凹斜面などの下方に位置し，凸型傾斜変換線で境される．横断面形，水平断面形とも顕著な凹型を示し，概して急傾斜である．

縦断面形は直線状ないし，わずかに凹型を示すことが多い．土壌は薄く，湿っている．渓岸急斜面の場合よりやや深いスプーン状の新期表層崩壊跡とみられる．

⑦麓部斜面

　従来を踏襲するが，下方へは，凹型傾斜変換線（遷緩線）をもって小段丘面あるいは谷底面に接する（または漸移する）か，遷急線で区切られて下部谷壁斜面（段丘崖）に接するか（さらにその下方には谷底面がある）のいずれかであるという追加の説明がある．

⑧小段丘面

　下部谷壁斜面あるいは下部谷壁凹斜面の下方に位置し，境界は凹型傾斜変換線となる（ときには麓部斜面の下方に不明瞭な遷緩線をもって漸移する）．傾斜数度以下の平坦面で，かつて（普通数千年から数万年前）の谷底面が段丘化したものである．したがって，かつての谷底堆積物をもつ．下方へは，遷急線-下部谷壁斜面（段丘崖）-遷緩線を隔てて，さらに低位の段丘面あるいは谷底面に接する．

（2）分類単位の相互比較と植生の研究への活用

　斜面の微地形の分類体系は，研究の進展とともに何回もの変更が重ねられてきた．また Kikuchi と Miura (1991) や Nagamatsu と Miura (1997) らは植生学的研究に応用する意図で微地形分類を取り入れ，その立場から多少の取捨と変更を加えた．表3-3 にそれらの研究の主なものを比較・整理してみた．さらに田村 (1996) は微地形スケールの分類単位を上級のスケールの地形単位に統合している．表にはそのように多重的に分類された地形単位も示した．

　先に述べた微地形単位のすべてが，どこでも常に出現するというわけではない．また，植生調査の実際では，微地形単位の多くは小規模にすぎて標本区（方形区）の設定にあたって取り上げようがないこともある．植生調査には，群落の基本的な性質からくる必要最小限の面積があるからである．その点を考慮すると植生調査に対応するための微地形分類としては，3.1節の分

表 3-3 田村 (1996) の斜面の微地形分類 (やや簡素化および改変) と関連する主な分類との比較

Tamura (1969)	田村 (1974a)	田村 (1987)	Kikuchi and Miura (1991)	田村 (1996)***			Nagamatsu and Miura (1997)		
				微地形単位	亜小地形単位	小地形単位			
頂部斜面	頂部斜面	(頂部平坦面)	頂部斜面	頂部平坦面	頂	稜	頂部斜面	上部丘腹斜面域	上部斜面域
谷壁斜面	谷壁斜面	頂部斜面		頂部斜面					
		上部谷壁斜面	上部谷壁斜面	上部谷壁斜面	上部谷壁		上部谷壁斜面		
	谷頭			上部谷壁凹斜面					
谷頭急斜面		(谷頭急斜面)	谷頭急斜面	谷頭斜面(谷頭急斜面)	谷頭	合壁			
	谷頭凹地	谷頭凹地	谷頭凹地	谷頭凹地(谷頭平底)			谷頭凹地		
谷頭平底*	谷頭平底	(谷頭平底)							
		下部谷壁斜面	下部谷壁斜面	下部谷壁斜面(渓岸急斜面)	下部谷壁		下部谷壁斜面	下部丘腹斜面域	下部斜面域
	—		下部丘腹斜面	(丘脚先端斜面)					
		(新規表層崩壊)		下部谷壁凹斜面					
		麓部斜面	麓部斜面	麓部斜面	山麓あるいは丘麓		麓部斜面		
	—	(谷底面)**	—	小段丘面			氾濫性段丘		
	谷底低地	谷底面	谷底面	谷底面	合底		河床		
ガリー	水路	水路	水路	水路					

括弧を付したものは, 必要に応じてそれぞれの微地形単位を細分して設定する.
* 小平坦部を含む.
** わずかに段丘化.
*** 地形単位間の境界線の表示などを簡略化した.

類がむしろ実際的かもしれない．基本的には3.1節の分類にもとづき，必要に応じて田村（1996）の分類を取り込んで修正を加え，利用するのが現実的だといえるであろう．ただし，植生調査の網にかかってもかからなくても，地表にはさまざまな特性をもった土地がさまざまな貌をもってちりばめられているのは間違いない．そのひとつひとつに目を向けることは，地表の成り立ちと現にいまそこに起きている変化を嗅ぎとるための入り口であるし，地表の変動は植物にとって直接の攪乱要因である．植物観察者の目をそこに導くうえで，ここで紹介した微地形分類は貴重なガイドとなるであろう．方形区にもとづく通常の植生調査が植生を理解するための手段のすべてというわけではない．それはそれとして，地表のそちこちに，一見断片的で一時的のように存在する異相の土地を取り上げ，土地の特性を最大限に生かし，また攪乱と折り合いをつけながら生きている植物の個性的な暮らしぶりをみつめることも植生の理解のうちである．

（3）斜面の歴史と後氷期侵食前線

田村（1996）の分類は格段に細分化されて複雑になったようにみえるが，初期の分類（Tamura, 1969；田村，1974a など）は骨格のようにして維持され，そのうえで，新しい地表変動の跡を捉える微地形分類が補強された印象である．骨格として著者が理解しているのは，谷頭部と下部谷壁斜面とから成り立つ谷地形の概形のことである．

下部谷壁斜面は，丘陵地の斜面のうちで，表層崩壊のような地形変化がもっとも活発な部分とされている（3.1節参照）．しかし，この変化が直接，谷の概形をつくったというわけではない．吉木（1993）が北上山地で調査した結果によれば，現在の谷頭凹地は最終氷期の時期には谷底としてすでに形成されており，表層の堆積物は，当時の寒冷な気候下の面的削剝作用によって周囲の斜面から供給されたものから成り立っている．さらに 12000-13000 年前，および約 8600 年前の火山噴出物を載せている．この時期から以後は大きな攪乱を受けていないわけで，晩氷期に入って寒冷な気候がゆるむとともに地表は安定し，そのまま現在に至っていることを示している．一方，下部谷壁斜面は谷頭凹地を下刻することによって形成されており，下刻は上記の火山噴出物が降下する2つの時期の中間で開始されている．下部谷壁斜面の

発達は後氷期になってからで，それには降水量の増加が関係しているという．田村（1996）も指摘するように後氷期の気候環境は大局的に現在も継続しているので，表層崩壊のような形で進行する地形形成作用は後氷期を通じて継続し，それが下部谷壁斜面の発達に関与している．そのように，後氷期における河谷の侵食のいわば先端に位置するのが下部谷壁斜面で，下部谷壁斜面の上端が後氷期侵食前線（羽多野，1986）に一致するとみなされているのは（3.5節）この認識に立つものである．

（4）斜面の多重的分類と立地としての意味

谷地形の概形を述べたが，背景としてこのような歴史を背負っており，その帰結として，斜面は性格の異なる2つの部分に大別できる．晩氷期以後現在まで地表が安定に維持されてきた部分と，現に変化している部分である．この違いは植生の立地の違いとしてみすごせないし，事実，優占種からして異なる別のタイプの植物群落に分かれて成立することは3.5節に述べたとおりである．

下部谷壁斜面は現に変化している部分にあたるが，その変化は，いくつもの微地形を派生させる．一方，谷頭凹地とそれを取り巻く安定な部分にも地表の微細な相違はあり，これらも微地形単位として分類される．亜小地形単位，小地形単位はこれらの微地形単位を統括して設定されるが，当然，微細な地表の変化よりは斜面の概形を表現することになり，より長期的な形成史を反映するものになる．この歴史は小地形単位としての頂稜，谷壁，谷底がすでに分化している土地の上に展開した（田村，1996）．

以上の多重的地形分類は，3.5節で述べた上部斜面域と下部斜面域の区分とただちに対応するわけではない．後者はあくまでも植生とその立地を認識する立場からのものである．頂稜と谷壁の区別は植生の相違を生み出しているわけではなく，植生の立場からはむしろ，谷壁を，後氷期の侵食域と侵食が及んでいない地域とに，いい換えれば植生に作用する攪乱要因が顕著な部分とそれが回避される部分とに分けなければならない．その立場から田村（1996）の分類を応用するときには，亜小地形単位の区分が有効である．この分類では，谷頭を谷頭斜面と谷頭凹地を包括する亜小地形単位としている．従来の谷頭あるいは谷頭部は頂部斜面，上部谷壁斜面，谷頭凹地，谷頭平底

を包含していたので (図3-5参照) 混乱を生む危険が多少ある．従来の谷頭は地形単位というよりは，地域として谷地形最上流部を指していたと理解すればよいかもしれない．いずれにしても狭く限定されたが，図3-17にもどって再検討してみると，谷頭急斜面と谷頭凹地の林分群は座標の中央部にまとまっており，まさに亜小地形単位としての谷頭に対応するまとまりが植生に存在することがわかる．

　さらに微地形単位を取り上げて土地の特性の理解に努めれば，個々の植物種の生活様式を意義づけ，植物群落の成り立ちを理解するうえで大きな力になるにちがいない．この場合，土地の特性とは地表の変動，あるいは攪乱とそのことと表裏の関係にある表層物質の性格と理解してよい．残念ながらそういう問題に切り込んだ研究はあまり聞かないが，生態学的研究で微地形が取り上げられ，その視点からみた地表の特性をふまえて植生を捉え，構成種の生活史が解析されるようになることを期待したい．

第4章 斜面崩壊と植生
——下部斜面域の植生

4.1 後氷期における斜面の開析

　1959年の伊勢湾台風で，木曾山地の与川流域に多量の風倒木が発生した．同時に多数の斜面崩壊も発生したが，年月につれて風倒木の根は腐朽して土壌緊縛力が衰え，それとともに風倒木自身の滑落などに誘発された崩壊がさらに発生した．あわせて崩壊はおびただしい数にのぼった（石川ほか，1976）．

　1986年8月，仙台近郊で豪雨があり，このとき多数の崩壊が発生した．この場所では，それに先立つ1983年4月に林野火災が発生し，森林が焼失していた（飯泉，1991）．そこにもたらされた大雨であったが，調査面積約80 ha の範囲に発生した崩壊は約300ヵ所で，その9割以上が下部斜面域に属する下部谷壁斜面，下部谷壁凹斜面，特にそれらの上端をなす遷急線付近で発生していたことが報告されている（田村・宮城，1987；田村，1996）．

　下部斜面域にはそのように崩壊が発生し，開析が現在の現象として進んでいる．現在というのは地学的な時間感覚で，地史年代でいう完新世（後氷期，沖積世）を指している．植物の生活史の時間に比べれば格段に長い時間である．寒冷な氷期が続いた後で大幅な気候の変化があり，現在とほぼ同じ気候とそれに伴う開析・堆積の条件が約1万年前に成立した．それ以後，現在までのことである．このあいだに斜面を開析する作用として発生した大小，新旧さまざまな物質の移動の跡が下部斜面域である．跡であるといえば現在はその作用が停止しているかに聞こえるが，期間の長短は別として崩壊はこれからも発生し，現在の植生を破壊して新たな立地を出現させることもありうる．図 4-1 は微地形単位としては下部谷壁凹斜面にあたる部分である．比較

図 4-1 下部斜面域の崩壊地（北海道日高山麓，1999年5月）微地形単位としては下部谷壁凹斜面にあたる．手前に新たな崩壊が発生しており，崩落物質上にはエゾブキが優占する草本群落が成立している．

的最近の斜面崩壊の影響で半裸地的な草本群落が成立している．手前には新たに発生した小規模な崩壊の跡があり，崩落物質上にエゾブキが優占する草本群落が成立している．ここには大小の崩壊が繰り返し発生しているものとみてよい．

　図4-2には同じような規模の2本の谷があって，一方の谷に崩壊が発生している．この谷も年が経てばいずれは植生が回復して，右の谷のようになるかもしれない．また，右の谷にもいつかは崩壊が発生し，左の谷のような姿

図 4-2 斜面崩壊の一例 (岐阜県明宝村, 1999 年 5 月)
向かって右の谷にも同じように崩壊が発生したことがあると思われる. いまは植生に覆われているが, ここにもいつか左の谷のような崩壊が発生するかもしれない.

になるかもしれない.

　地形的にも植生としても, 変動, 攪乱が下部斜面域の最大の特質である. 相対的に安定な上部斜面域に対して明らかに異なるのはこの点で, 植物に対しては破壊的に作用する. しかし, 下部斜面域といえどもある種の植物群落を成立させていることも事実である. 変動といっても地表の変化速度が植物の生存を許容する程度に緩慢な場合もあろうし, 周期的に休止期をもつこともある. 破壊的な要素とともに, 植物の生育を受け入れる要素にも目を向ける必要がある. モミ林が気候的極相として広がる斜面の下部に, そこだけイイギリ林が成立する部分があって, Kikuchi と Miura (1991) はここを下部斜面域と呼んだ. この場合, 微地形単位としては下部谷壁斜面そのもので, ほかの微地形単位を含んでいたわけではない. そこをあえて包括的に下部斜面域と呼び替えたのは, そこに発生する地表の変動は種類も速度も発生の周期もさまざまで, 植生の立地として多様な内容をかかえるものであるにちがいないと考えたからである. その後, 田村 (1996) も下部谷壁斜面を細分する

形で，あるいはこの単位に付随させる形でいくつかの微地形単位を設定し，それらを包括する斜面単位を下部谷壁と呼んだ．そういう分類を先取りするものであった（表 3-3 参照）．

下部斜面域は，河川によって進められる侵食，いわゆる河食の最前線の位置にある．ここに斜面崩壊のような形の地表の変化が集中的に発生し，生産された物質は流水によって運び去られるからである．ただし，斜面崩壊における物質移動そのものは，水を媒体にするものではない．この場合，斜面上の風化物質を動かす力は重力である．

重力による未固結物質の移動は，地表の物質が 1 つのかたまりとして移動する場合から，岩屑が個々に落下・移動するような場合まで多様である．そのような物質移動は一般にマスムーブメントと呼ばれるが，本章では，マスムーブメントによる物質移動が卓越し，それによって引き起こされる地表の攪乱を成立要因とする植生について検討する．

4.2　下部斜面域の土壌攪乱とイイギリ林

（1）群落組成の傾向と地形単位

Nagamatsu と Miura (1997) は丘陵地の自然植生域で斜面の微地形分類を行い，さらに微地形単位ごとの土壌攪乱の状況を調べて植生との関係を解析した（図 4-3）．この研究については第 3 章でもふれたが，なお詳しく紹介して，特に下部斜面域の立地としての特徴とそこに成立する植物群落を検討したい．

座標軸（この場合は DCA 第 1 軸と第 2 軸）のスコアは，植物群落の組成にもとづく地点間の近似性，傾向性を相対的に表すものである（第 3 章参照）．あくまでも種組成の傾向にもとづくもので，立地の特性を直接相対化しているわけではない．地点をこのように座標上に配置したうえで，各地点を微地形単位ごとに区別すると（図 4-3 A），左から頂部斜面，上部谷壁斜面，谷頭凹地と配置され，さらにその右に下部斜面域に所属する各微地形単位がひとかたまりになって配置される．座標軸は群落の組成的傾向を表現しているが，これに対応する傾向が微地形のあいだにもあるということである．

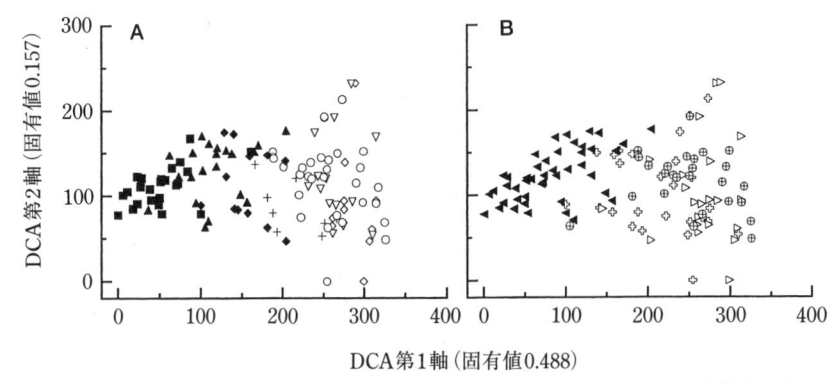

図 4-3 宮城県谷山における林分相互の組成的関係と微地形単位 (A), 土壌攪乱 (B) との関係
両軸は DCA による序列の第 1 軸と第 2 軸. ■：頂部斜面, ▲：上部谷壁斜面, ◆：谷頭凹地, ○：下部谷壁斜面, ▽：麓部斜面, ◇：段丘面, ＋：谷底面, ◀：非攪乱, ⊕：削剝タイプ, ▷：堆積タイプ, ✚：分類不可. (Nagamatsu and Miura, 1997)

この関係が，具体的に図 4-4 のように解析されている．

この研究では 121 地点で群落組成，微地形単位，土壌攪乱を調べているが，まず，群落組成の近似性にもとづいて地点を大きく A，B 2 つのグループに分けている．頂部斜面と上部谷壁斜面のすべて，谷頭凹地のほとんどの地点は A グループに含まれる．これらは上部斜面域にまとめられる微地形単位である．一方 B グループには，下部谷壁斜面，麓部斜面，段丘面（氾濫することがある），谷底面の地点が含まれ，さらに谷頭凹地の一部の地点が含まれる．谷頭凹地は本来上部斜面域の微地形単位なので，一部とはいえこれを含むことは問題といえなくもない．しかし，これを除けばほかはすべて下部斜面域に所属する微地形単位である．A, B 2 つのグループへの植生の分類は，上部斜面域，下部斜面域という地形の二分にほぼ対応するものといってよい．

A, B のグループはさらにそれぞれ 2 つのグループに分けられている．A-I は主として頂部斜面の，A-II はどちらかといえば上部谷壁斜面と谷頭凹地の林分といえるであろう．頂部斜面の林分には，上部谷壁斜面・谷頭凹地の林分に対してある程度の違いがあるということである．一方，B-I と分類された林分は下部斜面域に含まれる微地形単位，谷底面，谷頭凹地にわた

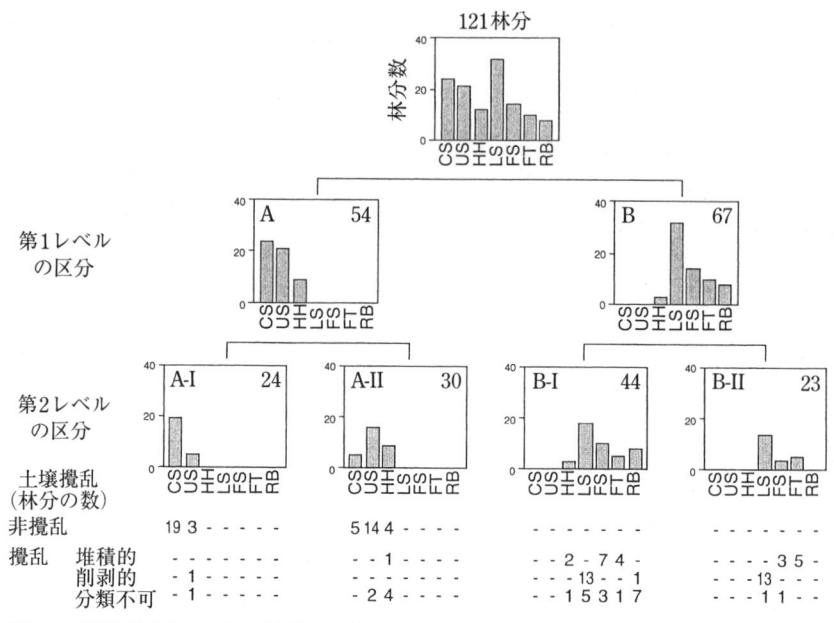

図 4-4 宮城県谷山における林分の分類（TWINSPAN による）と微地形単位
図中の数字は林分の数．CS：頂部斜面，US：上部谷壁斜面，HH：谷頭凹地，LS：下部谷壁斜面，FS：麓部斜面，FT：段丘面，RB：谷底面．(Nagamatsu and Miura, 1997)

って広く出現するが，B-II の林分は下部谷壁斜面，麓部斜面，段丘面にかぎってみられ，谷底面と谷頭凹地にはない．谷底面は水流の影響を直接受けており，斜面に属する地形からは除かれる．谷頭凹地は典型的には上部斜面域に所属する．そうしてみると，B-II こそ下部斜面域に固有の植物群落ということになる．一方，B-I と分類された植物群落は，下部斜面域の微地形単位に加えて，河床や谷頭凹地にも出現する．下部斜面域という立地には，B-II グループという固有の群落を成立させる性格と，河床や谷頭凹地と共通の群落を成立される性格をあわせもつようである．

（2）土壌攪乱とイイギリ林

図 4-3 B は調査プロットを土壌の攪乱タイプで分けており，この図から，群落の組成的傾向に対応する傾向が，微地形の場合と同じように土壌の攪乱にもあることがわかる．図 4-4 に示されているように，A グループの立地

には土壌の攪乱はほとんど検出されていない．これらの立地が上部斜面域に所属することは先に述べたとおりで，土壌の安定は上部斜面域という立地の特性となっている．一方，Bグループの場合は土壌の攪乱が常に存在し，攪乱の跡が検出されない地点は1つも見出されていない．

図4-4によると，下部谷壁斜面にみられる土壌攪乱は主として削剝傾向のものであるのに対し，麓部斜面，小段丘面のものは主として堆積傾向のものである．同じ土壌攪乱といっても性格がまるで違うことが読み取れる．しかし，B-IとB-IIへの群落の区分がこの土壌攪乱のタイプの違いに対応しているわけではなく，どちらのグループも両方のタイプの土壌攪乱をかかえている．対応しているのは，この場合，「Bグループの群落」と削剝・堆積を区別しない「土壌攪乱」である．このことについてNagamatsuとMiura (1997)は，攪乱のタイプよりも攪乱の頻度が群落の組成の決定にかかわる要因として重要なのだろうという見解を述べている．削剝であれ堆積であれ，土壌の攪乱が起きるということが下部斜面域固有の植物群落を成立させる要因だという指摘である．同じグループにまとめられる林分は，一部にかぎられるとはいえ谷頭凹地でもみられることがある．上部斜面域に含まれながらここにだけ土壌攪乱の跡が確認されており，なにがしかの不安定な性格を示していて興味深い．

以上の記述では，調査地点を植物群落の種組成にもとづいてグループに分け，そのうえで立地の地形と土壌攪乱の特性について述べている．それぞれのグループの組成的特徴の概略は表4-1のように示されている．AグループがA-IとA-IIのグループに細分されるというのは，アカマツ林とコナラ林とに分かれるということである．先に述べたところをあらためていうと，頂部斜面を中心にアカマツ林が成立し，上部谷壁斜面と谷頭凹地を中心にコナラ林が成立し，あわせて上部斜面域をなしていることになる．土壌の攪乱の点では，ともに，おおむね安定な立地であることもすでに述べた．一方，Bグループではイイギリ，アワブキ，イヌシデなどが多く，Aグループの群落との優占種の相違は明らかである．第2レベルにおけるB-IとB-IIの区分では林冠層の違いはあまりない．反面，草本植物の違いは明瞭で，B-Iについてはミゾシダとトリガタハンショウヅルを，B-IIについてはウワバミソウ，イワシロイノデ，タマブキ，それに木本のオオバアサガラが指標的

表 4-1 群落の区分と群落組成
数値は頻度 (0.00-1.00) と優占度 (0.1-5) の積で表した総合優占度. ＋は群落区分の際にキーとなる種. 宮城県谷山. (Nagamatsu and Miura, 1997)

		高木		低木		草本	
第1レベルの区分							
A		アカマツ	1.4	スズタケ	4.2	ヤブコウジ	0.6
	＋	コナラ	1.4	アオキ	0.6	チゴユリ	0.3
		ハウチワカエデ	1.2	オオバクロモジ	0.5	ミゾシダ	0.3
		シラキ	1.2	バイカツツジ	0.4	オヤリハグマ	0.2
		アオハダ	1.2	ヤマツツジ	0.4	ツルリンドウ	0.2
	＋ (*1)						
B		イイギリ	1	スズタケ	2.3	ミゾシダ	0.9
		アワブキ	0.9	アオキ	0.9	ケチジメザサ	0.6
		イヌシデ	0.9	＋ムラサキシキブ	0.8	＋トリガタハンショウヅル	0.5
		イヌブナ	0.8	＋ハナイカダ	0.7	タマブキ	0.5
		メグスリノキ	0.7	＋モミジイチゴ	0.5	ウワバミソウ	0.5
第2レベルの区分							
A-I		＋アカマツ	2.7	スズタケ	4	ヤブコウジ	0.6
		＋アオハダ	1.9	バイカツツジ	0.6	チゴユリ	0.4
		＋アカシデ	1.8	ヤマツツジ	0.6	オヤリハグマ	0.3
		タカノツメ	1.4	ミヤマガマズミ	0.6	ツルリンドウ	0.3
		アオキ	1.3	オオバクロモジ	0.5	イワウチワ	0.3
	＋ (*2)						
A-II		コナラ	1.5	スズタケ	4.3	ヤブコウジ	0.6
		シラキ	1.5	アオキ	0.8	ミゾシダ	0.5
		イタヤカエデ	1.3	オオバクロモジ	0.5	チゴユリ	0.2
		イヌブナ	1.2	バイカツツジ	0.3	オヤリハグマ	0.2
		ハウチワカエデ	1.1	ヤマツツジ	0.3	ゼンマイ	0.2
B-I		イイギリ	1	スズタケ	2.4	＋ミゾシダ	1.2
		イヌブナ	0.9	アオキ	0.9	＋トリガタハンショウヅル	0.6
		メグスリノキ	0.8	ムラサキシキブ	0.8	ケチジミザサ	0.5
		アワブキ	0.8	ハナイカダ	0.7	＋タチツボスミレ	0.5
		カヤノキ	0.8	アズマネザサ	0.5	トリアシショウマ	0.5
B-II		イヌシデ	1.4	スズタケ	2	＋ウワバミソウ	1.2
		アワブキ	1.2	アオキ	0.8	＋タマブキ	0.9
		オオモミジ	1	ムラサキシキブ	0.7	ケチジミザサ	0.7
		イタヤカエデ	0.9	ハナイタダ	0.7	＋ミズヒキ	0.7
		イイギリ	0.9	モミジイチゴ	0.7	＋イワシロイノデ	0.6

*1 タカノツメ, マンサク, ヤマウルシ, *2 ヤマウルシ, リョウブ.

な種としてあげられている (Nagamatsu and Miura, 1997).

（3）高尾山の浅開析谷とイイギリ

イイギリを含む群落の立地を地形の視点から解析したものに, 高尾山にお

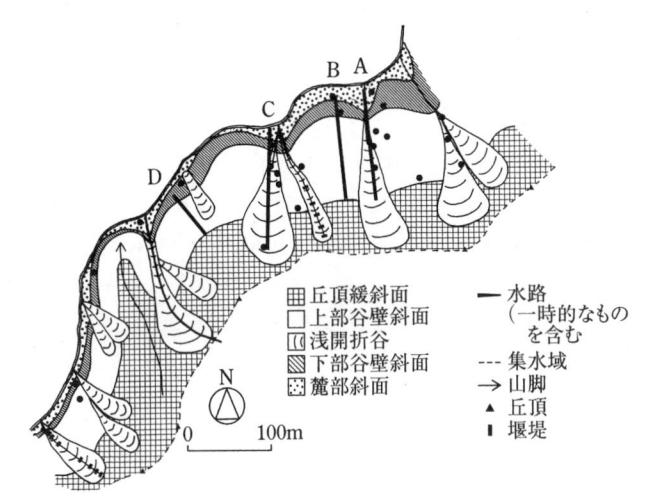

4.2 下部斜面域の土壌攪乱とイイギリ林　97

図 4-5 イイギリ，フサザクラなどの分布・樹形に関する調査地の地形分類図（高尾山）（島田，1994）

ける島田（1994）の研究がある．この研究における地形の区分は亜小地形スケールの区分とされており，小地形単位に一部微地形単位を取り入れたものになっている．当然，微地形スケールの地形区分に比べてやや広い分類になっている（図 4-5）．イイギリは，この区分単位でいう浅開析谷に集中してみられるという．浅開析谷という地形単位は，上側と側方が遷急線で上部谷壁斜面から区切られ，横断面形は明らかに凹形を示すとされている．図 4-5 でみると，この関係は丘頂緩斜面とのあいだでも同じだと思われる．侵食谷として成長過程にある谷地形で，崩壊が起こりやすいことも示唆されている．樹形の調査結果によると，イイギリには樹幹が傾斜した個体や萌芽個体が少なく，倒伏や枝折れなどの損傷を受けた後で生き残ったり，回復したりしたことを示す跡がみられないという．そのような損傷に対して個体を維持する耐性がイイギリには乏しく，そのために，崩壊などによる地表変動が大きい下部谷壁斜面や麓部斜面での生育には限界があり，崩壊は発生するが攪乱は局地的なものにとどまる浅開析谷に集中する結果になっている，という見解である．

(4) イイギリとフサザクラ

　高尾山におけるイイギリの立地の特性が，すでに述べた宮城県の立地（Kikuchi and Miura, 1991；Nagamatsu and Miura, 1997）と同質のものかを明らかにしなければならないが，残念ながらよくわからない．後者での立地は下部谷壁斜面，あるいは下部斜面域と位置づけられ，高尾山の場合は浅開析谷とされていて，両者の地形分類はスケールが異なるからである．高尾山の浅開析谷でも微地形のスケールでみたときには下部谷壁斜面に分類すべき部分があるいは含まれていて，イイギリはそこを立地にしているのかもしれない．その場合は，図4-5の下部谷壁斜面は，いくつかの支流を集めた，相対的に高次の水流（規模の大きい水流）が流れる谷の下部谷壁斜面にかぎって示されていることになる．この点の厳密な検証も残念ながらできないが，ただ，浅開析谷と違ってここにはフサザクラが多く，それも幹が傾斜した個体，加えて萌芽個体が多いという結果が同じ研究で得られている．この樹形と生育形から，損傷から回復し，破壊を乗り越えて生き残るフサザクラの特性をみることができるが，一方，頻繁な斜面崩壊の発生を示唆するものでもある．

(5) 主谷と支谷の下部谷壁斜面

　同じ崩壊性の立地といっても，浅開析谷と下部谷壁斜面には崩壊の頻度，規模などの点で違いがあり，生育する種にもイイギリとフサザクラという違いがある．浅開析谷という地形単位は微地形単位より広く，やや包括的にとった単位である．そして，侵食谷として成長過程にあるという以上，このなかに下部谷壁斜面が形成されているとみるのは自然であり，そこがイイギリの立地になっている可能性を捨てることができない．それがあたっていれば宮城県の例（Kikuchi and Miura, 1991；Nagamatsu and Miura, 1997）と立地は同じということになるが，その場合は，高尾山では同じ下部谷壁斜面の性格が水系の上流部と下流部で違うことになる．支谷と主谷の違いといってよいかもしれない．支谷の下部谷壁斜面にはイイギリ林が成立し，主谷のそれにはフサザクラ低木林が成立するという違いである．このことを一方の宮城県に対比したとき，下流部，あるいは主谷の下部谷壁斜面にはどんな群落

が成立するのかが興味深い．フサザクラの北方への分布は宮城県にわずかにとどく程度で，それよりも北にはそもそもフサザクラがない．これに代わってこの立地に成立する群落は何か．それが問題であるがいまのところはわからない．

4.3 崩壊地のフサザクラ

(1) 地すべり斜面のフサザクラ低木林

ともあれフサザクラにとって重要な，あるいは主要な立地は崩壊性の斜面であるらしい．立地の特性が崩壊にあるなら，頻度はともかくとして地表は攪乱されるだろうし，そのときに植物体は大小の損傷を受け，ときには枯死するかもしれない．一方，新しい個体が芽生えるかもしれない．そういう破壊・攪乱をしのいで，どのように個体群が維持されているかが問題である．

図4-6は比高50m程度の斜面にみられる崩壊地を示している．千葉県清

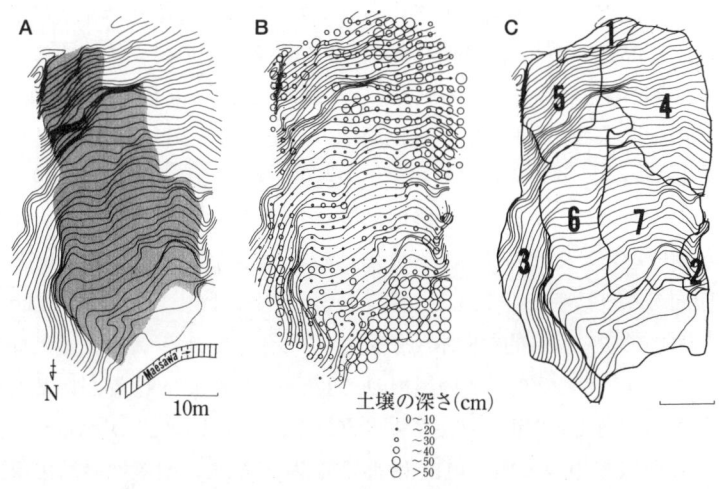

図4-6 フサザクラ群落調査地の等高線図と崩壊跡（網かけの部分）(A)，土壌の深さ(B)，植生単位の区分 (C)
等高線の間隔は1m．千葉県清澄山．上端は分水界になっている尾根，下端は水流に接している．(Sakai and Ohsawa, 1993 より作成)

澄山の標高 200 m 前後の場所で，一般的にはスダジイ，アカガシ，ウラジロガシなどの常緑広葉樹やモミ，ツガなどがつくる森林が広がる地域である．この崩壊地の植生を Sakai と Ohsawa (1993) が詳しく調べている．崩壊地は図 4-6 の A で網かけをした部分であるが，B の土壌の厚さでみると周囲に比べて極端に薄く，厚さがほとんどゼロで基盤が露出している部分もあるという．ここでいう土壌は，著者自身の後の記述では「堆積物」といい換えられており (酒井，1995)，具体的には地表から基盤までの風化層，および崩壊・地すべりによって移動，堆積した物質を指すものと受け取れる．逆に，土壌が特に厚い部分が崩壊地内でもみられることが指摘されており，これは崩落物質のデブリを示すものと考えられる．ともあれ表層の物質が崩落した様子が明らかである．一方，地表に形成された崖や斜面変換線などの観察から，この崩壊地が，全体としてはいくつかの小さな崩壊から成り立つものであることを指摘している．風化物質が広い面積にわたって一度に崩落するというのではなく，小崩壊が隣あって，つぎつぎに発生しているのであろう．

　植生については，図 4-6 C に示した 7 個の植生単位が抽出されている．高さ 1 m 以上のすべての木本個体について位置図をつくり，これから得られた樹種ごとの分布データを分析して得られたものである．植生単位 1 は崩壊地よりも上に位置する主尾根沿いの緩斜面，2 は崩壊地の縁に位置する小尾根，3 は崩壊地の東側に隣接する斜面，4 は崩壊地の西側に隣接する斜面，5 は崩壊地の上部をなす急斜面，6 は崩壊地の平滑斜面，7 は崩壊地の凹型斜面に対応している．このように植生単位の境界と地形の境界はよく一致している．このうち，5 と 6 と 7 が崩壊地に重なる植生単位である．7 個の植生単位の種組成を相互に比較すると，2，1，4，3，5，6，7 の順に順次変わっていく傾向がみられるという．その傾向というのは，図 4-7 に示されているように，遷移後期に特徴的な樹木 (常緑性のアラカシ，ヒサカキ，落葉性のウリカエデ，コナラなど) が多い尾根の植生単位 (2 および 1) から，遷移初期に現れる落葉樹 (フサザクラ，アカメガシワ，ミズキなど) が混じりあって生育する崩壊地周辺の植生単位 (4 および 3) を経て，崩壊地の植生単位 (5，6，7) への傾向である．崩壊地の植生単位ではフサザクラの優占度だけが際だって高くなり，ほかの樹種はほぼ欠落する．これに加えて先駆性の落葉低木 (タマアジサイ，ハコネウツギ) が多くなっている．

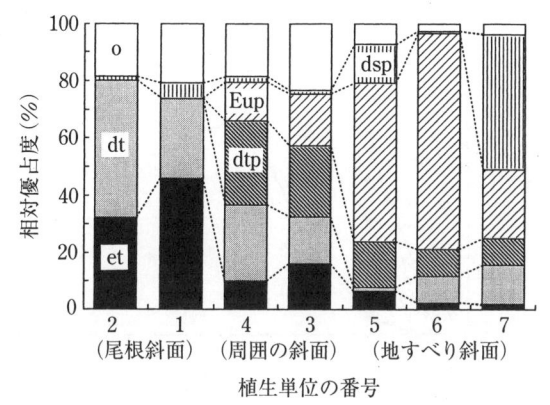

図4-7 群落の構成（基底面積による相対優占度）
植生単位の番号については図4-6参照．et：常緑広葉樹，Eup：フサザクラ，dtp：フサザクラ以外の先駆樹種，dt：そのほかの落葉樹，dsp：先駆性の落葉低木，o：そのほか（そのほかの低木，針葉樹，つる植物）．(Sakai and Ohsawa, 1993)

(2) フサザクラの発生・成長と萌芽

　図4-7でわかるようにフサザクラは尾根斜面(2, 1)には分布しない．周辺斜面(4, 3)にはわずかに含まれるが，これは雨溝（リル）の縁などに局所的に生育するものだという．一方，崩壊斜面(5, 6, 7)には圧倒的な量で生育している．フサザクラの樹齢を周辺斜面と崩壊斜面で比較すると，平均値で違いはないが変異の幅が崩壊斜面で広く，また個体数が多いという．崩壊斜面では，幼齢から老齢までの個体がそろい，しかも多数が生育しているということである．ここでは新しい個体の発生にとって必要な地表の攪乱が起きており，反面，個体の定着，成長，生き残りにも十分なほどの安定が保たれていることになる．矛盾しているようではあるが，斜面の動態とフサザクラとの関係はそういう微妙なものであることを示している．地表の変動性は他の樹種の侵入・定着を阻むものではあるがフサザクラの発生・定着には支障となっていない．フサザクラは，その程度の攪乱は受け入れ，個体群を維持する体制をそなえているはずである．このことについて島田(1994)は，崩壊などで樹幹が傾いても生き残っている個体がフサザクラには多く，また

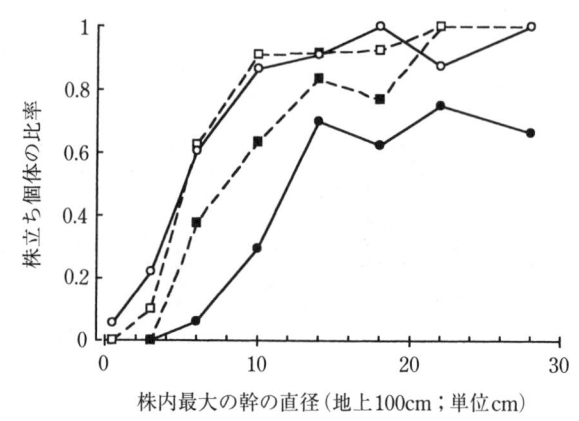

図 4-8　株立ち個体（白）と結実個体（黒）の割合
円と四角で示した2地点の調査．(Sakai et al., 1995)

　萌芽をもつ個体が多い事実に注目し，損傷に際して萌芽による回復力が高い種と考えている．SakaiとOhsawa（1993）も，フサザクラが損傷を受けたり根返りを起こしたときに萌芽を形成しやすいと述べているが，この点はその後，Sakaiら（1995）によって詳細に追求されている．
　図4-8は萌芽をもつ個体の割合と結実個体の割合とが，フサザクラ個体の大きさとともにどのように変わるかを示している．この場合，株をなしている何本かの幹のうち，最大の幹の直径を地表から1mの高さで測定して個体の大きさとしている．この資料によると，フサザクラは幼生期ですでに萌芽を出し始め，萌芽をもつ個体の割合は個体が大きくなるにつれて増加している．そして，最大の幹の直径が10cmに達するとほぼ全部の個体が萌芽をもつようになる．結実個体の割合も同じように個体の大きさとともに増加するが，ほぼ全個体が種子をつけるのは最大幹の直径が20cm以上になってからとなる．幹（茎）が成長する過程で萌芽による栄養繁殖の能力をまず整え，おくれて成熟に達し，種子繁殖の能力をそなえるようになると理解してよい．
　Sakaiら（1995）はさらに，幹は成長に伴って次第に傾き，ついには水平あるいは斜面に沿って下垂するまでになることを示している．その結果，根元には空いた空間ができ，これを埋めるように新たな萌芽がつぎつぎと発生

図 4-9　フサザクラの株（岐阜県高山市，1999 年 5 月）
古い大きな幹の基部から多数の萌芽が出ている．

し，成長して株立ちの樹形をつくっている（図 4-9）．萌芽は，幹の基部にある休眠芽から発生するが，休眠芽はもともとは葉腋に形成された冬芽で，毎年新しい芽鱗だけはつくるが展葉はせず，一方，樹皮に埋もれない程度に少しずつ伸長している芽であることを形態学的な観察からつきとめている（Sakai et al., 1995；酒井，1995）．さらに，休眠芽の数は，株のサイズ（株内の最大の幹の直径）が大きくなるにつれて増加する傾向にあり，幹の上に貯えられた形で萌芽の機会を待っていることも明らかにしている．

（3）フサザクラの生活史

図 4-10 に示されたフサザクラの生活史の概念図は，以上のような事実にもとづくものである（Sakai et al., 1995）．フサザクラはまず単生の幹として定着し，すぐに萌芽のための休眠芽の形成をはじめ，萌芽も，幼生期ですでに出し始めている．生産した物質を，種子繁殖にまわすよりもまず萌芽にまわし始めるわけである．株のうちの最大の幹が 10 cm に達すると（約 25

休眠芽の蓄積

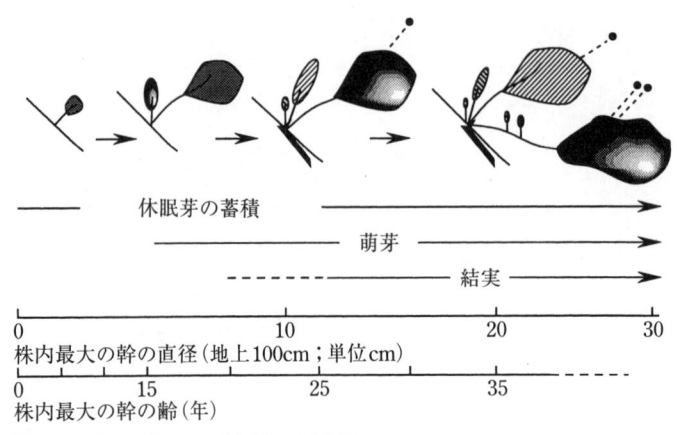

萌芽

結実

| 0 | 10 | 20 | 30 |

株内最大の幹の直径（地上100cm；単位cm）

| 0 | 15 | 25 | 35 |

株内最大の幹の齢（年）

図 4-10　フサザクラの生活史の概念図
樹冠を同じ模様で塗ったものは同一幹であることを示す．(Sakai et al., 1995)

年生であるという）ほとんど全部の幹が萌芽をもつ．これに対して，種子生産を始めている幹は，この大きさではまだ半分程度にすぎない（図4-8参照）．幹は最初直立しているが次第に傾斜し，それによって生まれた幹基部の空白を埋めるように，より若い萌芽が成長する．

多くの株には根返りの跡がみられ，2つの集団での観察では194株のうちの61株 (31.4%)，66株のうちの28株 (42.4%) に根返りの跡があったことを報告している．また幹には枯れているものも多く，株立ち個体で数えた619本の幹のうちの140本 (22.6%)，また別の例では400本のうちの169本 (42.3%) が枯れた幹であったという．幹の単位で数えるとこれだけ高い死亡率を示しながら，株単位では，1株の全部の茎が枯れた例はわずか2%程度であった．また株内の最大の幹が枯れた例は，2つの個体群でそれぞれ9.3%，7.6%であったとされている．この結果によると，しばしば根返りを起こすような攪乱を受け，せっかく出した萌芽のうちの少なからぬ数を失うような事態が起きていることは事実である．それはおそらく，立地のもつ変動的な特性が引き起こすものであろう．しかし，株のうちの全部の萌芽が枯れることはほとんどなく，特に主要な幹は温存され，株単位での死亡はしっかりと回避している．この生残を支えているのは豊富な萌芽の供給であり，それをさらに支えているのは休眠芽の形成，貯蔵であり，また母幹が成長と

ともに傾き，空間を若い萌芽にゆずるような生育の形なのであろう．

　萌芽を中心とするこのフサザクラの生活史は，小規模な崩壊が繰り返し発生するような斜面で個体群を維持するときにきわめて有効であり，その点が特筆されるべきである．ときには植生を根こそぎ破壊するような崩壊もありえようが，新たにつくられた立地への侵入は種子の役割である．上記のように萌芽で維持されている個体群は，種子を飛散させながらその機会を待っていることになる．

(4) タマアジサイ-フサザクラ群集

　群落の分類体系のうえで，フサザクラの群落としてよく知られた単位に，タマアジサイ-フサザクラ群集がある．この群集ははじめ宮脇ら (1964) が丹沢山塊で記載したものである．その後，浅野 (1987) は関東から中部地方にわたる地域に範囲を広げて群落組成を検討し，この群集のもとにイロハモミジ亜群集，ヤマハンノキ亜群集，オウレンシダ亜群集という3つの亜群集を設けた．

　浅野 (1987) の分類では宮脇らが記載したフサザクラ低木林をヤマハンノキ亜群集に取り込み，この亜群集を特徴づける種はいずれも林縁や崩壊地の先駆種であるとしている．もともと宮脇ら (1964) が記載した丹沢のフサザクラ低木林の立地は関東大震災 (1923年) の際に発生した斜面崩壊の滑落物質が谷を埋めてできた谷底面で，洪水のときには林床は冠水し，大規模な洪水では土砂の流失や堆積によって林床が破壊されるとされている．そのため路傍雑草や崩壊地群落，マント群落の構成種が多いという．このような記述から，河川の氾濫で表土が絶えず攪乱を受けるような立地に成立する先駆的性格の群落であることが推定される．一方，イロハモミジ亜群集の立地は，浅野 (1987) の記載によれば谷筋の斜面下部，多くは崖錐上の急斜面 (傾斜角 30-60°) で，土壌の多くは岩礫が堆積している未成熟土壌であり，土壌に層構造はあまり発達していないとしている．記述から判断してこの亜群集の立地は変動性が高く，しかも物質の移動はマスムーブメントによるものと考えてよい．この立地は Sakai ら (1995) や島田 (1994) などが対象としたフサザクラ低木林のものと基本的に同じものであろう．浅野 (1987) は，組成的な特徴から考察してイロハモミジ亜群集はより安定な立地に成立する群落

であるとし，フサザクラ群落が，攪乱のはげしい氾濫原にかぎられるものではないことを指摘した．下部谷壁斜面固有のフサザクラ群落はイロハモミジ亜群集なのであろう．

　丹沢のフサザクラ低木林（ヤマハンノキ亜群集に所属；浅野，1987）の立地は，表土の攪乱が氾濫による点で下部斜面域に属するものではない．ただ，丹沢の立地もそもそもは地震をきっかけにして発生した斜面崩壊の堆積地であるという（宮脇ほか，1964）．そうであれば，立地の基礎はこのときに土石流のような形で発生したマスムーブメントによってつくられたことになる．植生が氾濫の影響を受けている現状は事実として無視できないし，特に林床植生が現に受けている河水の影響は顕著であろうが，地震に際して新期の土地が形成され，そこにフサザクラ低木林が成立したという成り立ちが現在の植生にも尾を引いているように思えてならない．

　斜面の崩壊によって生まれる地表は崩壊面から崩落物質のデブリまで多様であり，その末端では河川の氾濫を受けることもある．おそらくそれらが広くフサザクラ低木林の立地になりうるし，それだけに，それぞれで違った組成的な特徴をそなえる群落に分化するのであろう．もう1つのオウレンシダ亜群集は石灰岩地域にみられるフサザクラ低木林であるとされている．地質的特性を制限要因にして成立する亜群集であるというが，立地の地形的特質に関する記述はない．

4.4　ヤシャブシ低木林

（1）崩壊性の斜面のヤシャブシ低木林

　下部谷壁斜面という微地形単位は，主として後氷期における表層崩壊の頻発で形成，維持されてきたもので，現在も表層崩壊が発生しやすい場所と考えられている（松井ほか，1990）．これまで2,3の例を取り上げて本書で下部斜面域と呼んでいる部分の植生をみてきたが，下部斜面域で中核をなす微地形単位はこの下部谷壁斜面である．つまりは斜面のうちでも地表の変化がはげしい部分である．当然多くの研究者がこのことを認識していて，谷底に接している位置関係から，「谷すじの崩壊地」「谷部崩壊性斜面」のように表

現されることが多い．たとえば村上 (1985) による中部地方の「山地先駆性低木林」の記述から本章に関係するものを選ぶと，太平洋側の谷すじの崩壊地にセンダイトウヒレン-ミヤマヤシャブシ群集，日本海側の崩壊性の渓谷斜面にタニウツギ-ヤマハンノキ群集がみられるとしている．これらは本章でいう下部斜面域の植生単位とみてよい．

　センダイトウヒレン-ミヤマヤシャブシ群集は，それまでに薄井 (1955)，山崎と植松 (1963)，宮脇ら (1964, 1969, 1971) などによって報告されていたヤシャブシの群落，ヤシャブシの変種であるミヤマヤシャブシの群落を統合して Ohba と Sugawara (1979) が提唱したものである．薄井 (1955) がヤシャブシ-トウヒレン群集の名称で記載した群落は，日光男体山の崩壊地の植物群落である．崩壊跡へ植物が侵入し始める段階から次第に森林化が進むまでのさまざまな段階にある群落が含まれており，それぞれに組成が違うという．崩壊の後，土砂の移動が止まった段階で成立する初期相の群落は草本植物主体のもので，発達末期相ではシャクナゲ科の落葉低木やスゲ類が林床に多く出現する低木林とされている．末期相の群落で林冠を構成する種はアオダモ，アカシデ，イタヤカエデ，ナツツバキなどで，ヤシャブシは必ずしも主要，あるいは普遍的な種とはなっていない．ヤシャブシが優占するのは進行期の群落とされているもので，これは高さ 10 m 前後の低木林である．林床にはトウヒレン (センダイトウヒレン)，テンニンソウそのほか，多くの多年生広葉草本植物が生育する．このタイプの群落が薄井 (1955) のヤシャブシ-トウヒレン群集の主要部と考えられる．

　尾根筋などの風衝地で，崩壊しやすい 30-35° 内外の急斜面に成立しているヤシャブシ群落が那須山地にあり，宮脇ら (1971) はテンニンソウ-ヤシャブシ群落と呼んだ．この立地は崩壊性の斜面という点で男体山のヤシャブシ-トウヒレン群集 (薄井，1955) と共通する．阿部と奥田 (1998) は組成でも両者には共通する点が多いとし，まとまって独立の植生単位をつくる可能性が高いと指摘している．おそらく下部斜面域に成立する群落としての組成的まとまりなのであろう．

(2) 河床のヤシャブシ低木林

　山崎と植松 (1963) は赤石山脈からヤシャブシ-イタドリ群集を報告し，こ

れを日光から報告された上記のヤシャブシ-トウヒレン群集に相当するものとしている．しかし，立地については「河原の砂礫地に発達する」と記述しており，これだけからみると斜面上の崩壊地というわけではない．むしろ河床を立地とする群落と受け取るのが適当である．宮脇ら（1971）は那須の那珂川上流でヒメノガリヤス-ヤシャブシ群集を記載したが，河床勾配がゆるやかで幅も比較的広い河川の州に，細長い紡錘状の形をなして存在しているという．阿部と奥田（1998）は本州中部地方全般にわたって河畔に成立するヤシャブシ群落を調査し，これを上記のヒメノガリヤス-ヤシャブシ群集（宮脇ほか，1971）にあてて報告した．河畔というのは河床とも下部斜面域ともとれるが，河川に成立する独立した群集としてヒメノガリヤス-ヤシャブシ群集を採用したという記述があり，この場合は河床とみるべきであろう．

　このように，ヤシャブシの低木林には，斜面崩壊のような形の物質移動が卓越する下部斜面域と，河川による物質の運搬が卓越する河床に成立するものとが知られている．阿部と奥田（1998）が指摘するように，それぞれの立地で独立の植生単位に分化しているかもしれないが，少なくともヤシャブシ低木林としての優占種と相観は共通する．2つの立地はともに変動的で，これをヤシャブシ低木林を成立させる共通の基本的要因とみなすことに問題はないであろう．ただし，河床全般について，変動性は河床の基本的な特性で（次章参照），ヤシャブシ低木林の立地にかぎったものではない．ヤシャブシ低木林の立地固有の特性をやはり見出す必要があるし，それは，下部斜面域とも共通するものでなければならない．念頭にあるのは土石流のような形で一時に物質が運ばれてきて形成された立地ではなかろうかという疑いである．表面はその後の河川の堆積物で覆われ，現に洪水の影響を受けていることは事実であろう．それでもなお形成の歴史を引きずっていないかという点に目を配ってみたいが，むろん外見のとおり流水からの規制が卓越しているのかもしれない．この点に関する将来の解析を期待したい．

（3）ヤシャブシ低木林の動態

　薄井（1955）が報告したヤシャブシ-トウヒレン群集は崩壊性の斜面に成立するものである．彼は崩壊面が安息角に発達して土砂の移動が止まるとそこに植物の侵入が始まり，次第に森林化が進むと述べ，この過程で交替する植

生の諸相をヤシャブシ-トウヒレン群集という植生単位にまとめた．しかし初期相としての草本群落と末期相としての落葉広葉樹林（アオダモ，アカシデほかが優占する）ではヤシャブシが顕著に出現するわけではない．ヤシャブシが優占する低木林は進行期の群落とされる部分で，このヤシャブシ低木林は，やがてはアオダモやアカシデが優占する落葉広葉樹林に変わっていく性格のものであるとされている．これは Sakai と Ohsawa (1993) が報告したフサザクラ低木林とは大きな違いである．フサザクラの立地には小規模な崩壊が繰り返し起こっており，この攪乱に対してフサザクラはさかんに萌芽を出し，それを依りどころにして個体群を維持していた．そこでは攪乱は恒常的な特性というべきもので，フサザクラはこの立地で継続的に個体群を維持している．これに対してヤシャブシの群落は，森林群落の成立へ向かう途上の群落に位置づけられている．長期か短期かは別として一時的な群落ということになるが，この群落が下部斜面域という固有の立地をもっている以上，なんらかの機構で攪乱をしのぎ，群落を継続的に維持していることを疑ってみたいところである．もっとも，阿部と奥田 (1998) はヤシャブシに多数の萌芽はみられないとしており，継続性にしても単純にフサザクラと同じ機構を期待することはできないようである．

4.5 ミヤマカワラハンノキ群落

(1) ミヤマカワラハンノキ-ウワバミソウ群集

センダイトウヒレン-ミヤマヤシャブシ群集に対応して，日本海側地方の谷すじの崩壊地に成立する木本群落がヤマハンノキ-タニウツギ群集である．しかし，鈴木ら (1956) が月山で最初に記載したこの群集の立地は，「谷川の中州や両岸の比高の低い段丘」とされている．攪乱の存在は認めるとしてもそれは河食に関係するものらしく，斜面崩壊との直接の関連は考えにくい．崩壊と関係する群落としては，ヤマハンノキ-タニウツギ群集よりも，このときに同時に記載されたミヤマカワラハンノキ-ウワバミソウ群集が注目される．谷に面する急斜面はしばしば崩壊を起こし，新たな遷移を繰り返している．しかもこういう崩壊地は，高所から流下する水，地中から湧出する水

によって土地的にかなり水分にめぐまれていることが多い．ミヤマカワラハンノキ-ウワバミソウ群集は，立地に関する以上のような記述とともに記載された．この立地は本章が対象としている下部斜面域そのものといってよい．ただし，典型的な例として記載された林分の立地は傾斜10°の河成段丘上のものであった．段丘面が崩壊性とは考えにくいので，背後の谷壁斜面からの崩落物質をかぶった部分ででもあろうか．そのあたりは判然としない．

　ミヤマカワラハンノキ群落の組成については，立地が類似し，組成も似ているヒメヤシャブシ群落（後述）とともに，畠瀬と奥田（1997）が詳細に調査し，報告している．その結果，ヒメヤシャブシ群落と違う独自の植生単位としてウワバミソウ-ミヤマカワラハンノキ群集を区別した．群集名としては，鈴木ら（1956）のミヤマカワラハンノキ-ウワバミソウ群集に対して前後が逆転しているが，これは命名の習慣の違いで，内容にかかわるものではない．群落の高さは2-4mで，最上層にはミヤマカワラハンノキが優先し，タニウツギが混生する．草本層はトリアシショウマ，クロバナヒキオコシ，ナンブアザミなどの高茎草本やウワバミソウなどで覆われていると記されている．組成的にはミヤマカワラハンノキ，クロバナヒキオコシ，スギナ，ナンブアザミ，ウワバミソウ，ツリフネソウの存在によってヒメヤシャブシ群落から区分されるとしている．

（2）ミヤマカワラハンノキ低木林の動態

　立地は谷や雪崩道に存在する崩落物質の堆積地や岩盤の露出した湿潤な崩壊地で，また地すべりによって形成された滑落崖にも広い面積にわたって成立しているという．また人工的に造成された湿潤な法面でも観察されるとしている．この記載からみて，滑落崖から崩落物質の堆積部にわたって，崩壊斜面に広く成立しているものと判断される．このような立地に生育する植物には当然攪乱に適応した生活史が期待されるが，その点について，ミヤマカワラハンノキやタニウツギは著しく根まがりをし，幹から多数の萌芽幹を出しているという興味深い記述がある（図4-11；畠瀬・奥田，1997）．この群集の分布域は多雪地であり，根まがりは雪の圧力のためとも受け取れるが，地表の物質の移動のために傾いた樹木がその後の成長とともに傾きを回復した結果としてもできる．東（1979）が強調するように，根まがりは地表の変

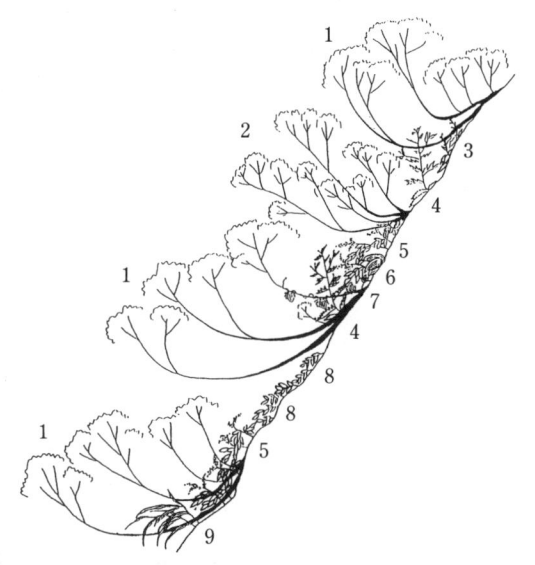

図 4-11 ウワバミソウ−ミヤマカワラハンノキ群集の断面模式図
1：ミヤマカワラハンノキ，2：タニウツギ，3：アキノキリンソウ，4：ナンブアザミ，5：トリアシショウマ，6：オオバギボウシ，7：ウチワドコロ，8：ウワバミソウ，9：ススキ．(畠瀬・奥田，1997)

動の指標になりうる．そして萌芽は，樹木が地表の攪乱に対処するときの重要な手段となることをSakaiら(1995)がフサザクラについて明らかにしている．

鈴木ら(1956)は，このミヤマカワラハンノキ−ウワバミソウ群集が，オオイタドリ−ミヤマシシウド群集という大形多年生草本群落から出発してサワグルミの森林(サワグルミ−ジュウモンジシダ群集)に変わっていく過程にあると述べている．土地的極相としてのサワグルミ林へ向かっての遷移を想定するのであろうが，サワグルミ林の立地は同じ崩壊地でも崩壊の規模が格段に大きく，発生の頻度が低い(後述)．ミヤマカワラハンノキ−ウワバミソウ群集の立地とは必ずしも同じではなく，立地が異なるならば2つの群落は立地を違える別系列のもので，遷移系列上の前後に位置づけることには疑問がある．ただミヤマカワラハンノキは多様な立地にまたがって生育するものの

ようで，立地の多様さを反映するものか，ウワバミソウ-ミヤマカワラハンノキ群集は下位単位として5亜群集に区分されている（畠瀬・奥田，1997）．その分類では，鈴木ら (1956) が記録した資料はそのうちのオニシモツケ亜群集に含まれており，あるいはこの亜群集ではサワグルミ林への遷移が実現するのかもしれない．しかし，崩壊がある程度頻繁に繰り返され，それに連動して地表の攪乱が顕著な立地では，ミヤマカワラハンノキ群落そのものがむしろ永続的に維持されると考えてもおそらく間違いではない．萌芽の役割の解明を含めて，ミヤマカワラハンノキ群落の動態を解明する必要がある．

4.6 雪崩頻発斜面のヒメヤシャブシ群落

（1）ヤマブキショウマ-ヒメヤシャブシ群集

畠瀬と奥田 (1997) は，ウワバミソウ-ミヤマカワラハンノキ群集と並べて，崩壊性の急斜面の群落としてヤマブキショウマ-ヒメヤシャブシ群集を記載した．ヒメヤシャブシ，リョウブ，マルバマンサクが出現することでウワバミソウ-ミヤマカワラハンノキ群集から区分されるとしている．リョウブやマルバマンサクはブナ林にもみられる種であるが，ほかにもツノハシバミ，オオバクロモジ，ホソバカンスゲなど，ブナ林と共通する種の出現がこの群落の特徴になっている．立地は崩壊性の急斜面や谷沿いと記載されている．谷沿いという記載が具体的にどのような立地を指すのか明らかではないが，傾斜は平均して 45° とあるので相当の急斜面であり，崩壊も発生しているであろう．優占種はヒメヤシャブシで，これにタニウツギが混生する．それらは根まがりとなり，幹から多数の萌芽幹を出している．この特性はミヤマカワラハンノキに酷似する．地表の攪乱が顕著な立地に永続的に存続する群落と考えてさしつかえないであろう．

崩壊跡地にヒメヤシャブシが優占する群落が成立するということは古くから知られており，吉岡 (1943) が八甲田山の荒川の崩壊地で観察して報告している．ここには新旧いろいろな崩壊地があって，それに応じて群落の様相も違っているが，概要は，ヒメヤシャブシを主とし，タニウツギ，ミネヤナギなどの低木が多く，チシマザサがやや密生し，ヒトツバヨモギ，クロバナ

ヒキオコシ，モミジカラマツ，ミヤマセンキュウなどの大形多年生草本が多い群落である．

（2）雪崩が頻発する斜面の上部斜面域とミヤマナラ群落

吉岡（1943）はさらに，上記の崩壊地に隣接する急斜面にミヤマナラを主とする低木林が発達することに言及し，これを崩壊跡地が長期にわたって安定状態に保たれた場合に到達する極相群落であると考察している．飯豊山の例になるが，この山地ではブナ林が発達すべき標高域であるにもかかわらず森林がなく，代わって低木林に覆われている斜面が広く存在する．Kikuchi（1975，1981）はこのことに注目して斜面方位，傾斜と植物群落との関係を解析し，頻繁に雪崩が発生することが低木林の成立に密接な関係があることを考察した．この低木林はミヤマナラを主体とするものであった．そしてあわせて，ここにはヒメヤシャブシ群落もみられた．

雪崩の破壊的作用は高木の生育を許さないし，ときには地表を削りとるほどのものである．繰り返し雪崩が発生する場所では，なだれ落ちる雪塊の通路となる部分で基盤が磨きあげられたように露出していることがある．しかし，あらゆる雪崩がそのように強烈な破壊力を示すものではなく，まして斜面全体が一様にそのように激しい影響を受けるわけでもない．斜面の多くの部分は，雪崩の影響を受けながらもなお低木林の成立には十分な立地となっているのも事実である（図4-12）．飯豊山ではこの低木林がミヤマナラ群落であった．この群落について特筆すべきことは，組成的には尾根にみられるタイプのブナ林（マルバマンサク-ブナ群集；宮脇ほか，1968）にきわめて近く，低木に形を変えてはいるもののブナさえも出現していることである（Kikuchi, 1975）．多量の降雪があるという気候的要因が，雪崩という姿をとって強烈に斜面に作用し，森林の成立を制限するように働いていることは確かである．現に優占種はブナではなく，ミヤマナラに替わっている．しかし，ブナ林の組成要素の多くはなお維持されていて，優占種は交代しても組成的にはせいぜいその変形というべきものであった．

ブナ林をミヤマナラ低木林に変えている要因は，雪崩の姿をとっているとはいえ，雪という気候要因である．斜面の崩壊，不安定性がミヤマナラ低木林の成立に直接かかわっているわけではない．全体が雪崩の影響下にあると

図 4-12 雪崩が頻繁に発生するために森林が成立できない斜面 (石川県白山, 1997年6月)
多くの部分はミヤマナラが優占する低木林になっている.

はいえ，地表の変動性からみれば斜面はやはり上部斜面域と下部斜面域とに分かれていて，ミヤマナラ群落は上部斜面域の植生である．

(3) 下部斜面域のヒメヤシャブシ群落

　雪崩が多発する斜面は一般に傾斜が極端に急で，その上に発達する谷は浅く，狭く，直線的に刻まれることが多い．ヒメヤシャブシ群落の基本的な立地はそのように発達する谷に沿ってみられる崩壊性の部分である (Kikuchi, 1975)．微地形単位としては下部谷壁斜面に相当する．この群落の立地の基本的特性は，ほかのハンノキ属の低木群落と同様，下部斜面域に共通する崩壊性にあるというべきである．ヒメヤシャブシ群落にかぎっては，それに加えて雪崩の要因を考慮する必要があり，雪崩に対応する群落の形成，維持の機構をあわせて知る必要がある．この点に関する知見はいまのところほとんどないに等しい．

　なお，吉岡 (1943) は，崩壊地としての立地が安定するとともにヒメヤシ

ャブシ群落の遷移が進み，終局的にミヤマナラ群落に移行すると考えた．このことにはすでにふれたが，下部斜面域がそなえる崩壊性の特質はここに固有のもので，ミヤマナラ群落が立地としている上部斜面域の特性とは本来別のものである．2つの群落はむしろ立地を分けあって両立しており，遷移の系列上で結ばれているものとは考えにくい．

4.7 ヤハズハンノキ群落とミヤマハンノキ群落

(1) ヤハズハンノキ群落

　下部斜面域の植物群落としてヤシャブシ，ミヤマカワラハンノキ，ヒメヤシャブシの群落について述べてきたが，これらはいずれもハンノキ属の低木である．この立地に群落を形成するものとしてハンノキ属低木はそのように重要であるが，これらのほかにも，なおあげるべきハンノキ属の種がある．
　鈴木ら (1956) が月山でミヤマカワラハンノキ群落 (ミヤマカワラハンノキ-ウワバミソウ群集) を記載したとき，標高が高くなってブナ林の上限付近になると，ミヤマカワラハンノキ群落に代わってヤハズハンノキ群落が崩壊地にみられることを指摘した．大場 (1973) はこのタイプの低木林についてオオバユキザサ-ヤハズハンノキ群集という分類単位を記載し，ササ原のなかの凹状部で，遅くまで雪の残る湿った所に島状に存在するとしている．Kikuchi (1975) は，雪窪と呼ばれる地形の一部にヤハズハンノキ群落がみられることを飯豊山で観察している．雪窪は雪の吹き溜り，いわゆる雪田を中心に発達する半円形の凹地である．雪窪の側壁をなす斜面の下端付近には，滲み出した水が刻んだ浅く狭いガリー状の水路が形成される．水路の頭部 (始点) は湿っていると同時に侵食にさらされており，この部分にヤハズハンノキ群落が形成されると述べている．水路はごく小規模なもので，雪田植物群落が発達する雪窪底部を積極的に切り込むほどのものではない．しかし，湧水に伴う相応の地表の攪乱は水路の頭部に起きているのであろう．地表の攪乱を背景にして斜面の下部に形成される群落として，これまで述べてきた一連のハンノキ属低木林の一員に加えてよい群落である．

(2) ミヤマハンノキ群落

同じように変動性の高い土地に群落をつくるハンノキ属低木に，ミヤマハンノキがある．大場 (1973) は日本の亜高山帯にみられる低木群落のうち，広葉草本植物を下層にもつ一群をオオバタケシマラン-ミヤマハンノキオーダーにまとめた．これはダケカンバ，ミヤマハンノキ，ウラジロナナカマドなどからなるいくつかの低木林を統括する上級単位で，立地も群落の成り立ちもさまざまなタイプを含む．このなかに，上層の優占種として，あるいはダケカンバ林の下層の優占種としてミヤマハンノキが出現する群落がいくつか含まれる．立地は風衝地，新期の火山噴出物上，湿原中の流水沿いなど非常に多様で，土地の変動と特にかかわりのないミヤマハンノキ群落もある．生育地の幅はそのように広いが，記載された群集のなかには，ウゴアザミ-ミヤマハンノキ群集のように，火口壁下の崖錐斜面にもっともよく発達していると記載されたものがある．ほかに，ダケカンバが優占する群落で下層にミヤマハンノキが優占するものがある．立地の記述に雪崩，沢沿い，崩落などの語句がみられるところから，少なくとも一部のタイプの成立にはマスムーブメントによる物質の移動が関与しているものと考えられる．

上記のオオバタケシマラン-ミヤマハンノキオーダーの下層には広葉草本植物が多く生育するとされている．この下層が独立したような相観を示すさまざまな広葉草本群落が亜高山帯に知られており，大場 (1974，1976) によってシナノキンバイ-ミヤマキンポウゲオーダーにまとめられている．組成も立地も多種多様であるが，そのうちの少なくとも一部のものは下部斜面域を立地にしているとみられるが，立地の地形的特性に関して具体的なことはいまのところわからない．

4.8 サワグルミ林

(1) 奥入瀬渓流のサワグルミ林

成立に斜面崩壊が深くかかわっているとみられる群落の1つに，サワグルミ林がある．

サワグルミ林の分類単位としては，サワグルミ-ジュウモンジシダ群集がよく知られている．はじめに鈴木ら（1956）が月山から記載したが，立地については，早春に雪融けの水があふれて林地をひたすようなところには，その特殊な土地因子に支配された植物社会としてサワグルミの林が生ずる，と記載されている．谷川は深い谷をなし，両側から土砂が崩壊していることが多いとも記した．このように述べても，それがサワグルミ林の立地になっているとは特に述べていないが，川が荒廃すると両側のサワグルミ-ジュウモンジシダ群集は土砂とともにおし流される可能性が大きいとも書いている．この記述から推測すると，サワグルミ-ジュウモンジシダ群集の立地は，谷壁斜面の崩壊によって供給された物質の堆積地とみられ，その立地は，大規模な洪水のときには林もろともおし流されてしまうこともあるような性格のものである．

図 4-13 は青森県奥入瀬渓谷の地形断面と，この断面に沿った主要樹種の被度の増減を示している（Kikuchi, 1968）．図の中央部の平坦面は段丘面で

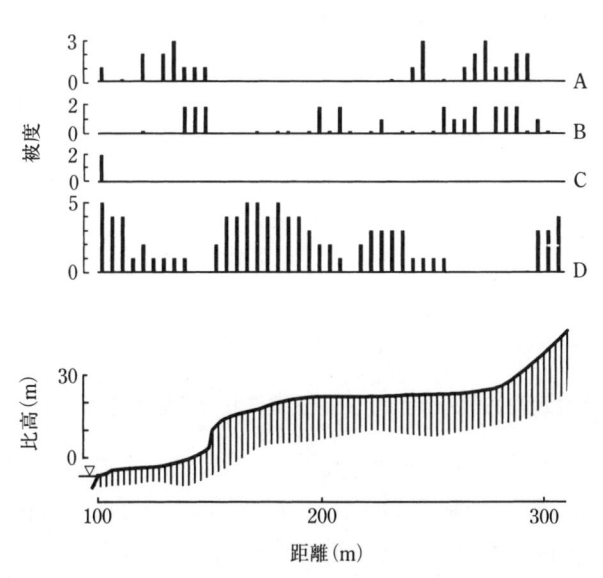

図 4-13 氾濫原-河成段丘-谷壁斜面を連ねる地形断面と主要樹種の交替
青森県奥入瀬渓谷．A：サワグルミ，B：トチノキ，C：ケヤマハンノキ，D：ブナ．（Kikuchi, 1968 より作成）

ある．サワグルミ林はこの断面の2ヵ所にみられ，段丘崖の脚部から氾濫原にかけてと，段丘面背後の谷壁斜面脚部から段丘面にかけての部分とに成立している．段丘崖脚部の立地は段丘崖に発生する崩壊の堆積部にあたっており，また，位置関係からして流水の作用を受ける可能性がある．田村（1993）は河成段丘が発達する谷地形の微地形分類を模式的に示して，段丘崖の肩の部分から下方を下部谷壁斜面（微地形単位）とした．この見解は図4-13にも適用できるもので，段丘崖の肩から下方の部分は斜面崩壊が起きるような性格をもち，下部谷壁斜面に分類される．この立地の性格は，鈴木ら（1956）が月山で記録したサワグルミ林の立地と，おそらく同じである．

一方，図4-13の右側，谷壁斜面の脚部から段丘面にかけて成立するサワグルミ林の立地も，斜面脚部という位置，岩塊や礫に富むという土壌（Kikuchi, 1968）からみて谷壁斜面からもたらされた崩落物質の堆積域とみることができる．ただし，段丘面そのものは，気候的極相林としてのブナ林が成立していることからみても，上部斜面域に所属すべき安定な地形面である．氾濫はなく，ましてその背後に位置するサワグルミ林の立地は河川の作用と直接のかかわりはない．この点で段丘崖の下のサワグルミ林の立地（図の左側）とは性格が異なる．佐藤（1988）はサワグルミ林の成立地を崖錐，沖積錐，段丘に分け，段丘をさらに土石流段丘と河岸段丘とに分けた．その後の論文（佐藤，1995）では河岸段丘は洪水段丘という用語にあらためられており，記載によると，この立地は頻繁な洪水の影響を受けている．奥入瀬の段丘面とその後方のサワグルミ林は，これらの立地と異なるもののようである．ただし立地は段丘面そのものに対応するわけではなく，谷壁斜面からもたらされた崩落物質の堆積域に限定される．

（2）安定立地における更新か変動立地における動的平衡か

2つのことが仮説として考えられる．1つは，段丘の背後の立地は段丘面がかつて氾濫原だった時期に発生した崩壊が残したもので，現在は段丘面と同様に物質の移動はないというものである．このときは，サワグルミ林が成立する直接の要因は，崩壊の跡地がそなえる静的な特性，たとえば土壌水分，栄養塩，土壌通気性，などに求めることになるだろう．時間は十分に経過したであろうことを考えると，ここのサワグルミ林はすでに成熟に達し，更新

が行われ，これからも安定に維持される状態にあるにちがいない．立地と植物群落のこのような性格は上部斜面域のものである．かりに崩壊があるとするなら，既存の群落がなんらかの形で存続できるような非常に緩慢なものか，あるいは周期がきわめて長く，群落の発達・成熟に十分な休止期間があるものでなければならない．

　一方，上部斜面域にも，崩壊のような物質の移動が少なくとも部分的にはありえないことではない．2つめの仮説として，段丘背後の谷壁斜面にも新期の崩壊がやはり発生し，サワグルミ林の成立要因になっていることが考えられる．その場合は，この立地と段丘崖の下の立地とのあいだに特に違いはないことになる．いずれにも新期の崩壊がかかわるので，土地の変動性が要因として浮かびあがってくる．崩壊がたびたび発生すれば，サワグルミ林は，成熟へ向かう発達と発達途上での破壊とを繰り返すであろう．発達段階としては常に初期相に引きもどされるが，崩壊がある周期で襲ってくるかぎり，変動を繰り返しながら平衡状態で永続的に存在することになる．

(3) 大規模な地すべり地のサワグルミ林

　青森県の白神山地には，面積，個体の大きさからみて全国的にも稀なほどのものだとされるサワグルミ林が知られている（青森県，1987）．同報告書は立地についてつぎのように記載している．
① 過去に発生した大規模な地すべりの堆積面およびその上方に接続する滑り面の下部．
② 尾根上や谷壁斜面にある，おそらく地すべりによって生成したと考えられる平坦面およびその上方に接続する斜面．
③ 谷沿いにみられる段化した氾濫原や小規模な段丘面．
④ 小さな支谷に1-2次の谷（3.3節参照）が合流するときに発達する小規模な沖積錐の上．
⑤ 雪崩斜面にある小さな尾根状の部分．

　上記の報告書がまれにみる規模のサワグルミ林というのは①の地すべり地に成立するものである．八木（1995）によると白神山地は大きく隆起している地域で，第四紀における隆起量は本邦有数のものである．急速な隆起は河床の低下と斜面の不安定化を引き起こす．隆起に加えて固結度が低く崩れや

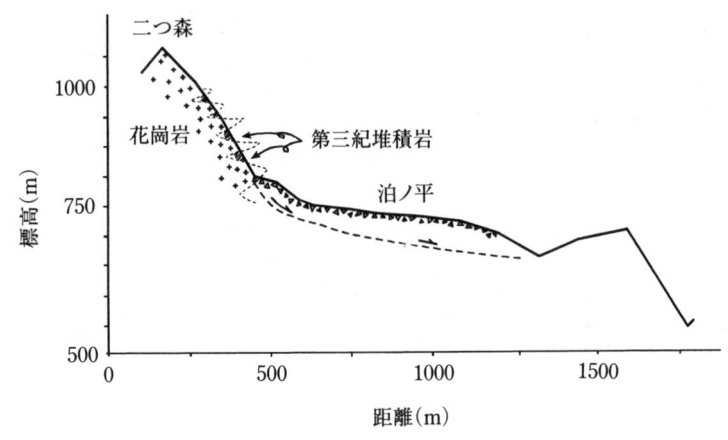

図 4-14　白神山地二つ森北面の地すべり地形断面図
泊ノ平と通称される緩斜面がサワグルミ林の立地になっている．（八木，1995）

すい岩質や花崗岩の貫入による岩体の弱化という地質的特性が複合的に作用して，この山地には地すべり地形がよく発達している．地質によっては現在まで活動しているものがあるとされているが，多くは最終氷期後半から後氷期初めにかけて発達したものであるという．青森県（1987）の報告書が典型的なサワグルミ林としてあげている通称泊ノ平の地すべり地（図 4-14）も，同じ八木（1995）によれば，少なくとも 1000 年前には成立していた．このことは約 1000 年前の降下火山灰の存在にもとづく判断で，その時期までには現地表は完成していたことになり，同時に，その時期以後は地表に目立った変化はなかったことを示すものである．最近の地表攪乱には必ずしもかかわりがなく，まして水流の作用による地表攪乱とも無縁で，下部谷壁斜面や下部斜面域に分類されるような地形ではない．そのようなスケールの地形形成作用をいわば超越して，山地全体の構造に由来する地形と考えてよい．その点では下部斜面域を対象とする本章の記述になじまない立地ではあるが，地すべり地としての，また成立する植物群落がサワグルミ林であることの共通性からここに述べた．この立地も佐藤（1988，1995）があげたサワグルミ林の立地に該当するものがない．

(4) 氾濫原の段丘化とサワグルミ林

　③の立地は奥入瀬の段丘面の例（図4-13）と一見して同類のようにもみえる．しかし，奥入瀬の場合は，場所としては段丘面でも，背後の斜面からもたらされた崩落物質の堆積域と意識されている．段丘面であることに立地としての直接の意味があるとは考えていない．段丘面の基本的な群落はむしろブナ林である．③の記述が段化した氾濫原や段丘面そのものを指しているとすれば，氾濫原の段化に伴ってサワグルミ林が成立するという成立の仕方があるということである．もしそうなら，この立地の成立にかかわる作用は，少なくとも最初の段階ではもっぱら河川の運搬である．その点からみるとむしろ次章で取り上げるべき立地であるが，同じことが④の沖積錐についてもいえる．この立地はマスムーブメントがかかわって，一時にできる側面とともに，流水によって運ばれてきた物質が形成する側面とをあわせもっている．サワグルミ林の立地は，マスムーブメントによって成立するだけでなく，河食がかかわる土地にも及ぶことになる．この点は佐藤（1988，1995）によるサワグルミ林の立地の類型にすでに現れている．

　⑤の立地は崩壊堆積部を雪崩が削り残した部分か，あるいは雪崩斜面に起きた小さな崩壊がつくった尾根状の堆積部ででもあろうか．④と⑤の立地では，若齢のサワグルミからなる亜高木ないし低木群落が成立していると報告されている．

4.9　土石流・沖積錐の植生

(1) 地すべりと山崩れ

　ここまで，崩壊が発生する斜面の植生をいくつかの研究例によってみてきた．『地形学辞典』（町田ほか，1981）で"崩壊"の項を引くと，山崩れ，崖崩れ，人工（盛り土，切取）斜面の崩れ，地すべり性崩壊または急性地すべり，落石などのように地形・地表景観の顕著な変化を伴う動きの速い地変現象の総称，とある．変化の速さについて動きの速い現象であるとしているが，しかし，"崩壊地形"の項では，崩壊は緩速流動，急速流動，すべり，およ

び落下に区別される，とある．この記述によれば動きの遅いものも含めた現象全体を指すと理解される．崩壊という用語の使われ方は多少あいまいであるし，本書のこれまでの用法もこれらの諸現象を区別していたわけではない．

（2）速い移動と遅い移動

意味を広くとるにしろ狭くとるにしろ，崩壊はいうまでもなくマスムーブメントの一型式である．水野(1989)は多くの日本の研究者はマスムーブメントを2つに分類しているといい，一方についてはスピードが大きく，持続時間が短く，運動がほとんど再発しないとし，他方についてはスピードが小さく，持続時間が長く，運動が間欠的に長時間持続すると定義する点が，研究者によらず共通していると指摘した．前者は山崩れ，地崩れなどと呼ばれ，崩壊もこのタイプを指して使われることが多い．後者は地すべりと呼ばれるのが普通である．水野(1989)は，日本の120ヵ所の地すべり，山崩れで記録されている物質移動の速度と持続時間を分析し，頻度分布図にまとめた．それによって，上記の2グループの存在を確認し，急速なタイプの物質の移動は，最大速度が毎分10-1.5 m 以上で持続時間が32時間以下，緩慢なタイプでは最大速度が毎分10-1.5 m 以下で持続時間が32時間以上という結果を得ている．

地すべりと山崩れがどういうものであるかを，主に古谷(1996)の記述にもとづいてもう少し詳しく述べる．

①地すべり

地すべりは，斜面を構成する物質がなんらかの原因によって斜面上でのバランスを失い，塊状を保ちながら重力の作用で下方または外方へすべる現象である．明らかな一枚の分離面(すべり面)があってそれに沿ってすべることもあり，また，部分的なすべり面の寄せ集め，あるいは重なりあいとなってすべり，上位の面が前面にせり出していって，全体としては粘性物体の流動のような形になることもある．いずれにしても物質が塊状となってすべるという運動機構(滑動)が現象の基本である．その運動は緩慢である．

②山崩れ

　これに対して山崩れは，斜面を構成する物質の一部が塊状となってすべり出し，または流動を始め，その後，みずからの重みで急速な動きに転じ，途中で物質はばらばらに細片化しながら流動・転動・躍動などの運動様式をとって下方へ移動する現象である．したがって，多くの山崩れは発生域，移動域，堆積域からなる．多量の水を含む場合は途中から土石流や泥流の形に転化して移動・堆積する．

③崩壊

　崩壊という用語については，古谷 (1996) は，斜面を構成する物質が破壊される現象全体を包括的に，または一般的にいう術語として使用することを提唱している．本書でも崩壊あるいは斜面崩壊ということをたびたびいってきたが，内容は包括的なもので，地すべりと山崩れを特に区別して使ったわけではない．引用した事例にしても，多くの場合，原著でその点が明らかに区別されているともかぎらない．崩壊に伴う立地の攪乱を群落の成立の主要な要因と意識する以上，崩壊の実像を正確に認識・記載することが必須であることはいうまでもない．しかし，植生に関する多くの研究ではそこまで踏み込んでいないのが実情であったと，自省をこめていわざるをえない．

(3) 地すべりの植物群落と山崩れの植物群落

　4.3節で，萌芽更新を中心とするフサザクラの生活史 (Sakai et al., 1995) は，小規模な崩壊が繰り返し発生するような斜面で個体群を維持するのに有効であると述べた．この場合の崩壊が上記の区分でいう地すべりなのか山崩れなのか判然としないが，少なくともフサザクラの立地となっている部分は地すべりと推定される．小規模に繰り返し発生するからこそ植物は受けた損害をその都度回復し，生き延びることが可能となっているにちがいないからである．物質が塊状の原形を保ったまま移動するという地すべりの特性が，群落の保持にかかわりがあるのであろう．このときフサザクラでは栄養繁殖(萌芽)が重要な役割を果しているといわれるが (Sakai et al., 1995)，このことはミヤマカワラハンノキ，ヒメヤシャブシなど，またそれらに付随して生育するタマアジサイ，ハコネウツギ，タニウツギなどについても同じこ

とがいえるにちがいない．

　一方，イイギリには傾斜した幹をもつ個体，萌芽をもつ個体が少なく，地表の変化によって損傷を受けた後に生き残ったり，回復したりした跡がみられないという（島田，1994）．イイギリのように直立，単独の幹をもつ高木種が地すべりに遭って傾斜，倒伏したとき，フサザクラやハンノキ属の低木のように樹形を回復・維持することが難しいのであろう．崩壊によってできる裸地に侵入しても，一代かぎりで終わる種なのかもしれない．それでもなお攪乱的な土地を立地にして個体群が存在できるのは，種子をよりどころにした侵入と定着の機構をもっているからであろう．その点は明らかでない．

　裸地は地すべりに伴っても滑落崖としてできるし，山崩れでは発生域・移動域・堆積域のそれぞれに形成される．それぞれがイイギリの立地になりうるであろうが，この場合は，山崩れに注目したい．イイギリの生活史をみると，変動に休止期が必要だと考えられるからである．

　急速な運動とともに，再発しない，あるいは再発までの期間が長いということが山崩れの特性の1つである．植生に対する立地として山崩れを取り上げるとき留意すべき点で，中村（1990）は地表変動が森林の成立に及ぼす影響の時間スケールは，10^1-10^2年のオーダーと考えるのが妥当であろうと考察している．イイギリ林やサワグルミ林の成立にはその範囲でも特に長い周期の地表変動がかかわっていると考えられるが，4.8節で述べた白神山地のサワグルミ林の地すべりは発生後10^3年のオーダーで休止しているという（青森県，1987；八木，1995）．10^3というオーダーの時間はサワグルミの寿命をはるかに超えるであろう．個体の寿命を超えて群落を維持・更新してきたにちがいないが，そのあいだにブナ林のような気候的極相とされる群落への移行はなかったことになる．みずからは更新し，他者の侵入を許さないという機構はどのようなものであろうか．短期的に繰り返される変動（おそらく地すべり）を超越して栄養的な再生によって維持しているフサザクラやハンノキ属低木とは別に，独自の更新機構がサワグルミにはあるのであろう．長期的な活動休止期をもつ分，土地の静的な条件，たとえば土壌の水分，栄養塩，通気などの効果にもこの場合は目を配る必要がありそうである．

（4）土石流堆積地の植生

　斜面のうち，崩壊が関与する部分には固有の植物群落が成立することについて述べてきた．それは斜面の下部に一定のまとまりを示して現れ，その部分を包括的に下部斜面域と呼んだが，崩壊は斜面の脚部に崩落物質の堆積地をつくるだけでなく，ときには泥流，土石流の姿をとって広がり，谷底に沖積錐のような地形面を形成することもある．

　図4-15は高岡（1998）による上高地のある沖積錐の植生図である．ここは土石流の強い影響下にあって，土石流で林分が破壊され，地表攪乱があると跡地にケヤマハンノキやカラマツによる森林群落が成立する．この森林は林床にササを欠き，そこにトウヒやウラジロモミの稚樹が発生し，やがてはそれらが優占する森林群落へと移行する．さらに，最終的な安定相としてトウヒ林が成立していることが観察されている．

　土石流は間欠的であるうえに規模にも大小があり，必ずしも1回の土石流が1つの沖積錐の全面を覆うわけではない．むしろ各個の土石流は沖積錐の一部を覆うにとどまり，沖積錐は，形成期の違ういくつもの土石流の集合と

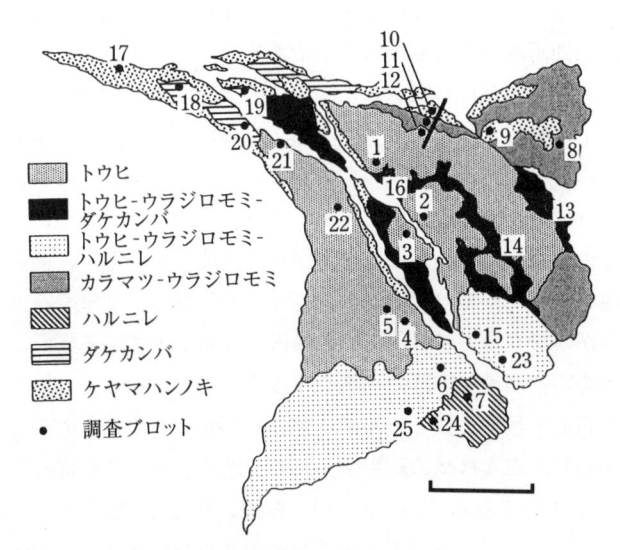

図4-15　長野県上高地の沖積錐における林相の区分
スケールは約1km．（高岡，1998）

して成立している．さらにつぎの土石流が発生するまでのあいだには沖積錐面の開析があり，物質の再移動もある（高岡，1998；石田，1998；島津，1998）．その結果，遷移段階の異なるいくつかの植物群落がモザイク状に配置されるのが沖積錐の植生の実相である（図4-15）．このモザイクは時間的な違い，いい換えれば地表の年齢の差が生み出すものであるが，これとは別に，沖積錐の頂部と末端のような空間的な構造に伴う植生の違いも認められている．図4-15のハルニレの存在がその例で，ハルニレが含まれる森林（ハルニレ林，ハルニレを伴うトウヒ，ウラジロモミ林）は沖積錐の末端部に限定されているように図からは読み取れる．高岡（1998）はこの立地を地下水が湧出する扇端湧泉帯に相当する場所と認識し，このような場所でも最終的にトウヒ林へ遷移していくかどうかは不明であると指摘している．このように，土石流の間欠的な発生がつくり出す，いわば年齢的な不均一性とは別に，場所からくる特性の違いも沖積錐上には存在する．

　同じ上高地の沖積錐には，ほかにサワグルミ稚樹の一斉林も存在する（石田，1998；島津，1998）．稚樹ではなく，樹齢120年以上と推定されるサワグルミ一斉林もある．高岡（1998）が述べた沖積錐上の遷移系列にはサワグルミ林は介在しないので，同じ沖積錐でも条件が違うと別の植生が，あるいは別の遷移系列が成立するもののようである．

　これまでの記述でしばしばふれたように，上高地の沖積錐は土石流の堆積地である．土石流はマスムーブメントの1つの形態で，岩屑が多量の水を含んで流動するものであるが，水の含み方は発生のときの条件によって異なる．水の含み方は物質の流動の様式にかかわるし，ひいては堆積地の，たとえば全体としての傾斜，地表の微細な起伏，粒度組成，水分条件，通気性，等々の特性の違いにつながるはずである．こうした特性が，ケヤマハンノキ林が成立するのかサワグルミ林になるのかの鍵になることであろう．土石流堆積地そのものの特性が植物群落の相違を生み出すことになる．一方，これとは違って，土石流堆積地にいったんは一定の群落が成立するものの二次的な物質の移動があり，二次移動の結果生まれる土地的特性の差に従って別々の群落が発達する例が知られている（吉川・福嶋，1997）．奥日光の亜高山帯におけるもので，ここでは土石流で植生が破壊された後にオノエヤナギ，ヤハズハンノキ，サワグルミが優占する群落が成立し，その後，撹乱が特になけ

れば同時に定着したシラビソが育ってシラビソ林へと発達する．一方，侵食を受けて礫間の充塡物を失う場合はコメツガ林に替わり，河川の作用による堆積が顕著な場合はオノエヤナギが残って群落を形成するとしている．この場合の物質の二次移動は河川の作用であるが，場合によっては小規模な土石流の再発生もあろうし，そのときにはどうなるか，興味深いところである．

（5）サワグルミ林の成立と動態

佐藤（1988，1995）は北海道南部のサワグルミ林を研究して，成立場所を主に沢沿いの土石流段丘，洪水段丘，沖積錐，崖錐であるとし，これらの立地を図4-16のような模式図に示した．土壌断面から判断してこれらの立地には洪水，土石流，土砂崩れなどによる頻繁な土壌の堆積が起こっているとしている．これらの作用で大面積・強度の攪乱が一度に発生して開放地が生じた場合にはサワグルミが占める割合の高い一斉林分が成立し，一部を破壊するような小規模の攪乱が断続的に発生する立地ではサワグルミの占める割合が低く，その場合はトチノキ，ハルニレ，ブナ，ヤチダモなどの割合が高くなるという．

調査地で最大の年齢を示したサワグルミの個体は樹高34m，胸高直径75cm，推定樹齢103年で，最大の個体は樹高41m，胸高直径95cm，推定年齢83年であった．この資料と文献からサワグルミの寿命をおよそ100年と判断している．サワグルミ林は，先に述べたように大面積にわたる強度の攪

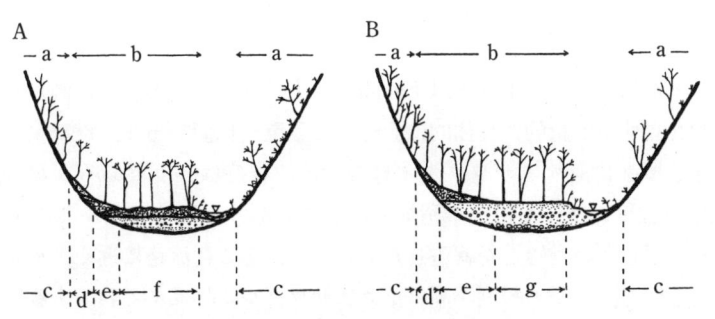

図4-16 サワグルミ林が成立する地形の断面模式図
A：土石流段丘タイプ，B：洪水段丘タイプ，沖積錐タイプ，崖錐タイプ．
a：ブナ林，b：サワグルミ林，c：平衡斜面，d：崖錐，e：沖積錐，f：土石流段丘，g：洪水段丘．（佐藤，1995）

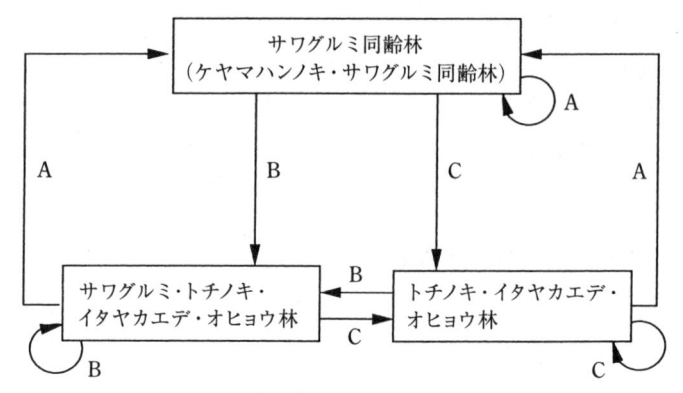

図4-17 サワグルミ林の成立維持機構の概念図
アルファベットは攪乱のパターンを示す．A：洪水，土石流などの大面積の攪乱，B：ギャップの形成あり，C：ギャップの形成なし．（佐藤，1995）

乱の後に一斉林（同齢林）として形成される．その後，林分は安定に維持され，林冠木の倒壊もないままにサワグルミの寿命がつきると，オヒョウやイタヤカエデなどの遷移後期種が林冠を占める割合が高くなる．少数の林冠木の倒壊でギャップが形成されると，サワグルミと遷移後期種であるオヒョウ，イタヤカエデ，トチノキなどが同程度の機会を得て更新する．大面積，強度の攪乱によって開放地が生まれると再びサワグルミの同齢林が成立する．谷底の立地におけるサワグルミ林の成立とその後の維持についてこのように述べ，図4-17のような概念図にまとめている．

以上をふまえて，サワグルミ林が成立できる要因は，表土の移動を伴うギャップまたは開放地が100年以下の間隔で生じることであると指摘している．変動的な立地を定量的，具体的に記述した貴重な指摘である．ただ短い周期で起きる攪乱に対するサワグルミ林の形成，維持はどうであろうか．佐藤(1992)は強度の攪乱直後の堆積地で，低位の部分にはサワグルミの実生が豊富に発生していたことを報告した．しかし，そこは流路に近く，水面からの比高も低く，洪水の頻度が高いためにサワグルミ林にまで発達することはできないと推定している．この場合要因として考察されているのは洪水の作用であって土石流のようなマスムーブメントではない．図4-16に示された立地のうちBは洪水段丘とある．ここにサワグルミが成立している以上，

発生する洪水の頻度は高くないのであろうが，頻度のより高い立地を考えたとき，ヤナギ林との関係はどのようになるのであろうか．河床を構成する物質はマスムーブメントによる物質とは質がそもそも違うと考えられ，頻度だけでは割り切れないが，その点は明らかでない．

（6）シオジ林の成立と動態

サワグルミ林とよく似た立地に成立する群落にシオジ林がある．中国山地には，分布が日本海側に偏る種を多く含むシオジ林が知られているが，それは中国山地の特殊性で（Ohno, 1982），全体としては太平洋側に分布が偏る森林群落である（Ohno, 1983）．Sakio (1997) は，この群落が更新していく過程で，地表の攪乱が大きな意味をもつことを明らかにした．

図 4-18 は秩父山地のシオジ林を構成するシオジ個体群の年齢構成である．ほかの場所の倒木を調べたところによるとシオジの寿命は約 300 年に達すると記されているが，その年齢に近い 254 年生の個体（本文の記述）を最高として，各年齢の個体が切れ目なく存在していることが注目される．図は胸高直径 4 cm 以上の個体を対象としているが，本文の記述によれば，さらに当年生の芽生えにまで及んで連続的な年齢構成を示すという．一方，200-220 年クラスの年齢への明らかな集中がみられる．このことは大規模な攪乱があ

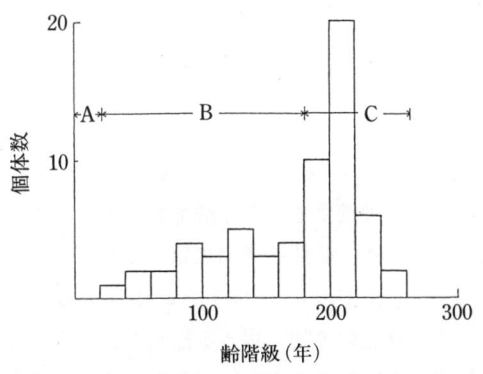

図 4-18 シオジ個体群の年齢分布（胸高直径 4 cm 以上）
A（25 年未満），B（25 年以上 180 年未満），C（180 年以上）の 3 グループに分けて議論されている．
(Sakio, 1997)

った時に一斉に定着し，群落を形成したことを示しており，その攪乱は約200年前の地震の際に発生した斜面崩壊によるものと考察している．以後，この立地は安定な状態で続き，林冠にギャップが生じると，そこに発生した個体によって埋められ，森林が維持されてきたという．

　このシオジ林には，200-220年生クラスの個体とは別に，当年生の芽生えも含めて各年齢の個体が切れ目なく育っている．若い個体は水路の跡（放棄された水路）や氾濫原の一部にかぎってみられる．長い間流水による破壊的な作用がない場合でも，そのような場所が若い個体の生育地になるという．そのほか，立地が安定な時期にも林冠にギャップが空けばそれをよりどころに更新が行われるが，大規模な破壊・攪乱があったときには一斉林が形成されるとしている．

　崎尾（1993）はサワグルミとシオジの稚樹の葉の展開様式と当年生シュートの伸長成長を調べて，サワグルミはギャップ内のめぐまれた光環境を利用して林冠木にまで成長する戦略をとるのに対し，シオジは林冠下で前生稚樹として生存し続け，ギャップ形成などの光環境の好転によって林冠木まで成長していくと考えている．サワグルミの稚樹が林冠のギャップの下に集中する傾向があることは佐藤（1992）も指摘しているが，シオジについては，成木の下に若木はごく少ないとしたTanaka（1985）の見解がある．シオジに関しては矛盾があるようにみえるが，そのような種の若木が成熟林分内の小規模なギャップにみられることも指摘し，いろいろなサイズのギャップをよりどころにして，いろいろな特性をもった種が互いに入れ替わりつつ共存するとしている．

　2つの種の特性にはいろいろな点で違いがあるが，間欠的，突発的でしかも林冠までを根こそぎに破壊するような攪乱をよりどころにして一斉林を形成する性格はよく似ている．個体の寿命には，サワグルミで約100年（佐藤，1995），シオジで約300年（Sakio, 1997）という差があり，この違いは，樹冠の破壊に依存するか林冠の被陰に耐える性格を強めるかという更新への戦略の違いにも連動するものであろう．いずれにしても大規模な攪乱とその後の安定を背景にして成立する群落である．大規模な攪乱とは，原則的に，斜面から突発的に物質が供給されることで生ずるものと考えたいが，この点では佐藤（1988, 1995）もSakio（1997）も，必ずしもそのように述べているわ

けではない．佐藤 (1988, 1995) のサワグルミ林の立地の分類にしても洪水（河食）に起因するものが含まれる．攪乱の原因が洪水にあるとしても，群落全体を一新するような攪乱は河床の一般の植物群落，たとえばヤナギ林の立地に比べると発生頻度は格段に低いものと考えられる．しかし，堆積物の粒度組成のような条件がどのように違うのか，そのような問題が具体的に明らかにされているわけではない．

第5章　河川における物質の運搬と植生

5.1　河川縦断方向でみた河床特性と植生の変化

（1）河床における物質の動態

　河床は下部斜面域に発生した崩壊によって供給された物質が，水流を媒体にして下流に運ばれる経路である．運ばれるときの形態には鉱物イオンが水に溶解して運ばれる溶流，岩屑粒子が水流に浮遊・懸濁して運ばれる浮流，岩屑が底面付近を滑動，転動，躍動しながら運ばれる掃流の3大別がある．いずれにしても水流を媒体とする運搬なので，洪水の際には大量の物質が一気に運ばれる反面，洪水がおさまれば運搬力は落ち，多くの物質，なかでも掃流物質は河床に滞留する．そうなれば植物が定着し，群落の形成がみられるが，その土地もいつかまた洪水に遭い，一時的に河床にとどまっていた物質は再び運ばれていく．現に物質が静止状態にあって植生が成立していても，いつかは洪水が発生し，地表と植生自身が破壊されるという潜在的な変動性を常にかかえている立地である．破壊には，流水が地表を削って物質を運び去るということと，逆に運び込んできた物質で砂礫堆をつくり，地表を埋めてしまうということの両方がある．削るにしても埋めるにしても，破壊の跡には新しい地表が生まれる．土地の新生と安定と破壊と，この3つが時間的にも空間的にも複雑に組み合わされて成り立つのが河床である．

　割れたばかりで角のある岩屑は，流れにもまれて移動する過程で角がとれて丸くなり，さらに，細粒化する．流水の運搬力にはかぎりがあるので，より細粒の物質は頻繁に起こる小規模の洪水でも運ばれるし，大径の礫が運ばれるためにはまれな，大規模な洪水を待たなければならない．細粒の物質は

遠く下流まで運ばれるし,大径の礫は上流に残る.こうして河床の性質は上流から下流へ,すなわち河川の縦断方向に移り変わり,同時に植生も大きく変化する.原則としてこの変化は一方向的なものである.

(2) 石狩川における上流から下流への植生の変化

図 5-1 は北海道,石狩川の氾濫原にみられる植物群落を,河口からの距離に従って示したものである (Ishikawa, 1983).図の上部には河床縦断面と河床勾配が示されている.流下する途中には滝や早瀬があり,また堰のような人工構造物もあるので,河床の縦断面形は多少とも階段状を示す.それに従って河床勾配には増減があるが,大局的には河床の高度が上流に向かって指数関数的に大きくなる形の断面形を示す.上流部では,勾配の急な河道を川は勢いよく流れることになるが,オオバヤナギ林,ドロノキ林,ヤマハンノキ林はそういう大きい河床勾配をもつ上流部の氾濫原に偏って成立する群落である.エゾヤナギ低木林,シバヤナギ低木林,ネコヤナギ低木林,カワラハハコ群落,ツルヨシ群落なども上流部に偏っているが最上流部では欠け,一方,下流側には少し広く分布している.河床勾配が小さい下流側に偏って分布する群落にタチヤナギ低木林,エゾノカワヤナギ林,ハンノキ林,マコモ群落,ガマ・ヒメガマ群落,ヨシ群落,オギ群落などがある.

(3) 東北・北海道の河床植生の比較

Ishikawa (1983) は同じ調査を北関東の那珂川,東北地方の阿武隈川,北上川,雄物川,岩木川,それに北海道の十勝川,釧路川,湧別川について実施した.それぞれの氾濫原には,石狩川を例にして述べたような植物群落の移り変わりがある.一方,これらの河川はそれぞれ気候が異なる地域を流れているので,気候の違いを反映して,成立する植物群落にはそれぞれの地域で違うものがある.図 5-2 は,河川縦断方向に変わる氾濫原の立地特性を河床勾配で表現し,一方,気候特性を温量指数 (吉良, 1948) で表し,これらを軸とする座標上に氾濫原の植生を群落複合型として示したものである.もともとは Ishikawa (1983) で示されたが,後に石川 (1996) はこれを引用して境界線の表現を微妙に変更している.本書では後者を引用した.図には 16 型の群落複合が示されているが,これらは河床勾配 0.7‰ 付近と 1.5‰

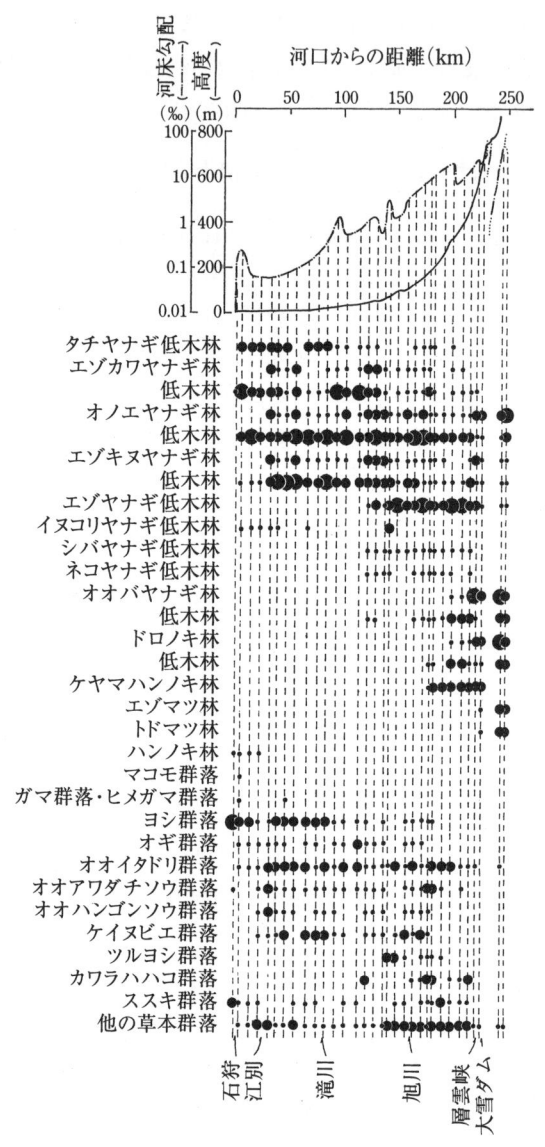

図 5-1 北海道石狩川における氾濫原の植物群落の分布範囲
円の大中小はそれぞれ観察地の 20%以上, 5-20%, 5%以下の面積をもつことを示す.（Ishikawa, 1983）

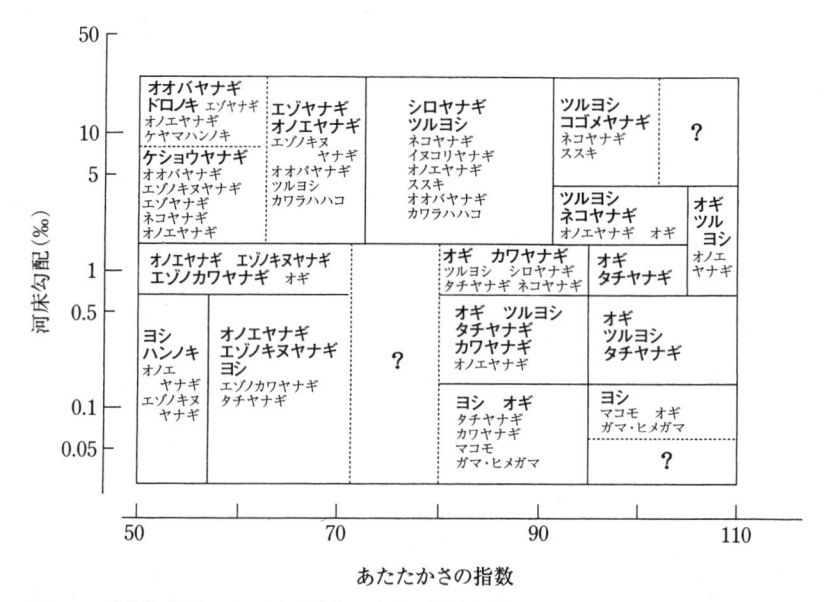

5.1 河川縦断方向でみた河床特性と植生の変化　　*135*

図5-2　群落複合型による河床植生の分類と河床勾配，あたたかさの指数に対する配分
太字は卓越群落を，細字はそのほかの主要な群落を示す．(石川, 1996)

付近とを境にして3つのグループに分かれると指摘されている．

　1.5‰以上の河床勾配をもつ河床は，扇状地を流下する河川のものであるとしているが，扇状地にかぎらず，山地・丘陵地の谷底を流れる河川に広くあてはまるものであろう．この立地で目立つ群落は各種のヤナギ林（ヤナギ属のほかケショウヤナギ属，オオバヤナギ属を含む），および同じヤナギ科に属するドロノキの林である．ヤナギの種類は地方ごとに違っている．河床勾配0.7‰以下の河川の氾濫原にもヤナギ林は同じようにあり，地方ごとの交代も同じようにみられる．しかし，河床勾配の大きい地域のものとはヤナギの種類が違っていて，加えてこのグループを特徴づける固有の植物群落としてヨシ群落が発達する．下流部の河川は蛇行して流れ，最下流部には三角州が発達する．この地域の河川勾配は0.7‰以下というきわめて小さい値を示すという．河床勾配0.7‰から1.5‰の氾濫原にみられるグループは上記2つのグループの中間型で，このグループ固有の群落はない．

(4) 河床礫の礫径変化と植物群落

河床の（氾濫原の）植物群落は上流から下流に向かって移り変わり，大局的に2つの群落複合に分けられる．河床勾配に対するこのような植生の変化が，どの河川をとっても同じようにみられるのは興味ある現象である（石川，1996）．

図5-3は，河川縦断方向の礫径の変化と，それに伴って認められる植生の移り変わりを示している（菊池，1981b）．河床勾配が上流から下流に向かって小さくなっていくのと同様に，礫径は河川上流で大きく，下流に向かって減少している．この場合の礫径は，河床の砂礫堆の表面で，半径2mの円内にみられる礫のうち，最大のものから順に25個を測定した値である．図には個々の礫の値を直接プロットしている．きわめて粗略ながら，河床の構成物質のうちもっとも粒径の大きなものの特性を概略的に示すものである．この特性は河川の物質運搬力（この場合は掃流力）のような流水条件と関係があり，ひいては，地表に対する河川の破壊的作用の強さを指標する．調査

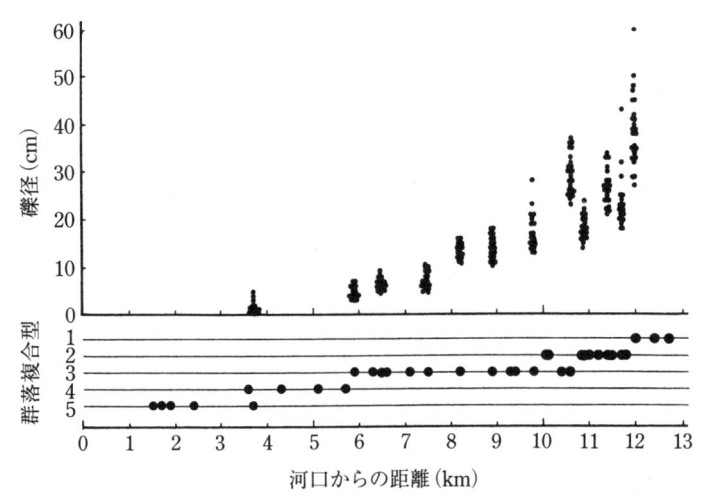

図5-3 流路の州の最大礫径（上）と河川敷の群落複合型の分布（下）
1：ツルヨシ群落複合，2：ススキ・ヤナギ群落-ツルヨシ群落複合，3：ツルヨシ群落-オギ群落複合，4：ヨシ群落-クサヨシ群落複合，5：ヨシ群落-シオクグ群落複合．（菊池，1981b）

地は宮城県仙台市の南部を流れる名取川で，丘陵地の谷を流れてきた川が平野に流れ出る出口の部分から下流，13 km の範囲である．谷の出口から下流に向かって扇状地が形成されており，その扇頂部が調査範囲の上限にあたっている．礫はこの地点から下流，河口から約 5 km の地点に向かって次第に小さくなっていく．このあたりが扇状地の下端(扇端)にあたるとみてよい．その下流，河口までの範囲には自然堤防が発達する．自然堤防は扇状地の範囲にも一部重複してみられる．河口付近は狭い三角州となる．

　日本のおおかたの河川と同様，名取川も人工堤防で固められているが，右岸・左岸の堤防に挟まれた河川敷(堤外地)に，表 5-1 に示した植物群落がみられる．この土地は流路のほか高低さまざまな氾濫原，新旧さまざまな流路跡などから構成されており，ある 1 地域をとっても，地表の年齢，洪水が及ぶ頻度，堆積物の粒度組成，水分条件などが異なる多くの立地が複合しあっている．植生でも同じようにいくつもの群落型が複合しあっているのが常で，表 5-1 にはこの複合が具体的な 5 つの類型として示されている．表の 1 調査区の資料は，流路と直角の方向に河川敷を踏査し，視野の幅で認められる群落型のすべてを記録したものである．ごく簡便な一種の帯状区調査といえるが，この場合の 1 調査区(帯状区)が示す情報は，河床横断面で捉えた植生の情報である．

　図 5-3 の下段に示されているように，5 つの類型は，上流から下流にほぼ整然と交替するように配列されている．ツルヨシ群落複合は調査地域の最上流部にみられるもので，ここは扇頂部にあたり，流路には各所に基盤が現れてその上に薄く大径の礫が堆積している．ススキ・ヤナギ群落−ツルヨシ群落複合の立地では人頭大の礫が多く，河床は広く展開する．ツルヨシ群落−オギ群落複合の立地では礫径は小さくなり，下流側ではこぶし大かそれ以下となる．地表が細砂あるいはシルトで覆われる部分が河川敷に現れ，それに伴って湿性の場所が多くなる．そういう立地に成立する群落と礫質の堆積地の群落とが複合している．ヨシ群落−クサヨシ群落複合の立地ではごく小径の礫が薄い層をなしてみられることがあるほかは流路にも礫は認められず，砂質，シルト質，粘土質の堆積地となる．潮汐の影響はこのあたりまで及ぶが，水位の変動幅は大きくない．ヨシ群落−シオクグ群落複合では堆積物は前者と大差ないが，潮汐による水位の変動が大きく，塩分の影響も考えられ

表 5-1 河床の植物群落の複合型類型
宮城県名取川の中・下流．+：プロットに存在，P：卓越．(菊池, 1981b)

広域複合	ツルヨシ群落複合	ススキ・ヤナギ群落複合	ツルヨシ群落-ツルヨシ・ヤナギ群落複合	ツルヨシ群落広域複合	ツルヨシ群落-オギ群落複合	ヨシ群落広域複合		
群落複合型						ヨシ群落-クサヨシ群落複合	ヨシ群落-クサヨシ群落複合	ヨシ群落-クサヨシ群落-シオクグ群落複合
調査区	1 2 3	4 5 6 7	8 9 10 11 12 13	14 15 16 17 18 19	20 21 22 23 24 25 26 27	28 29 30 31	32 33 34 35	36
ススキ・カワラハハコ群落	・ ・ ・	・ + P P	・ ・ ・ ・ ・ ・	・ + ・ ・ ・ ・	・ ・ ・ ・ ・ ・ ・ ・	・ ・ ・ ・	・ ・ ・ ・	・
ススキ・ヤナギ群落	・ ・ ・	P P P +	+ P + P ・ ・	+ + + ・ ・ ・	・ ・ ・ ・ ・ ・ ・ ・	・ ・ ・ ・	・ ・ ・ ・	・
タデ群落	P P P	P + + +	+ + + + + +	+ + + + + +	+ + ・ ・ ・ ・ ・ ・	・ ・ ・ ・	・ ・ ・ ・	・
ツルヨシ群落	P P P	P + + +	P P P + + +	+ + + + + +	+ P P P + + + +	・ ・ + +	・ ・ ・ ・	・
ヤナギ群落	+ P +	+ + + +	+ + + + + +	+ + + + + +	+ + + + + + + +	・ ・ ・ +	・ ・ ・ ・	・
ヒメガマ群落	・ ・ ・	・ ・ ・ ・	・ ・ ・ ・ ・ ・	・ ・ ・ ・ P P	P P P + + + + +	・ + + +	・ ・ ・ ・	・
クサヨシ群落	・ ・ ・	・ ・ ・ ・	・ ・ ・ ・ ・ ・	・ ・ ・ ・ + +	+ + + + + + + +	+ + + +	+ + + +	+
オギ群落	・ ・ ・	・ ・ ・ ・	・ ・ ・ ・ ・ ・	・ ・ ・ ・ ・ ・	・ ・ ・ + + + + P	・ ・ ・ ・	・ ・ ・ ・	・
ヨシ群落	・ ・ ・	・ ・ ・ ・	・ ・ ・ ・ ・ ・	・ ・ ・ ・ ・ ・	・ ・ ・ ・ ・ ・ ・ ・	+ + + +	+ + + + P	+
シオクグ群落	・ ・ ・	・ ・ ・ ・	・ ・ ・ ・ ・ ・	・ ・ ・ ・ ・ ・	・ ・ ・ ・ ・ ・ ・ ・	・ ・ ・ ・	+ + P +	+

る.

　以上のうち，上流側の3群落複合はタデ群落，ツルヨシ群落，ヤナギ群落を共通の複合要素として，より広域的な群落複合にまとめられる．その分布範囲は流路に礫質の堆積物が認められる範囲にほぼ一致する．一方，下流側の2群落複合は，ヨシ群落とオギ群落を共通の要素として，より広域的な群落複合にまとめられる．これは河床堆積物に礫が認められず，水位が潮汐に従って変動するような地域のものである．それぞれをツルヨシ群落広域複合，ヨシ群落広域複合と呼んでいる（表5-1）.

　菊池(1981b)のこの調査の対象地域のうち，河口からの距離5km付近から上流の扇状地にあたる地域では，下流よりも河床勾配が当然大きい．しかし，そのうちの下流側半分の河床勾配は約1.5‰，上流側半分でも約1.7‰にすぎない．Ishikawa (1983) は河床勾配0.7-1.5‰を移行域として，これよりも急な河床勾配をもつ河床とゆるい勾配の河床では成立する植生が明らかに違うことを示した．この数値を適用すると，菊池(1981)の調査は，Ishikawa (1983) が急勾配の河床とした範囲の下限近くからさらにゆるい勾配をもつ河床を対象にしていたことになる．より急な河床勾配をもつ河川上流部の河床は含まれていないが，ツルヨシ群落広域複合とヨシ群落広域複合との区分はIshikawa (1983) の区分にほぼ対応するとみてよい．Ishikawa (1983) が移行域としたのは，名取川の群落複合ではツルヨシ群落-オギ群落複合の分布域がそれにあたるものと思われる．この群落複合は扇状地の下半部に分布していて，ツルヨシ群落広域複合の一員としてはもっとも下流に位置し，もっとも小径の河床礫をもつ立地に成立している（図5-3）.

　菊池(1981b)の結果は，河床勾配を背景としたIshikawa (1983) の区分を，河床礫の礫径の変化によって見直した形となっている．

（5）上流のヤナギ林と下流のヤナギ林

　以上に述べたところによると，河床勾配，礫径，植生を総合して把握される河床の特性は，扇状地の扇端付近を移行域として大きく2つに分かれる．石川(1982)は東北地方の阿武隈川，最上川，北上川，雄物川，馬渕川，岩木川の河床に発達するヤナギ林を調査し，種組成から3タイプのヤナギ林を区分した.

タイプⅠ：クサヨシ，ヨシ，カナムグラ，シロネ，ツユクサなどの出現頻度が高く，中-下流の砂泥質の河床を中心に分布するタチヤナギ林，カワヤナギ林，エゾノキヌヤナギ林，オオシロヤナギ林，およびこれら4種にオノエヤナギ，イヌコリヤナギが含まれる混生林．

タイプⅡ：構成種が極端に少なく，河道の縁辺や露岩上，大径の礫の間隙などに群落を形成するネコヤナギ林．

タイプⅢ：ノコンギク，アキタブキ，タニウツギ，ケヤマハンノキなどが高い頻度で出現し，礫質の河床に分布の中心をもつシロヤナギ林，オオバヤナギ林，オノエヤナギ林，イヌコリヤナギ林，およびそれらの混生林．

これらの分布と河川の地形の変化とを比較すると，タイプⅠは蛇行帯と三角州の河川に，タイプⅢは扇状地の河川に発達するヤナギ林であるという．先に，河床の特性は，扇状地の扇端付近を移行域として大きく2つに分かれると述べたが，その区分は，ヤナギ林の分化にもみることができる．タイプⅡは狭窄部など侵食が卓越する部分に発達するもので，局所的なものとみてよいであろう．

石川（1980）はさらに北海道の石狩川，十勝川，釧路川，湧別川，天塩川の河床に発達するヤナギ林を調査し，4つの群落タイプを認識している．

タイプⅠ：ミゾソバ，ヨシ，セリ，シロネなどで特徴づけられ，下流の泥質の河床に分布するタチヤナギ林，エゾノカワヤナギ林．

タイプⅡ：アレチマツヨイグサ，コウゾリナ，ツルヨシで特徴づけられ，中流から上流の河床に分布の中心をもつエゾヤナギ，ネコヤナギ，ケショウヤナギなどの低木林，亜高木林．

タイプⅢ：タイプⅡとタイプⅣの中間的な種組成をもち，タイプⅡとほぼ同じ流域に分布するケショウヤナギ林．

タイプⅣ：エゾマツ，クマイザサ，フッキソウなどで特徴づけられ，山間部に近い上流に分布する樹高25〜30mに達するオオバヤナギ林．

この場合でも上記の区分はタイプⅠに対するタイプⅡ，Ⅲ，Ⅳのヤナギ林

として分化しているとみることができる．

5.2 河川上流部の谷底の植生

（1）マスムーブメントによる扇状地状の堆積面とハルニレ林

河床は物質が流水の力で運搬されていく経路である．ここでは地表の変動性がことのほか大きいが，運搬といっても平常時の物質は河床に滞留（堆積）しているし，流路を除けば冠水もしていない．そのために河床にも植生が成立する．先に述べたとおり，河床のヤナギ林は上流，中流，下流でそれぞれ違っており，オオバヤナギ林のような上流部特有のヤナギ林もある（石川，1980，1982）．河床勾配が特に大きく，流れが急で洪水による地表の攪乱が相対的に大きいと考えられる上流側では，植生にも固有の特徴が現れるということである．流水によって運搬され，河床を形成する物質は，もとをたどれば斜面に発生する崩壊からマスムーブメントの形で供給された物質である．山間・丘陵地を流れる上流部の河川では，この供給に関連してしばしば独特の堆積面が谷底に形成され，ヤナギ林とはまた別に，サワグルミ林のような群落が成立する．このことについては前章で述べたが，流水の直接の影響下にある河床の立地との分別は必ずしも明らかでないことがある．

図 5-4 は，丘陵地に刻まれた小規模な谷の一部の地形分類図である（牧田ほか，1976）．この地形分類は，地形と植生との関係を検出しようとして実施された研究の一部で，地形はもっぱら植生の成立にあずかる基質として考察されている．主谷の水流は東から西に流れ，この谷に向かって，ごく小規模な支谷がいく本も合流する．主谷，支谷の谷壁斜面には崩壊地が随所にあり，支谷の出口には小さい扇状地状の地形がよく発達している．図 5-4 には北から流入する支谷の谷口に扇状地状の地形が示されているが，これはその典型的な例である．この例では傾斜 7-10°の段丘化した高燥な面で，流路沿いに形成されている氾濫原とは明らかに区別される．この面にはハルニレ林が成立しており，植生からみると，コナラ林が成立する谷壁斜面からも，ハンノキ林が成立する氾濫原からも明らかに区別される．図 5-5 にこの面とその周辺の表層物質の断面を示したが，そのうち，5-18 はこの面に掘った試

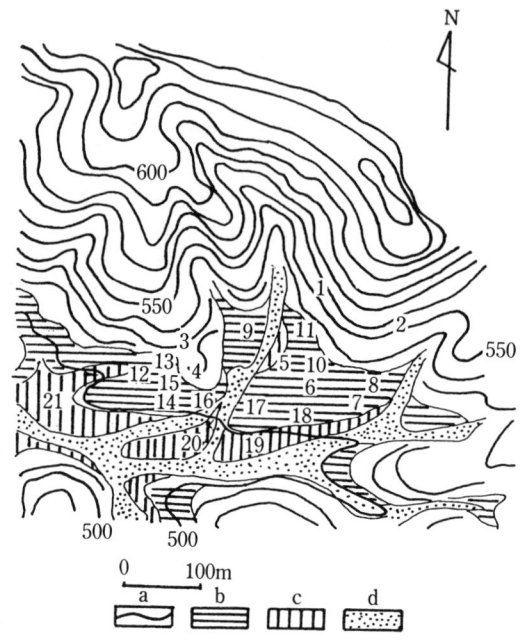

図 5-4　丘陵地の小流域谷底の地形分類
a：谷壁斜面，b：扇状地面およびそれに対比される面，c：高位の氾濫原，d：低位の氾濫原．番号は表層物質調査用試孔の位置で図 5-5 の番号に対応する．宮城県鳴子町．(牧田ほか，1976)

孔で観察したものである．断面は腐植層下に亜円礫を主体として角礫を混じえる礫の集中する層があるものと，礫は全体に分布し，集中層をもたないものとに区分され，後者はこの面よりも下流に位置する．これらの断面にみられる角礫，特に断面下部の角礫層のものは北から合流する支谷から直接もたらされ，扇状地状の地形をつくったものと考えられている．このことは，定常的には流水がない支谷の谷底に新鮮な角礫が堆積していることから判断されている．支谷最上流域にはやや大きな崩壊跡があり，そこで崩壊によって生産された物質が，直接，あるいは二次的に流下，堆積したものである．断面中にみられる亜円礫も谷壁斜面の断面（図 5-5 の 1-4）にみられる風化残存核に由来するものであるとされている．水流によって運ばれる過程で磨かれ，角がとれたものとは違うということである．

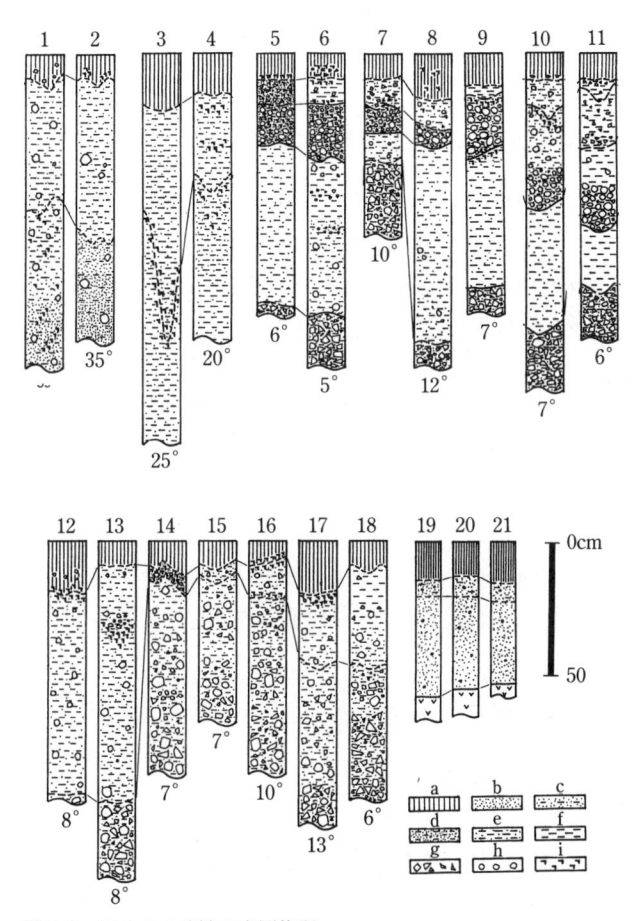

5.2 河川上流部の谷底の植生　143

図 5-5 図 5-4 の地域の表層物質
a：腐植層，b：砂，c：砂質ローム，d：ローム，e：粘土質ローム，
f：粘土，g：角礫，h：亜円礫，i：堅果状構造．番号は図 5-4 の
番号に対応する．宮城県鳴子町．（牧田ほか，1976）

　これらの事実をふまえると，この扇状地状の地形の形成に直接関与したのは水流の運搬よりはマスムーブメントであったと判断される．一見して水流の運搬作用が直接関与してつくられた扇状地，あるいは沖積錐のようにみえても，この面はマスムーブメントによる地形面であった．そして植生は河床（氾濫原）のものとは明らかに違うものであった．斜面崩壊に直接連なる堆

積面という点では,むしろ前章で述べたサワグルミ林やシオジ林の立地に通じるものということができる.

(2) 埋没礫質堆積層とハルニレ林

上記と同じ谷の少し下流側で,谷底面にハルニレ林が成立している部分がある.一見してその立地は谷底のほかの部分と変わりなく,ただ,低湿な部分はハンノキ林となり,やや高燥な部分にハルニレ林が成立しているようにもみえる.事実,土壌特性として乾湿は明らかに違うものの,ほかについては必ずしも明瞭な違いは認められていない(Fujita and Kikuchi, 1986).一方,地下水の性質に違いがあることが観測によって明らかにされている(Fujita and Kikuchi, 1984).地下水位は大なり小なりの変動を示すが,図5-6 は,地下水位の最高値と水位の変動幅とに対する群落タイプの出現領域を示している.ハルニレ林はハンノキ林に比べて最高地下水位の低い立地に成立するが,最高地下水位が高くても変動幅が大きい場合はハルニレ林になっている.降雨があって地下水位が一時的に高くなっても,その後は低下す

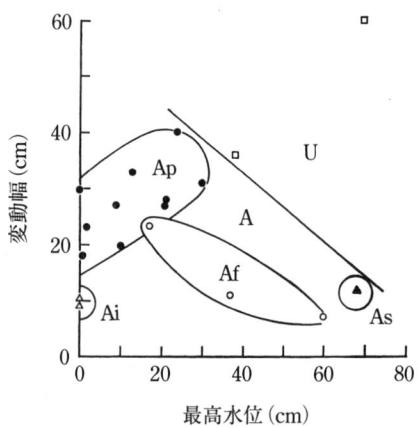

図 5-6 最高地下水位と水位変動幅に対するハンノキ林 (A), ハルニレ林 (U) の成立領域
Ai:ハンノキ-ハイイヌツゲ林分,Ap:ハンノキ-ミゾソバ林分,Af:ハンノキ-オニシモツケ林分,As:ハンノキ-クマイザサ林分.宮城県鳴子町.
(Fujita and Kikuchi, 1984)

る立地である．一方，地下水位が少々低くても，その水位が一定に保たれて変動がないときには，ハルニレ林ではなくハンノキ林が成立している．ただしそのときは林床植生が違って，ササ（クマイザサ）が繁茂するハルニレ林となる．

この結果から，ハルニレ林の地下水の性格として，水位だけでなく水位の変動に大きな意味があることが読み取れる．地下水に関しては，水位だけでなく，水位の変動に要因としての意味があることはYabeとNumata (1984)が沼沢地について明らかにしていることである．ハルニレ林のこの立地では，礫質の堆積層が細粒の物質からなる表層堆積物の下に隠れて存在しているということが記載されている．おそらくこの礫層によって雨後にはすみやかに排水が行われ，結果として地下水位の大きな変動をつくり出しているのであろう．それがあたっているとすれば，地下に隠された礫質の堆積層の存在がハルニレ林の成立となって地上に顕在化していることになる．この谷は調査地の下流で主谷に合流するが，さらにその下流に顕著なニックポイント（遷移点）があり，ここで水流はダムアップされた形になっている．そのために調査地一帯の河床勾配は異常に小さくなり，流れは遅く，流路は蛇行している．いきおい水流の運搬力には限界があり，堆積物は細粒のものから成り立っている．そのような堆積環境にあって，地下に隠れた礫質堆積物の存在が上記のように明らかな植生の違いを生み出している．

図5-4の例では，マスムーブメントによって形成された地形面が，水流によって形成された地形面と場所を分けあって存在していた．これに対してFujitaとKikuchi (1984)の例では2種類の堆積物が上下に重なりあって存在し，下位にある礫質の堆積物の性格がむしろ植生の成立に強くかかわっているようにみえる．谷底面における2種類の堆積物は互いに入り組み合い，また重なりあうようなことがしばしばあり，植生の成立機構を複雑なものにしている．上流域の谷底を対象にしてこの機構を理解しようとするときには，モザイク的，あるいは重層的な堆積構造の存在を考慮する必要がある．

（3）谷底におけるマスムーブメントと河食

阿部と奥田 (1998) は，山地を流れる河川上流部では崩壊によって発生した土砂が土石流や洪水を通じて河床に堆積し，形成された堆積地にハンノキ

属，タニウツギ属，フサザクラ等による低木林・高木林が形成されると述べている．河川上流部の立地と植生の成立に関するこの記述では，洪水と並んでマスムーブメントの関与が強く意識されているように受け取られる．そのうえで，彼らはヤシャブシ群落を記載してこれをヒメノガリヤス-ヤシャブシ群集（宮脇ほか，1971）に同定し，河川に成立する独立の群集とした．この場合のヤシャブシ群落の立地がマスムーブメントの影響下にあるのか，あるいは河食（流水による侵食・運搬）の支配下にあるのか，その点に言及しているわけではないが，マスムーブメントと河食が支配する2種類の立地が谷底に存在することが意識されていることは確かである．

ヤシャブシは崩壊がさかんに発生する谷壁斜面と，水流が物質の移動にかかわる河床と，地表攪乱の動因からみると異質な2つの立地にまたがって群落を形成する．本書の構成に沿っていえば，第4章で扱った下部斜面域と本章が対象とする河床にまたがることになる．同じ性格はフサザクラにもみることができる．フサザクラは地すべり地に群落をつくり，おそらくそういう立地に適する体制をつくりあげた種である．この立地はいうまでもなく下部斜面域のものであるが，宮脇ら（1964）はタマアジサイ-フサザクラ群集を，洪水時には冠水するような谷底面の群落として記載した．このことは前章ですでに述べたが，図5-7（宮脇ほか，1971）にもそのように理解できる立地に成立するこの群集が，より低位の面に成立するヒメノガリヤス-ヤシャブシ群集とともに模式図で示されている．一方，これも繰り返しになるが，宮脇ら（1964）が報告した丹沢山地の立地は，関東大震災の際の斜面崩壊によ

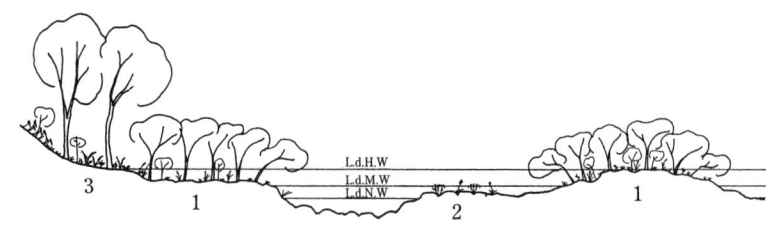

図 5-7　ヒメノガリヤス-ヤシャブシ群集が成立する立地の断面模式図
1：ヒメノガリヤス-ヤシャブシ群集，2：ヤマハハコ群落，3：タマアジサイ-フサザクラ群集．L. d. H. W., L. d. M. W., および L. d. N. W. はそれぞれ，高，中，低水位．（宮脇ほか，1971）

って生まれた物質が谷を埋めてできたものだとされており，地震による山崩れが土石流，泥流と化して谷を埋めて形成されたことを想像しても無理はない．関東大震災といえば1923年のことで，宮脇ら（1964）の観察まで約40年を経過したにすぎない．フサザクラ群落はそのとき生まれた新しい土地に成立したものかもしれないし，さらにいえば，組成こそその後の河食の影響で変化したとしても，フサザクラの個体そのものは当初のものが萌芽で更新しながら維持されてきた可能性もある．

　ともあれ谷底には，流水による物質運搬が卓越するという特性がある．一方，そこには，斜面（下部斜面域）の崩壊から供給された物質の堆積が大なり小なりに常に存在する．後者は重力を動因とする物質移動で，形成される堆積面は水流の運搬による河床の堆積面と性格が異なり，成立する植物群落は，たとえばサワグルミ林のように，ヤナギ林を中心とする河床の群落とは違ったものになる．谷底が谷壁斜面に狭まれて存在する以上，谷壁斜面からもたらされる崩落物質の影響はまぬがれないし，特に上流の谷底ではむしろこれが卓越することもある．その点で，上流では，河川の運搬が卓越する下流側と，谷底の性格が異なることを考慮しなければならない．

（4）露岩河床の植物群落

　河床は物質の移動経路と書いたが，河床勾配が特に急で礫の移動があまりにさかんな場合には植生の成立そのものが難しい．さらに谷底と谷壁が水流に削られ，物質の堆積どころかしばしば基盤が露出することがある．洪水時には冠水する場所なので，岩盤からなるとはいえここも河床といってよい．このような河床にも岩の間隙に根ざして植物の定着がみられ，植生が成立する．生育地は岩上であるうえに強い水流からの機械的な作用にも耐えなければならない．そのために砂礫の河床とは異なる特有の植物群落が成立する．海岸にたとえていえば，砂浜に対する磯のようなものである．山中と竹崎（1959）はこのような立地の植物群落としてキシツツジ群集を四国で記載している．森下と山中（1956）はトサシモツケの生態を観察したが，そのなかで，キシツツジを含む同様の群落を記録している．同様の立地に成立するものにサツキの群落がある（南川，1963）．キシツツジやサツキのほか，ヤシャゼンマイやナルコスゲなどの出現が共通してこの立地の植物群落を特徴づ

けており，ほかにギボウシ属植物が多い．

このような立地は流れの急な河岸のもので，河床勾配が相対的に大きい場所に形成される．一般に河床勾配は上流に向かって大きくなるので（図5-1参照），その意味ではこの植生は上流に特徴的な植物群落といってよい．しかし，河床の縦断面形は多かれ少なかれ階段状で，流下する途上にはしばしばニックポイント（遷移点）があり，そこでは前後と異なる異常に大きい河床勾配を示す．当然流速は大きくなって河床に岩盤が現れやすく，上記のような植物群落がみられることがある．

5.3 河床の立地の動態と植生

(1) 河床における地形形成過程と植生

河床は当然のことながら地形として一様ではない．縦断方向のある1地点でみても，高位の土地から低位の土地までさまざまな部分から成り立っている．それぞれで堆積物の粒径も違えば土壌の水分そのほかの条件も異なる．土地そのものが大小の洪水が強弱さまざまに作用した結果として成立しているからであるが，いったん成立した土地の形状は逆に洪水の及ぶ範囲を分け，土地とそこの植生に対する洪水の影響を左右する．こうした諸々の要因があって，森林，低木林，イネ科草原，一年生草本植物群落など，さまざまな植物群落が成立する．菊池 (1981b) や Ishikawa (1983) はそれらを群落複合として包括的に捉え，河川縦断方向の配列，変化を追跡したが，岩船 (1995) が指摘するようにこれらは小・中地形スケールで河床の特性を捉えた研究である．同氏によれば河川地形についての地形学的研究の多くがこのスケールで行われており，その方法を導入したためという．一方，微地形以下のスケールに踏み込んだ研究として新山 (1987, 1989) のヤナギ科植物の分布と生育地の土壌との関係についての研究，石川 (1988, 1991) の河床に生育する種の分布と立地条件との関係や砂礫堆上の植生動態の研究などをあげている．しかし，頻発する洪水によって絶えず変化する生育環境とそれに対応した植物の動態が十分に明らかにされてはいないとし，その理由の1つとして，微地形以下のスケールにおける地形単位の認定およびその形成過程

についての地形学的研究の遅れをあげている．

このような認識に立って，岩船 (1995) は，長野県上高地横尾谷の河床で，地形横断面，堆積相，堆積物の礫径構成，植物個体群のサイズ構成などを詳細に把握し，植物の定着過程と地形の形成過程との関係を解析している．調査地は扇状地的な性格をもち，約 40‰ の河床勾配をもつ河床とその背後の谷底平野である．谷底平野とあるが地形変化が大きく，約 100 年規模の洪水が発生した場合には大半が浸水・攪乱を受けるものとみられ，広い意味で氾濫原とみなせることが注記として示されている．

図 5-8 は調査地の一部の地形図で，図中の直線 M-B の測線に沿った地形断面，植物個体の分布，礫径が図 5-9 のように示されている．ギリシャ数字

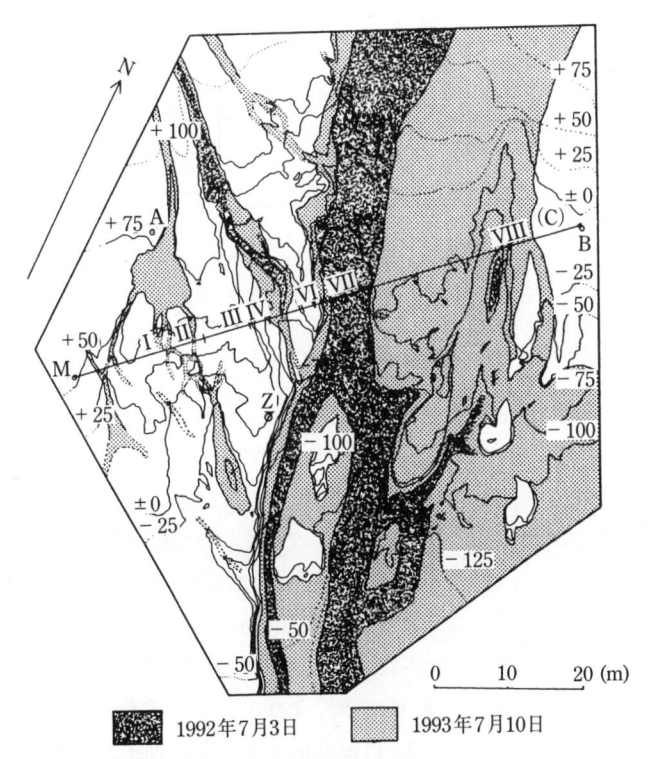

図 5-8 長野県上高地における増水時の河床の水域
1992 年 7 月 3 日 13:00 頃の水域と 1993 年 7 月 10 日 15:00 頃の水域が示されている．等高線の間隔は 25 m．（岩船，1995）

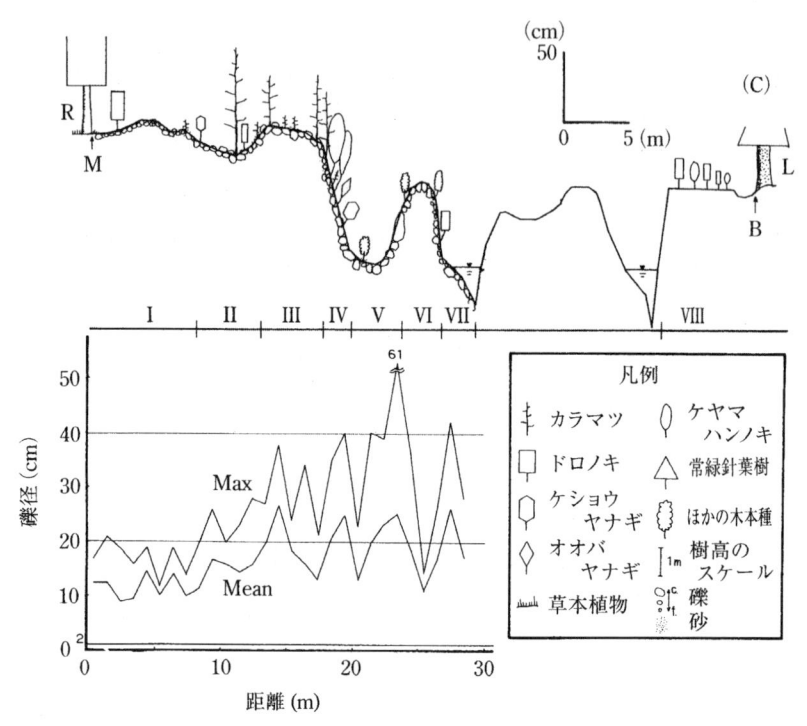

図 5-9　図 5-8 に示された測線 M-B に沿った植物個体の出現と地形セグメント．R は右岸側，L は左岸側を示す．下の折れ線グラフは測線上での最大 (Max) および平均 (Mean) 礫径 (中径)．長野県上高地．(岩舩, 1995)

は，測線に沿って地表面の形態と構成物質がほぼ均等な部分を区分し，これを地形セグメントと呼んで番号を付したものである．図 5-8 には，増水時の水域が描き入れられている．消雪後では河床のこの部分全体に水域は観測されず，9 月などの渇水期にも水は伏流していることが多いという．図に示されている水域のうち 1992 年 7 月 3 日のものは梅雨の中休みの状態で，中央部に本流があり，地形セグメント V の凹部にも少量の水流がある．1993 年 7 月 10 日の水域は梅雨の長雨が続いたときの状態で，本流の水域はさらに拡大している．V の凹部でも流量が多くなり，I と II でも少量の水流が観察されている．1993 年 7 月 11-12 日には洪水が生じ，河道から左岸にかけての部分が洗掘されたことが述べられている．あるいは，この洪水のとき，上記の水域はさらに広がったかもしれない．図 5-9 の右側に構成物質の記入が

ないが，この部分が洗掘された右岸にあたっており，洗掘のために横断面と対応する構成物質の調査ができなかったとある．はからずも，このような地表の攪乱が河床には潜在的に存在していることを示す実例になっている．

断面のⅠ-Ⅲの部分は，平均15cmの礫が互いに接しあい，その間が中砂で充塡された状態で堆積している．この部分には樹高3m以下のカラマツや樹高1mのドロノキ，ケショウヤナギが生育している．Ⅴ-Ⅶの地表は平均20cmの礫と粗・中砂がⅠ-Ⅲの部分と同様の堆積相を示しており，Ⅵに樹高70cmのドロノキやオオバヤナギなどが出現する．Ⅷには樹高70cm前後のドロノキやケヤマハンノキが出現する．

同様の調査をさらに2本のライントランセクトを設定して行い，また森林のサイズ構成の解析などを行った結果から，比較的大きな洪水によって形成された高燥な地形面にカラマツとケヤマハンノキ，比較的小規模な洪水によって形成された低湿な地形面を中心にドロノキ，ケショウヤナギなどが定着していることを明らかにしている．こうして，規模の異なる洪水がつくり出した地形面に，それぞれ別の種が定着している実体を把握した．そのことを図5-10のように模式的にまとめている．カラマツの年輪解析をふまえると，高さ30mのカラマツ純林の成立年代は約150年より少し前，高さ20mの

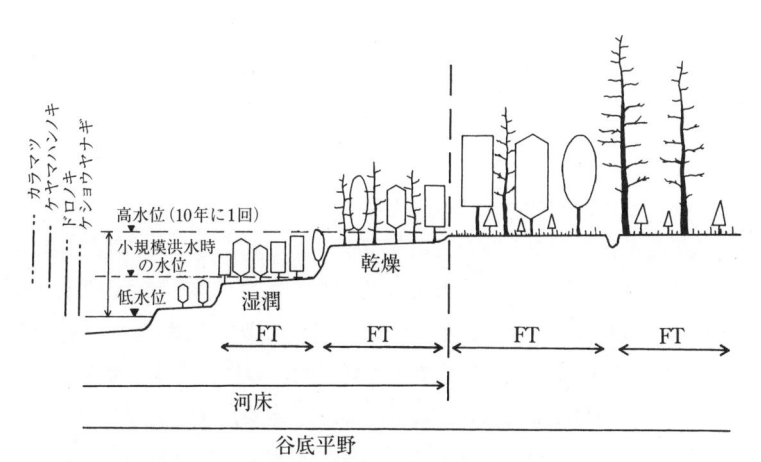

図 5-10 河床の微地形に対応した先駆植物の定着模式図
植物名の下の実線は定着できる範囲を示すが，破線になると定着が難しくなる．FTは洪水段丘．植物種の凡例は図5-9に同じ．（岩船，1995）

カラマツとケショウヤナギそのほかの落葉広葉樹との混交林は約80年前，カラマツ低木林とケショウヤナギ低木林は約30年前に成立していた．それぞれその頃に発生した洪水によって地形面が形成され，植物が定着したということである．さらに図5-9に示されているように，各地形面は，はじめからそれぞれ異なる立地条件をそなえて成立しているので，上記の各群落は初期段階から異なる群落として形成されるということも指摘している．

（2）河床の地形と植生における循環的な動態

　植物群落の組成，構造，サイズ分布などから判断すると，それぞれの群落には最終段階としてはシラビソ林に向かう遷移の傾向が認められている．新たな攪乱を受けることなく立地が維持されると仮定すればそのように進行するであろうという遷移の傾向である．しかし，地形変化の発生規模・頻度の実体をふまえると，各地形面はいずれ破壊と再形成の時期を迎え，それに伴って群落も破壊されて新たな群落の発達が始まる．図5-11は，このように考えられる循環的な動態をモデルとして示したものである．カラマツ高木林は再現期間約150年規模の大洪水に対応して約150年周期で，カラマツ混交林は約80年周期で，カラマツ低木林とケショウヤナギ低木林は約30年周期で，河床の植生は10年以下の周期で破壊と再生を繰り返すと考えられている．

　この研究で取り上げられた谷底平野では，長く見積もっても200年の時間幅で地形的破壊・再生が繰り返される立地が展開しており，植生にはそれに対応する循環的な動態がある．主要な点をあげると，①洪水の発生規模・頻度に応じて異なる地形的特性をそなえた地形面が形成されること，②各地形面は植物の生育条件としてもそれぞれに異なり，それに応じて各地形面に成立する植物群落は初期段階からそれぞれで異なること，③各群落の遷移の進行は地形面の形成作用（洪水）の発生周期に応じた破壊を受け，立地（地形面）とともに更新されること，そして④各地形面における立地と植物群落の循環はそれぞれに固有のものであること，などである．①に述べられているように，各地形面がそれぞれ異なる規模・頻度で加えられる形成作用によって生まれるものであれば，ある地形面が，時間の経過とともにほかの地形面に発達していき，群落でも，前者の群落から後者の群落へと遷移が進むとい

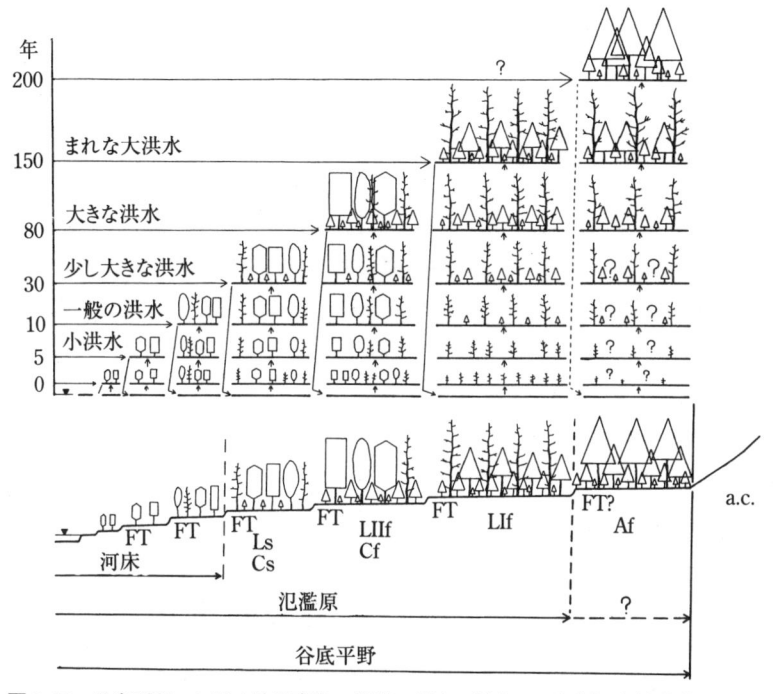

図5-11 谷底平野における地形変化の規模・頻度に対応した先駆相森林群落の動態モデル
Af：シラビソ林，LIf：カラマツ林Ⅰ，LIIf：カラマツ林Ⅱ，Ls：カラマツ低木林，Cf：ケショウヤナギ林，Cs：ケショウヤナギ低木林．a.c.：沖積錐，FT：洪水段丘．植物種の凡例は基本的に図5-9に同じ．常緑針葉樹は特にシラビソを表す．縦軸は裸地が形成されてからの時間の経過を表す．（岩船，1995）

うようなことは起こりえない．4番目にあげているのはそのことである．われわれが実際の河床で目にする植生の姿は，図5-11の地形断面に沿って示されているようなものである．各地形面に現に存在する群落はそれぞれ固有の遷移を経て発達してきており，その後の命運としては，それぞれ固有の周期に従って遷移の進行が断ち切られ，初期相に戻ることになるであろう．とかくわれわれは，現実の植物群落を比較して1本の遷移系列上に並べがちであるが，この場合の植物群落に遷移の系列上の前後関係を求めてはならない．ただ，岩船（1995）が指摘しているように，河道の移動などに伴って地形変

化が生じる領域が移動することがある．このような場合には，先に述べてきたような循環的な動態は変形され，新たな方向へ向かって変わっていくことが起こりうる．

(3) ケヤマハンノキ林

このことに関連するかと思われる群落を，Kikuchi (1968) が青森県奥入瀬渓谷で記載している．ここの氾濫原にみられるケヤマハンノキ林のことである．この群落はミチノクシロヤナギ，オノエヤナギ，ドロノキなどのヤナギ科の樹木を含み，立地も組成も一般の河床にみられるヤナギ林に近い．しかし，優占種はケヤマハンノキ，次いでサワグルミである．ケヤマハンノキ自体は，一般の斜面の自然的，人工的につくられた裸地にもごく普通に定着する樹木であるが，この場合は氾濫原に群落をつくっている．奥入瀬川は十和田湖から流れ出す川で，支流からの影響が強い下流部は別として，渓流部（上流部）の水位は安定している．さらに十和田湖の水は人工の導水路を通じて直接放流された水が発電に使われ，奥入瀬川への流出は一定の量に制限されている．この放水は 1943 年に始まっているが，これ以後，奥入瀬川の水位は低くおさえられている．ケヤマハンノキ林の成立機構については原著ではなにもいっていないが，この流況の変化がこの特異な群落の成立に関係しているように思えてならない．この水位管理は氾濫原を段丘化する方向に作用したと考えられる．このことは，河道の移動によって氾濫原がその特性を失ったときに植生に現れる変化について多少のヒントになるかもしれない．このように成立する植物群落は，ことによると，河床植生の1つの要素でありながらこれまで見落とされてきたものなのかもしれない．その点で想起されるものに，鈴木ら (1956) が月山から報告したヤマハンノキ-タニウツギ群集がある（ヤマハンノキはケヤマハンノキの変種で，種としては同じ範疇に入る）．この群落は中州や両岸の比高の低い段丘に成立しているとされている．段丘面であればすでに氾濫の作用から解放された立地であるが，氾濫原の段丘化という筋道に沿って成立した群落の可能性がある．

この群落について，密林をなすサワグルミ-ジュウモンジシダ群集の典型的な林分が成立せず，まばらで樹高の低いヤマハンノキ，オノエヤナギの林が成立しているとも鈴木ら (1956) は述べている．ヤマハンノキ林がサワグ

ルミ林の前段階にある群落とみていることになる．奥入瀬渓流のケヤマハンノキ林にはサワグルミの幼生，若木が多く含まれており，その事実から，Kikuchi (1968) も同じようにサワグルミ林への遷移の傾向が認められることを述べた．2つの群落はそもそも異質な立地に成立しているものなので，岩船 (1995) の指摘 (図 5-11) に照らしても同一の遷移系列上でつなぐのは間違いであろう．しかし，奥入瀬渓流のこのケヤマハンノキ林に関するかぎりでは，上記の事情があるので，立地の性格そのものが変化したことによるサワグルミ林への移行があるのかもしれない．

5.4 河床における砂礫堆の動態と植生

(1) 砂礫堆の比高，堆積物粒径と植物

中流域の河床には大小さまざまの形状の砂礫堆が形成され，河道は砂礫堆をぬって曲がり，あるいは分流，合流する (図 5-12)．全体としてみると網

図 5-12 中流域の砂礫堆積の植生 (岐阜県揖斐川，1998 年 6 月．後出図 5-13 の位置) 手前右側の草本群落はツルヨシ群落．

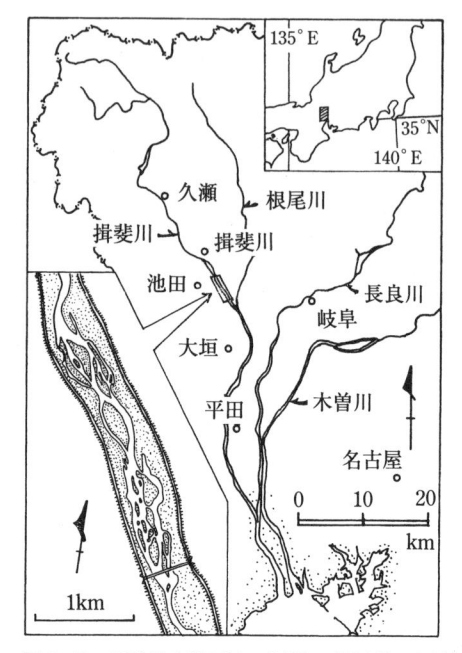

図 5-13　扇状地を流下する河川の網目状の河床，岐阜県揖斐川（石川，1988）

目状の河床となるが，その様子は図 5-13 のようである．岐阜県揖斐川では揖斐川町から根尾川合流点付近にかけて扇状地が発達しており，その部分について石川 (1988) が作成したものである．彼はこの河床に生育する代表的な種 12 種の生育地について，流水面からの比高と表層堆積物の粒度を明らかにしている．その結果にもとづいてそれぞれの種の出現領域を図示すると図 5-14 のようになる．流水面から河床最高点までの比高は 4 m 弱である．

　低位の部分にはツルヨシ，アカメヤナギ，ヤナギタデがみられ，このうち，アカメヤナギは細粒の物質の堆積地に，ヤナギタデは粗な物質の堆積地に偏るが，ツルヨシは粒度を選ばずにどこにでも出現している．高位の部分では粗な物質の堆積地にカワラハハコ，メマツヨイグサが出現し，チガヤの出現は細粒の堆積地に偏る．チガヤは前の 2 種よりも高位の部分まで分布するが，そこも含めて高位の立地全体にわたってススキ，クズ，メドハギが生育する．条件を選ばずに河床のどこにでもみられるのはヨモギである．カワヤナギと

ネコヤナギは低位から中位の高さに分布するがネコヤナギが粗い堆積物上に，カワヤナギが細粒の堆積物上に偏っている．

図 5-13 にみられる網目状の河道はむろん平常時でのことで，洪水のときの水は砂礫堆を覆って流れる．そのとき，氾濫の及ぶ範囲は堆積面の比高に応じて異なり，高位の部分は相対的に大きな規模の洪水によってのみ冠水するが，そのような洪水の発生頻度は低い．一方，低位の面は小規模な洪水でも冠水するので，その頻度は高い．流水面からの比高は土壌の水分条件を左右するであろうが，それ以上に，洪水の頻度にかかわり，ひいては地表の攪乱の頻度につながる．攪乱の強さは洪水の規模によって当然違うが，同じ洪水でも，河道に対する砂礫堆の位置によって，また同じ１つの砂礫堆でも部分によって異なる．位置関係によって水流のあたり方が違うからである．流水の作用は微細なスケールで違っており，その違いは堆積物の粒度に反映されているはずである．強さに応じて水流はより細粒の物質を運び去り，より

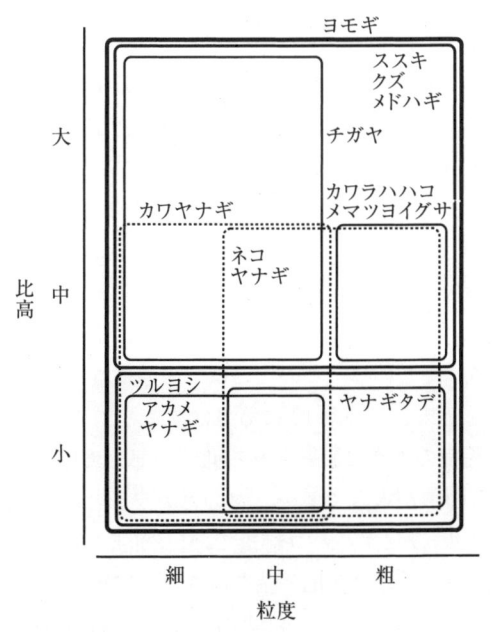

図 5-14 流水からの比高と表層堆積物の粒度に対する植物のおおよその生育範囲
岐阜県揖斐川．（石川，1988 より作成）

粗い物質を残すからである．図5-14で一方の座標軸にとられている粒度にはそういう意味があり，比高とともに，流水の作用によって複雑に分化している立地の特性を表す指標に使われている．そして植物種はこの2つの指標によって示される領域を互いに分けあって生育していることが表現されており，群落としても当然これに準じて分化している．植物群落については石川(1991)がクラスター分析によって分類しており，ネコヤナギ群落，ツルヨシ群落，アカメヤナギ-カワヤナギ群落，ヤナギタデ群落，クズ群落，カワラハハコ-カワラヨモギ-メマツヨイグサ群落，カワラサイコ群落，ブタクサ-エノコログサ群落，ススキ群落，チガヤ群落，シバ群落の11型に区分した．これらは，ネコヤナギ群落からヤナギタデ群落までのグループとクズ群落以降のグループとにまとまり，前者は河道の縁辺や砂礫堆のなかの河道跡など，流水面からの比高が小さい立地に成立し，後者は比高が大きい立地に分布の中心があるとされている．

（2）植生図の比較による4年間の変化

　砂礫堆は水流の作用によって形を変え，ときには消滅し，そして一方では新たな砂礫堆が形成される．砂礫堆に生育する植物がこの変動から大きな影響を受けることはいうまでもない．図5-15は，図5-13に示された砂礫堆の1つについて作成した植生図で，1982年と1986年の状況が比較されている（石川，1991）．4年のあいだに側方から下流側にかけて，広いところで80mにわたって侵食を受け，植物群落も流失している．砂礫堆中央部では大きな変化はないが，堆積物の流失やその後の堆積による表層の状態の変化はいたるところにあったという．このことはこの砂礫堆が頻繁な洪水の影響を受けていることを意味し，図5-12にあてはめると，この砂礫堆は5年に一度，10年に一度程度の洪水に影響される低位の部分に相当することになる．

　植物群落で占有面積が大きく減少したのはカワラハハコ-カワラヨモギ群落，メマツヨイグサ-カワラハハコ群落で，自然的，人為的立地の破壊も原因になっている．特にチガヤが地下茎を伸ばして群落を拡大し，これに替わったことが注目されている．そういう場所では比較的細粒な物質の堆積がみられるという．ほかにはツルヨシやクズが匍匐枝によって侵入し，それらの群落に移り変わっている場所もある．

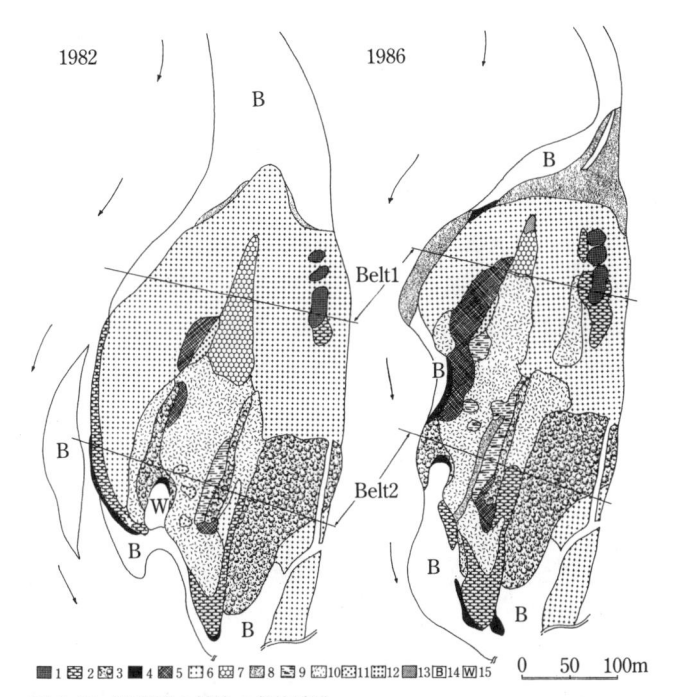

図 5-15 砂礫堆の植生の年次変化
図5-13の河床に発達する砂礫堆の1つについて1982年と1986年の植生が比較されている．矢印は流れの方向．1：ネコヤナギ群落，2：ツルヨシ群落，3：アカメヤナギ-カワヤナギ群落，4：ヤナギタデ群落，5：クズ群落，6：カワラハハコ-カワラヨモギ群落，7：メマツヨイグサ-カワラハハコ群落，8：ブタクサ-エノコログサ群落，9：ススキ群落，10：チガヤ群落，11：シバ群落，12：ニセアカシア群落，13：ヌルデ群落，14：裸地，15：水たまり．（石川，1991）

面積が大幅に増加したのはブタクサ-エノコログサ群落，クズ群落であった．前者は人為的な攪乱のためであり，後者はつるを伸ばして隣接群落に侵入して面積を拡大したものである．ススキ群落も増加しているが，ススキは1982年にすでにチガヤ群落のなかにあった個体が成長して優占群落をつくるようになったものであるという．

ツルヨシ群落とヤナギタデ群落とは流失した面積と新たに形成された群落の面積とがともに大きく，変動の激しい群落である．これらは河道沿いで，流水による破壊作用を受けやすい場所を立地にしており，一方，生活史特性

として，ツルヨシには匍匐枝によって裸地やほかの群落域に迅速に侵入する能力があり，ヤナギタデは一年生草本で種子で分布を拡大する．洪水や河道の移動によって砂礫堆は形状が変わり，ときには流失する．それに伴って生育のための場所が移動する．これらの種は，新生の土地にすばやく侵入し，群落を形成する能力をそなえていることが指摘されている．

　チガヤ群落では占有面積に増減がなかった．変化がなかったのではなく，ほかの群落からチガヤ群落に遷移した面積とチガヤ群落からほかの群落へ遷移した面積が相殺された結果である．一見上記のツルヨシ群落とヤナギタデ群落の動態に似ているが，立地そのものの流失と新生とのバランスではなく，立地はそのままで，主として遷移による増減である点が異なる．ネコヤナギ群落，アカメヤナギ-カワヤナギ群落，ニセアカシア群落の占有面積もほとんど変化していない．ネコヤナギは砂礫による埋没作用を受けながらさかんに不定根を出して群落を維持し，アカメヤナギ-カワヤナギ群落も当初の群落が維持されていた．ヤナギ類の立地が変動するのは大規模な砂礫堆の変動があった場合であるとされ，この場合はそれらがなかったとされている．

　注目すべき点を整理しておきたい．

　第1に，立地がらみに消失（流失）し，一方で新たに生まれる群落がある．この群落とその立地は両者の動態のバランスとして維持されている．ツルヨシ群落とヤナギタデ群落がそれにあたり，これらは4年の観察期間内でも場所が変わっており，短期的に興亡，交替がみられる．このことを可能にする植物体の迅速な定着の仕組みを必要とするが，ヤナギタデの1年生草本植物としての生活史，ツルヨシの数10 mに及ぶ長い匍匐枝による栄養繁殖などがその役割を果たしている．

　第2に，遷移の進行がある．カワラハハコ-カワラヨモギ群落，メマツヨイグサ-カワラハハコ群落にチガヤが侵入し群落を形成したのが目立つが，ほかにツルヨシやクズの侵入がある．これらの種は，チガヤが地下茎，ツルヨシが匍匐枝，クズがつるというように，それぞれ栄養繁殖器官によって侵入している点が注目される．Bazzaz (1996)は栄養繁殖を行う種が遷移中期の群落に優占すると述べているが，そのことに合致するとみることができる．ここでクズのつると述べたのは，ほかの物にからみついて高くよじ登るものではなく，地表を長く伸びるものを指している．このつるは栄養繁殖のため

の役割を帯びて分化したもののように思える．なおチガヤ群落に移行する場所には細粒な物質の堆積がみられ，この堆積がチガヤ群落への遷移を誘導している可能性がある．もしそうだとすると，この遷移は，石川（1991）が指摘するように河川の作用による立地の変化が主導的な役割を果たす．いわゆる他律的遷移（Tansley, 1935）である．

第3に，当初のままに維持された群落がある．カワラハハコ-カワラヨモギ群落，メマツヨイグサ-カワラハハコ群落，ネコヤナギ群落，アカメヤナギ-カワヤナギ群落などである．第1，第2の記述で，すでにある群落にとって替わる群落の新生，拡大を生み出す砂礫堆の変化にふれた．そのような変化が一方で生じているにもかかわらず，第3の群落に対する新たな立地の成立はなかった．その形成のためには，観察期間には発生がなかった，より大規模な砂礫堆の攪乱，それをもたらす大規模な洪水の発生を待たなければならないことになる．

河床の特徴が洪水による立地の破壊と，同時に起こる生成にあるとすれば，砂礫堆の植生を，洪水からつぎの洪水までの期間を1つの単位とする動態として捉えることができる（石川，1991）．ただ変動のサイクルは河道に対する位置によって異なり，それぞれの位置に成立する植物群落も違っている．それらは並行して存在し，河床の植生はそれらの複合として成り立っている．先に第3の群落としてあげたものについては，その興亡は相対的にまれに発生する大規模な攪乱にコントロールされると述べたが，これらも頻発する，より小規模な攪乱の影響を受けないわけではない．ネコヤナギは定着後に何度も砂の埋積を受け，その都度萌芽によって再生し，個体群を維持してきたことを示す痕跡をもっている（石川，1991）．ある程度までの砂礫堆の変動には耐えて群落を維持するものもあれば，洪水によって立地を失いつつも他方で，新しい立地を得て存在し続ける群落もある．菊池（1981b）や石川（1991）は河床の植生を複数の植物群落の複合体として捉えたが，この場合の複合とは，性格の異なるこれらの植物群落が一定の組み合わせで存在することを指したものである．

（3）下流の砂堆の植生

谷底は，さまざまな周期で攪乱が発生する多くの部分から成り立っている

(図5-11参照；岩舟，1995).攪乱とは一時的に堆積（静止）していた物質の再移動を意味し，さまざまな周期と規模で発生する攪乱にさらされながら物質は谷底面を形成し，かつ移動している．流路だけではなく，基本的には谷底面全体が物質流送の場であり，その場は，谷口に至って沖積平野に広く展開する．それにつれて河川の流勢は衰えて運搬力を失い，物質は堆積して谷口を頂点とする扇状地を形成する．砂礫堆の礫径が扇状地を流下するに従って急激に小さくなることが図5-3に示されているが，河川の運搬力が扇状地上で失われていくことがよく表れている．運搬力が失われれば物質の動態としては当然，堆積が勝ることになり，特に掃流物質として運搬されてきた礫の流送はここで終焉する．より軽量の物質だけがさらに下流まで運ばれて堆積する．

堆積作用が卓越するこれらの地域の植生については章をあらためて述べるが，自然堤防帯以下の地域をゆるい速度で流れる河道では，砂堆の植生も，扇状地から上流の河川に形成される砂礫堆のものとは違っている．菊池(1981b)がヨシ群落広域複合と呼んだひとまとまりの植物群落はこの範囲のもので，ヨシ群落がここに固有である．ほかに扇状地の下流側半分と共通して，オギ群落がみられる．加えてクサヨシ群落，ヒメガマ群落，ヤナギ群落がみられる．ヤナギ群落のヤナギは上流のものとは種が違っていて，Ishikawa (1983)によればタチヤナギ，カワヤナギなどに替わる．

飯泉と菊池(1980)は北上川下流の中州の植生図を示したが，そこではヤナギ林が州の中核をなし，頭部にあたる上流側は少し高く，やや粗い物質が堆積してオギ群落が成立している．下流側には次第に低くなって後尾では水面下に没し，ヨシ群落，その後尾にマコモ群落，ヒメガマ群落が成立している．この部分の底質は粘土質である．増水したときの河川は粗い物質をもたらして頭部にオギ群落の立地を形成するが，同時に頭部を侵食する．反対に下流側には流れの穏やかな部分が生じ，細粒の物質が州に付加されるように堆積してヨシ群落以下の立地が形成される．図5-16の砂堆でもヤナギが生育する部分を核にしてその周囲にオギ群落があり，下流に向かってヨシ群落が広がっている．写真では明らかでないが最後尾にはマコモ群落が付随している（図5-17）．砂堆の植生には以上のような構成がみられるが，この記述から容易に推量できるように，砂堆は頭部で侵食を受け，後尾で州が発達す

図 5-16 下流域の砂堆の植生（岐阜県揖斐川，1998 年 10 月）
右が上流側．

図 5-17 下流域の砂堆の植生（岐阜県揖斐川，1998 年 10 月）
丈の低い群落はマコモ群落．ヨシ群落を縁どっている．左後方が上流．

るので全体としては下流側に移動する．下流域では破壊的な攪乱を生み出す力を河川は失っているようにみえるが，一方，堆積物も細粒なので，いったん堆積した物質を再移動する力はそれなりにある．その作用が砂堆における植物群落の配置を規制しているとみてよいが，ヨシ群落，マコモ群落，ヒメガマ群落などは池沼とも共通する群落である．水流が直接あたる部分を除けば，もはや静水域に近い環境である．一方，ヤナギ林，オギ群落などはやはり河川に固有の群落とみてよいであろう．

さらに下流になると海水の塩分の影響が強く現れ，マコモ群落，ヒメガマ群落などは消え，代わってシオクグ群落のような塩生植物群落が加わる（表5-1参照）．ヨシ群落は依然として優勢である．

第6章　沖積平野の地形と植生

6.1　沖積平野の構成 —— 仲間川下流平野の地形と植生

(1) 沖積平野の地形

　山地・丘陵地に刻まれた谷を流下してきた河川が平地に達すると堆積作用がさかんとなり，沖積平野が形成される．谷間に狭く，長く，谷底平野として形成されることもある．

　沖積は河川による堆積作用を指しており，厳密な意味からいうと，洪水によって運搬されてきた物質が堆積してできたものが沖積平野である．平野のでき方はもちろんほかにもあって，浅い海底が海面の低下や地盤の隆起に伴って海面上に現れた場合にもできる．このように成立した平野を構成する物質は，主に，海底における海成堆積物である．また，海岸線に沿ってしばしば発達する海岸砂丘は，風によって運ばれて堆積した物質から成り立っている．海成，あるいは風成の堆積物から成り立つこのような平野は，河成堆積物から構成される沖積平野とは性格が異なるし，その上に展開する植生も違ったものになる．

　沖積平野という用語は，上記の意味だけでなく，そのほかの平野も総合した広い意味に使われることがある．その場合は，沖積世（完新世）という，もっとも新しい地質時代に形成された平野全体を包括して指している．沖積平野という用語をこの意味で用いるということではないが，本章では，海成，風成のものまでを含めて，新期の堆積作用によって成立した低平地一般を対象にして，植生とその立地の成り立ちを考える．

　沖積平野は扇状地帯，自然堤防帯，それに三角州帯に分けられ，それらが

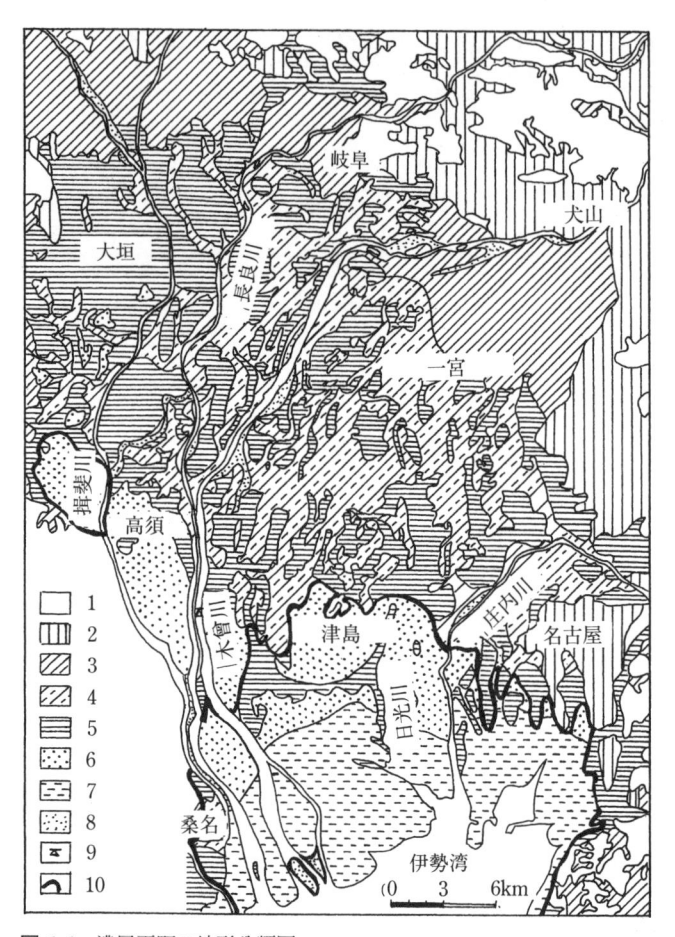

図 6-1 濃尾平野の地形分類図
1：山地，2：台地，3：扇状地，4：自然堤防，5：後背湿地，6：三角州，7：埋立地，8：河床，9：感潮限界，10：伊勢湾台風による浸水範囲．(大矢・金，1989)

上流から下流に向かって配列されて成り立っている．図 6-1 に濃尾平野の地形分類図を示した．この平野は，木曾川，長良川，揖斐川のいわゆる木曾三川の堆積作用がつくり出した沖積平野で，上記の3つの地形が規則的に配置されている様子がよく示されている (大矢・金，1989)．ただし，この配列はあくまでも沖積平野の基本型であって，実際には各平野ごとに違いがある．

運搬されてくる物質が細粒のシルトや粘土の場合には扇状地が欠け，自然堤防帯と三角州がよく発達する（大矢，1973）．逆にほとんど扇状地だけからなる平野もある．また，平野の海側は海岸砂丘に縁取られ，三角州が欠ける場合もある．このような違いは，それぞれの平野のいわば個性となって，そこに成立する植生の性格をも変えている．

（2）植生の配置

図6-2は，沖縄県西表島の仲間川下流に発達する沖積平野の地形分類図である（菊池ほか，1978）．図には支流による小扇状地と崖錐状の微高地が示されているが，本文の記述によるとどちらも主として砂，あるいはより細粒の物質からなるとされている．そもそもこの沖積平野に到達する流送物質は砂泥のみであるとも記されている．この記述が示しているように，この平野には，濃尾平野にみられるような扇状地（図6-1）はほとんど発達していない．平野の上流側半分では大部分が氾濫原と表示され，河道に沿って狭く自然堤防が形成されている．この場合の氾濫原は自然堤防に対して後背湿地の関係にあり，この地域全体を自然堤防帯といい換えてよい．その下流側には三角州（デルタ）が広がり，さらに下流側は河口湾になっている．

図6-3は，図6-2の地形分類図に対応する植生図である．約2千年にわたる水田稲作農業の歴史をもつ日本では，平野はすでに開発しつくされ，平野の植生の全体を原型のままにみることができるところはないに等しい．仲間川下流のこの平野は唯一の例外といってよい．大局的にみて，ここの植生は3つの部分に分かれることが図から読み取れる．ヤエヤマヒルギ林とオヒルギ林が発達する下流部，アダン林が占める中間部，そしてサガリバナ林を主とする上流部である．ヤエヤマヒルギとオヒルギは代表的なマングローブ植物で，潮が満ちると塩分を含んだ水をかぶる土地に森林をつくる樹木である．サガリバナはマングローブ林の陸側に湿地林をつくる樹木で，その場所は一般に淡水域であるが，高潮のときのようなまれな機会には塩分の影響を受けることが知られており，広い意味でマングローブ種に数えられることもある．図6-2の氾濫原，三角州，および河口湾の地形区分に対比すると，概略的に，氾濫原にサガリバナ林，三角州と河口湾岸にマングローブ林が成立し，その中間にアダン林が位置することがわかる．

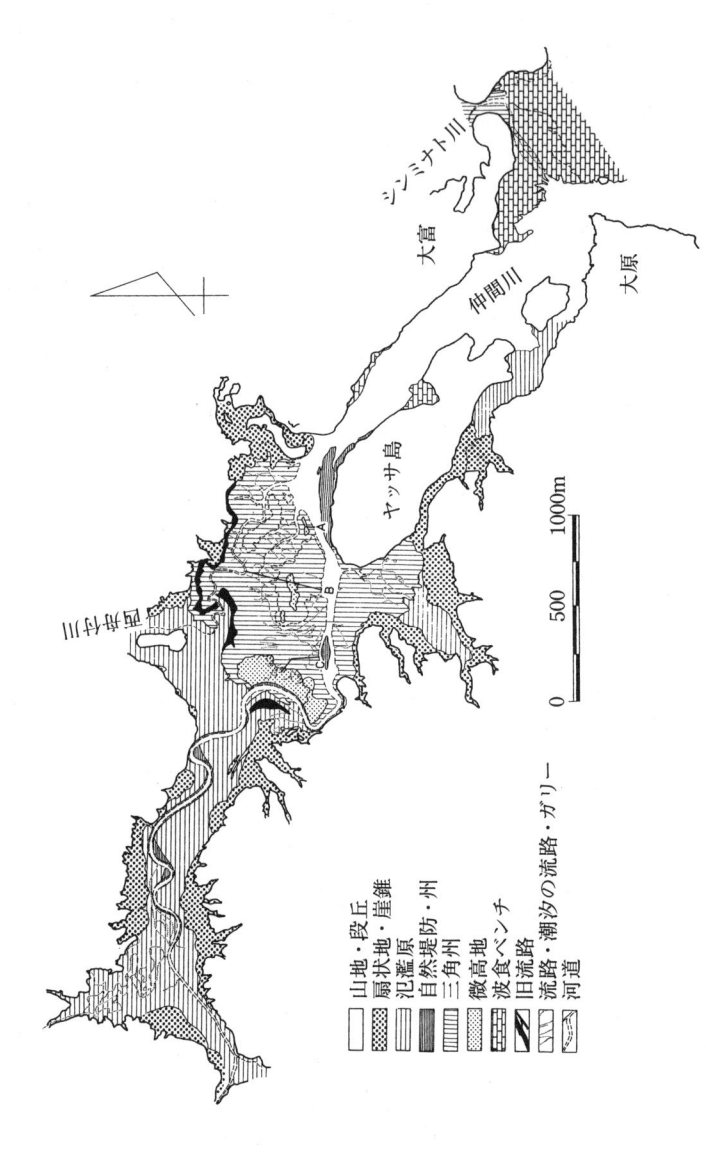

図 6-2 沖縄県西表島仲間川下流平野の地形分類図
微高地とした地形は平坦で河口湾堆積物からなる．(菊池ほか，1978)

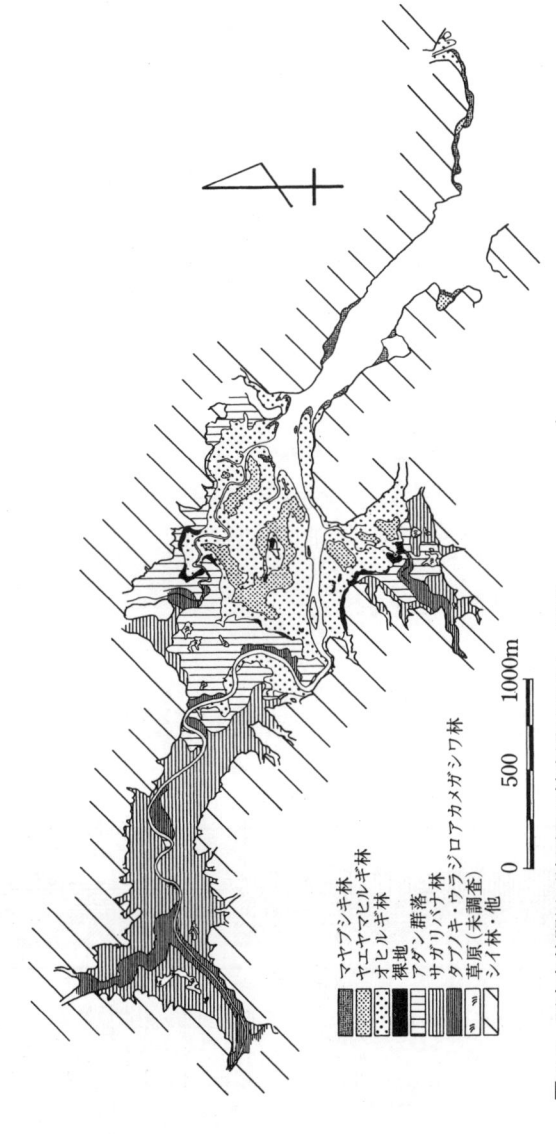

図 6-3　西表島(仲間川)下流平野の植生図(菊池ほか, 1978)

凡例:
- マヤプシキ林
- ヤエヤマヒルギ林
- オヒルギ林
- 裸地
- アダン群落
- サガリバナ林
- タブノキ・ウラジロアカメガシワ林
- 草原(未調査)
- シイ林・他

(3) 表層堆積物の堆積過程

いまから2万年も前，最終氷期の海面は現在に比べて大きく低下していた．その時期の仲間川の侵食がつくった谷は，後氷期の気候温暖化による海面上昇，それに伴う海進につれて埋められ，現在の沖積平野の概形がつくられた．ボーリング調査によると現在の三角州の地表下1-2m以下には，貝殻片を含む灰色から暗灰色の粘土ないし細砂の堆積物が広く分布している（図6-4上）．この堆積物はこの時期のものと考えられており，層相や分布域からみて河口湾に形成された海成堆積物と判断されている．一方，現在の氾濫原の地域でこの海進のときの堆積物に対応すると考えられるものは，植物片を含む灰色から暗灰色の細砂ないし中砂で，これは陸成相を示している（図6-4下）．この事実は，海進のときの河口湾の侵入が，現在の三角州の上流側限

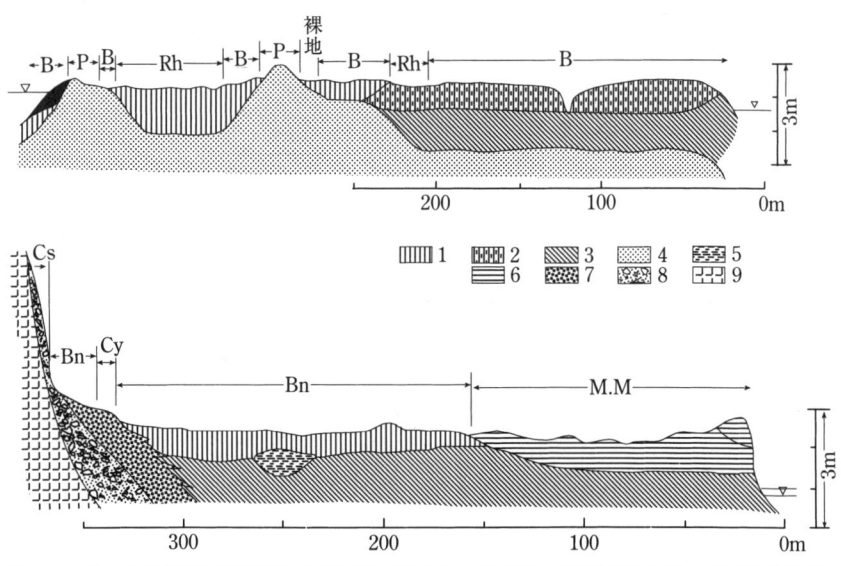

図6-4 西表島仲間川下流平野の三角州域（上）と自然堤防・氾濫原域（下）の地形断面図と植生の配置
1：低地充塡堆積物，2：同（有機質），3：氾濫原堆積物，4：河口湾堆積物，5：泥炭，6：自然堤防堆積物，7：コルビアル堆積物，8：岩屑斜面，9：基盤，Rh：ヤエヤマヒルギ林，B：オヒルギ林，P：アダン群落，Bn：サガリバナ林，M.M：タブノキ・ウラジロアカメガシワ林，Cy：オキナワウラジロガシ林，Cs：シイ林．（菊池ほか，1978，1980より作成）

界付近までであったことを示している．現在その位置には，上記の河口湾堆積物が，海抜約 2 m，幅 100-150 m，長さ約 500 m，比高 1-1.5 m の高まりとなって露出しており，その表面は，多くの小規模な溝によって侵食されている (図 6-4 上)．より小規模ながら類似の構造をもつ微高地は，ほかにも三角州帯の各地に点在している．いずれも，地表は高潮位線よりも高い位置にあって，アダンが密生し，サキシマスオウノキ，オキナワシャリンバイ，オオハマボウ，シイノキカズラ，ヒルギカズラなどを含む群落に覆われている．

そのような微高地を除いて，現在の三角州の大半は海抜 0.5 m 以下の低い平らな土地で，満潮のときにはほとんど水面下に没する．地表を構成する物質は，植物片や木炭片を含む暗灰色の細砂，あるいは植物片に富む暗褐色の腐植質粘土ないし細砂である．いずれも水分に富み，きわめてルーズである．この堆積物が，先に述べた海進時の河口湾堆積物を広く覆っているが (図 6-4 上)，周囲ではこれが欠けて河口湾堆積物が露出し，微高地を形成している．このことはすでに述べた．全体としては，河口湾堆積物がごく浅い皿状の凹地をつくり，そこに黒泥状の物質が堆積している状況である．2 つの堆積物の関係から判断すると，高海水準時に形成された河口湾堆積物の堆積面が，その後の小規模な海退時にわずかに削られ，その後を埋積して表層の黒泥状の堆積物が形成されたものと考えられる．そのときの物質は仲間川の本流や支流から浮遊物質の形で供給されたものであろう．

(4) 海進・海退の歴史と現在の植生

この沖積平野は，サガリバナ林，アダン林，マングローブ林がそれぞれ卓越する地域に大別でき，その区分は地形の区分に対応することをすでに述べた．上記の検討によると，この地域区分の成立には，海進と海退が主導的な役割を果たしていることがわかる．その過程を模式的にまとめると図 6-5 のようになる．過程とはつぎのようなものである．A：最近の海進時における河口湾の広がりとそのときの河口湾堆積物の形成，内陸側でそれに対応する陸成堆積物の形成，B：その後の海退時における地表の侵食，C：その後のわずかな海進に伴う新期の，そして現在の地表をなす堆積物の形成．

このようにしてマングローブ林，アダン群落，サガリバナ林という 3 つの

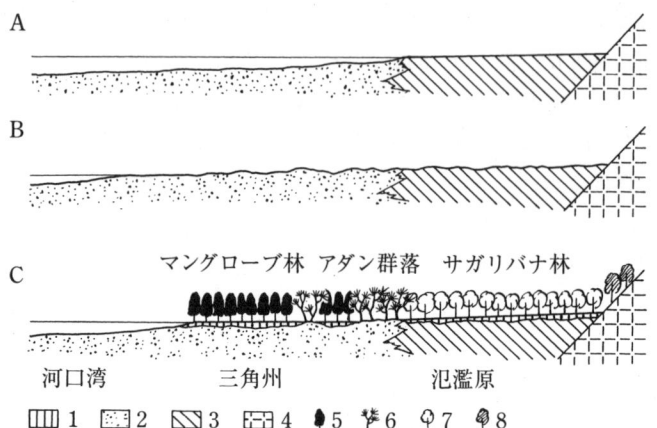

図 6-5　西表島仲間川下流平野の発達過程を示す模式図
最近数千年における侵食・堆積の傾向 (A-C) と現在の植生の配置 (C) を示している．1：低地充填堆積物，2：河口湾堆積物，3：氾濫原堆積物，4：基盤，5：オヒルギ・ヤエヤマヒルギ，6：アダン，7：サガリバナ，8：シイ．(菊池ほか，1980)

植生の立地が成り立つが，この沖積平野の基本的な構造を決定し，現在のマングローブ林の広がりを規定している点で，A における海進は特に重要である．原著では，この海進をおそらく完新世の海進であるとしている．縄文時代中期に普遍的にあったことが知られている，いわゆる縄文海進を想定したものであるが，推定にそれ以上の根拠があるわけではない．同島の別の地域で，約 2000 年前から 1000 年前に向かって海面が上昇し，その後 1000 年前の時期に急激な相対的海面低下が起こった可能性が炭素同位元素による年代測定から指摘されている (Fujimoto and Ohnuki, 1995)．上記の海進はあるいはこの海面上昇によるものかもしれない．時代については保留とし，今後の追求に期待するのが適当であろう．いずれにしても海進によって小地形スケールの地形の区分が生まれ，その後の作用で変形されながらも継承され，植生の違いを導き出したとみなすことができる．

(5) 現在の堆積作用と微地形スケールの地形・植生分化

　三角州のマングローブ林を構成している主な種は，オヒルギとヤエヤマヒルギである．この 2 種は三角州のほぼ全面にわたって分布し，場所によって

割合を変えながら混交して群落を形成している．オヒルギが優占する群落はマングローブ林地域の陸側の縁辺部，アダン群落が出現する微高地の周辺などのほか，仲間川の本流や支流などの流路，潮汐によって水が出入りする水路（澪）などに沿ってみられる．ヤエヤマヒルギはちょうど逆に，水路を避けて水路と水路のあいだの地域に多い．このことは図6-3の植生図から読み取ることができる．オヒルギ林の分布域とヤエヤマヒルギ林の分布域が，微地形と対応しながら同じように分かれることは西表島のほかのマングローブ林でも報告されている（藤本ほか，1993）．この違いは各種の流路を通じてもたらされる物質の堆積の差から生まれるもので，現在も形成途上にある．

　上流側地域における微地形スケールの違いは，自然堤防と後背湿地の違いとして認めることができる．自然堤防は狭く，長い明瞭な高まりとして河道沿いに発達している（図6-2）．堆積物は淡灰色，あるいは褐色のシルトから中粒砂で，植物片をほとんど含まない．図6-2で氾濫原と表示されている部分は自然堤防に対する後背湿地にあたり，表層をなす堆積物は一般に灰，黄灰ないし暗灰色の粘土，あるいは細砂である．自然堤防上の植物群落には一定の優占種がなく，林分によってサガリバナ，ウラジロアカメガシワ，オオハマボウ，タブノキなどが優占する．植生図（図6-3）ではこれらをタブノキ・ウラジロアカメガシワ混交林の名称で一括して示している．一方，後背湿地にはサガリバナ林が広く分布する．これはほぼ純林といえるほどにサガリバナが林冠に優占する森林である．

（6）スケールの異なる現象の重ね合わせ

　一般に地形は長期的，大地域的な地史の上に，より短期的，小地域的な地表の変化が何重にも重ね焼きされて成立している．同じ地域でみても，捉え方を変えれば異なった形成時代，形成過程，その結果としての形態をそなえた地形が何段階にも把握され，それらはそれぞれの段階に応じて植生にも反映されるはずである．菊池ら（1978，1980）の研究はそのようなさまざまな段階で地形と植生の対応を捉えることを意図し，ひいてはそのような対応関係の総体として，沖積平野の植生を理解しようとしたものであった．その結果は図6-6のように要約されている．

　これまで述べてきたように，仲間川下流の沖積平野における小地形スケー

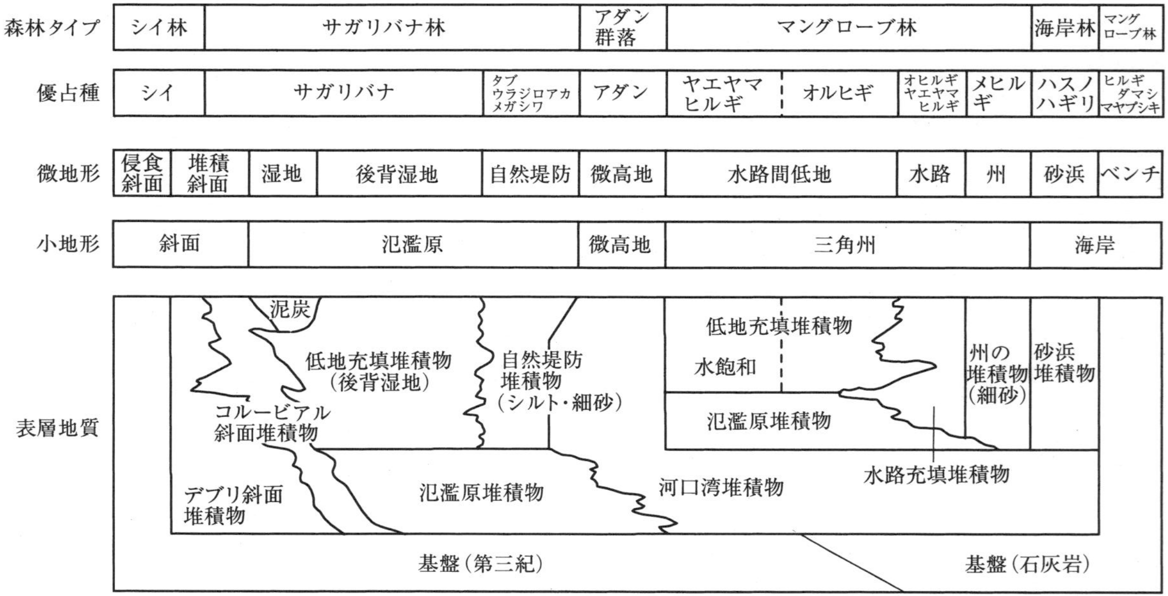

図 6-6 完新世（後氷期）を通じて発達した各種スケールの地形と植生の対応
西表島仲間川下流平野．(菊池ほか，1980)

ルの地形の発達，植生域の区分には海進・海退の歴史がからんでいる．そのことを図6-5で海水準の上昇・降下をふまえて示したが，海水準と地盤との相対的な関係は一定でも，堆積物の供給に増減があれば海岸線の進退はありうる．こういう点についていえば，この平野の海進・海退がどのようにしてもたらされたか，本当のところはわからないというほかない．しかし，海進・海退の歴史とともに沖積平野の大要が形づくられ，その基礎の上で現在の地表の修飾が進んでいるという認識は変わらない．立地がそのように成立し，その構造を背景にして現在の植生が成り立っていることを考えるうえで，仲間川の沖積平野は得難い例となっている．

6.2 扇状地の植生と地形

(1) 扇状地のアカマツ林

　扇状地は沖積平野を構成する要素のうちでもっとも上流側に位置し，谷底を運ばれてきた物質が谷口に至って平地に展開し，堆積することによって形成される地形である．中山と高木 (1987) は，甲府盆地の扇状地を山麓型扇状地と盆地底型扇状地の2つに大別した．山麓型扇状地は，一般に面積が狭く，傾斜が比較的急で，主として土石流のようなマスムーブメントによって形成されたものであるとしている．更新世に形成されたものが多く，新期には，上流域で崩壊が多発して大量の土砂が生産され，それが流出しないかぎり形成されにくいという．逆にいえば，流域で風化や山崩れが著しい河川では，現在でも形成される．これに対して盆地底型扇状地は平均傾斜が比較的ゆるやかで，岩屑の供給域面積に対して扇状地の面積がかなり狭い特徴をもつとされている．主として流水による運搬によって形成されている点も山麓型扇状地とは異なり，さらに，現在における平野形成過程の一部である点で，形成時期としても異なるという．
　土石流のようなマスムーブメントの作用で谷口に形成される地形とそこの植生については，斜面崩壊を主題とした第4章では崩落物質の堆積部として，流水の物質運搬が形成する立地を主題とした第5章ではそこに紛れこむ異質の立地として取り上げた．山麓型扇状地と呼ばれた地形がこれらと同じもの

かについては判断が難しい．しかし性格として共通するものがあることは確かで，重複をさけて，本章ではあらためて取り上げることをしない．本章では，主として盆地底型扇状地とされたものを対象とする．いうまでもなく盆地に固有のものではなく，沖積平野一般にみられる地形である．

吉岡（1973, 1975）は東北地方の原植生図を作成したが，礫が多く堆積し，平時は乾燥する扇状地では，その地域の気候的極相の植生までは進まず，アカマツを主体として下生えにコナラなど落葉広葉樹をもつ林になると述べている．本書の第1章に図1-4として示したものはこの植生図である．

この記述には裏付けとなる資料は示されていないが，マツ林に関する一連の研究をとりまとめた論文（吉岡，1958）に，マツ林が自然的に発達する場所の1つとして「沖積砂礫地」をあげている．この記述における沖積砂礫地は，河畔にあって洪水の影響を受けない所とされている．また，土壌は透水性が大きく，乾燥かつ貧養なために普通の広葉樹やモミ，スギなどの針葉樹の生育は一般に悪く，一方，アカマツやクロマツはこのような土地でも良好な生育を示すのでほかの樹木を圧倒して優勢となるのが普通であり，この立地でマツ林は永く存続し，一種の土地的安定相をなしているとも述べている．長期的にみたとき，洪水の影響を受けない土地という条件が扇状地にもあてはまるかどうか疑問があるが，少なくとも頻繁な洪水の影響はない．このことと砂礫質の特殊な土壌条件を考慮して，扇状地の土地的安定相をアカマツ林と判断したものと推察される．現在，扇状地のほとんどは開発しつくされ，そこの原生的な植生をうかがい知ることは不可能に近い．そのことにも原因があって，扇状地の自然本来の植生を推定するのはきわめて難しくなっているが，吉岡（1958, 1973, 1975）の記述をたどると，沖積砂礫地として谷底と共通の性格をもち，主要な植生として共通にアカマツ林が発達する姿が浮かびあがる．

扇状地の河川は低所を求めて流路を移動し，砂礫堆をつくる．扇状地は，頂部を扇の要として展開する新旧の流路が形成した新旧，大小，高低さまざまな砂礫堆の集合である．そのなかで，相対的に安定な部分に土地的安定相として成立するアカマツ林を扇状地の主要な植生と認識している．谷底でこれに対比される立地は，前章の図5-11に沿っていえば，流路からもっとも離れてカラマツ林，シラビソ林として図示された部分である．同じ立地に，

この場合はアカマツ林が成立し，下流にたどると扇状地に連続することになる．一方，扇状地には，洪水の影響を現に受けている新期の砂礫堆も当然ながら別にあって，ここの植生は，上流部の砂礫堆の植生と共通するものである．このことについては前章で述べたが，ヤナギ林は上流のタイプと下流のタイプに分かれ，上流から扇状地下限までのヤナギ林は上流タイプとしてひとまとまりになることが指摘されている（石川，1982）．

総体としてみたとき，扇状地と呼ぶべき地形が存在することは疑うべくもない．しかし，植生にとっての直接の立地は個々の砂礫堆である．砂礫堆の植生という視点でみたとき，新期の砂礫堆にしろ旧期・安定な砂礫堆にしろ，扇状地に固有の植生を見出すのは難しいかもしれない．植生としても立地としても，谷底から明らかに区別されるものはないように思われるが，この点は今後の研究の充実を待つほかない．

扇状地の主要な植生としてマツ林が発達することは，濃尾平野でも知られている．鏡味（1935）は現植生におけるマツ林の分布，古文書，伝承などに加えて森，山，松，杉，木などの森林に関係する地名，原，野，草，萱などの草地に関係する地名の分布などを検討して，濃尾平野には古い時代に広くマツ林が存在したことを示している．江戸期を通じて進んだ開拓によって面積は減少したが，木曾川の扇状地である犬山扇状地には，明治初期にもかなりの面積でマツ林が残っており，現状まで減少するのは明治末年，養蚕業が発達して桑園に変わったことによるものであるという．ただし，この地域のマツ林が原生林とは考えられず，明らかな人工林でもなく，おそらくマツを伐り残していって純林が成立したのであろうと指摘している．半自然林的な成立を想定しているのであろうが，そうだとすれば真の自然群落はまた別に存在することになる．

（2）ムクノキ-エノキ林

扇状地の自然群落として，マツ林ではないほかの群落を想定するとき，梅原と丸井（1997）が記載した滋賀県愛知川扇状地の「建部の森」の群落は手がかりになるかもしれない．ここには竹林をはじめアベマキ，コナラ，クヌギ，スギなどが優占する二次林，人工林などがある．そのなかでもっとも自然性が高い群落としてケヤキもしくはムクノキが優占する森林群落がある．

群落分類学的にはムクノキ-エノキ群集（大野，1979）に同定されるものである．愛知川扇状地は現成の扇状地ではなく，形成は更新世末期で，現在は段丘化されて侵食を受けている（池田ほか，1991）．この場合，扇面は洪水の直接の影響を受けないが，梅原と丸井（1997）が記載した群落がこの扇面に成立したものか，あるいは扇面を切り込んで流れる現在の愛知川の河床に発達したものか，この点は記述からは明らかでない．しかし，扇面だとしても，透水性が大きく，乾燥かつ貧養な土壌を生み出すような扇状地の土地的特性（吉岡，1958）は保持されているであろう．また現在の愛知川の河床にあたるとしても，表層の細粒の堆積物の下にはこぶし大の礫が分厚く堆積していることが示されており，扇状地としての性格をもつものであることは明らかである．群落は安定し，全般に常緑広葉樹が増えつつあるとも記されている．石川（1991）は，岐阜県揖斐川の砂礫堆のススキ群落やアカメヤナギ-カワヤナギ群落の一部にエノキやムクノキが侵入，成長しているのを確認し，洪水による破壊がないとすればエノキ-ムクノキ林に遷移していくと考えている．愛知川建部の森のムクノキ-エノキ林も，洪水からの直接の影響が軽減された場合の，あるいは解放された場合の扇状地の植生の姿を示唆する例とみてよいのではなかろうか．その点では，吉岡（1958）が認識したマツ林も扇状地の土地的極相（安定相）としてのもので，上記のムクノキ-エノキ林と同様に，扇状地に安定して持続する植生として考えられたものであった．吉岡（1958，1975）が調査した東北地方と，愛知川が流れる近畿地方との地理的な差であろうか．いずれにしても，扇状地における自然植生の真の姿は，いまのところ不明である．

6.3　自然堤防と後背湿地の植生と地形

（1）ムクノキ-エノキ林

ムクノキ-エノキ林は扇状地にかぎらず，さらに広くみられる群落である．山中（1981）は高知県のムクノキ-エノキ林を記載して，安定した富養の沖積地ではこの林がもっとも普通であるとしている．優占種は一般にムクノキとエノキ，あるいはそのいずれかで，ところによってタブノキやアラカシも多

いが，ほかに高木で特に目立つ種はない．メダケやホウライチクが林内に群生することがあり，草本層ではキチジョウソウ，コヤブランまたはヤブランが目立ち，やや荒れた林床にはカテンソウが多いと述べている．著者はこの群落を「河辺林」と呼び，立地を「沖積地」と述べたにとどまるが，石川(1991) は，西日本の河川の自然堤防上にエノキ-ムクノキ林が成立することを述べ，山中 (1981) の報告を引用している．大野 (1979) は，エノキ，ムクノキを主体とする森林群落が西日本の沖積低地に分布し，自然堤防や氾濫原の微高地に河畔林，あるいは屋敷林として成立していることを述べている．氾濫原の微高地というのは，かつての河道がつくった自然堤防であろうか．また，屋敷がそのような微高地につくられているということであろうか．

　河辺，河畔という立地の記載は，文字通りには河川に対する相対的な位置関係を示すにすぎない．事実，河辺植生，河畔林などとしてこれまでに記述された植物群落には，一年生草本群落あり，多年生草本群落あり，ヤナギ林，サワグルミ林ありで，きわめて多様である．群落相互の異質さに比べて河辺，河畔という捉え方は立地の記述としてあまりにも茫漠としているが，大野 (1979)，石川 (1991) の記述によると，ムクノキ-エノキ林の主たる立地は自然堤防にしぼられる．ただし，愛知川扇状地 (梅原・丸井，1997) の例からみても，自然堤防に限定されるものではなく，もう少し広くみられるものと考えられる．

（2）タブノキ-ウラジロアカメガシワ林

　大野 (1979) は西日本のムクノキ-エノキ林の分類学的研究を行って，エノキ，ムクノキ，キチジョウソウを標徴種および区分種としてムクノキ-エノキ群集にまとめた．林床にはエノキ，ムクノキの実生や低木が多数繁茂していることから，群落自体の更新能力を十分にそなえているとしている．一方，この群落を存続させるのに必要な要因として河川の氾濫をあげ，河川の氾濫による冠水や土砂の堆積あるいは流亡がつくる不安定な状態が終局群落への移行を防ぎ，持続群落としてのムクノキ-エノキ群集を成立させているとしている．自然堤防の立地特性をよく捉えた指摘というべきである．終局群落として想定されているのは常緑広葉樹林，特にタブ林である．この場合のタブ林は想定される到達点で，現成の地形として河川の影響を受けているあい

だ，この群落が現実に成立することはないとの認識に立っている．しかし，沖縄県西表島では，タブノキ-ウラジロアカメガシワ林が自然堤防に成立していることが報告されている(菊池ほか，1978, 1980)．気候が違ってタブノキの生育要件が微妙に違い，自然堤防でも安定相の群落をつくるということがあるかもしれないが，タブと混交するウラジロアカメガシワの性格は異なる．この種が所属するアカメガシワ属は，熱帯，亜熱帯の破壊跡地に先駆的に出現する種を多数含み，ウラジロアカメガシワにもその性格が顕著にある．そういう点からみてタブノキ-ウラジロアカメガシワ林は先駆的群落の性格が強く，その点でムクノキ-エノキ林に対応するものと考えられる．

(3) オギ群落

東日本の沖積平野で，ムクノキ-エノキ群集やタブノキ-ウラジロアカメガシワ林に対応する自然堤防の群落を特定するのは難しい．検討されるべきものの1つにオギ群落がある．宮城県仙台平野のものはオギが密生して純群落に近く，ほかにはツユクサ，ノコンギク，ヨモギなどが少量散見されるのみの群落である(建設省東北地方建設局北上下流工事事務所，1978；菊池，1981b)．北上川下流部で観察されたオギ群落は流路に沿って形成された砂質の微高地に発達したもので，その後背にあたる部分の堆積物は，砂質の層を薄く挟む粘土またはシルトで，そこにはヨシ群落が成立している．別に中州にみられるオギ群落の例も示されているが，この場合は流水の攻撃に直接さらされる中州の頭部にのみオギ群落が発達し，中州の主要部はヤナギ林となっている．地下 30-40 cm 以下には，全体に，中州の基礎をつくったとみられる砂質の堆積物があり，その上に，オギ群落の部分ではシルト質の堆積物を載せ，ヤナギ林の部分では粘土に近い細粒の堆積物が載っている(建設省東北地方建設局北上下流工事事務所，1978；飯泉・菊池，1980)．この2つの例，特に後者を自然堤防というのは適当ではないかもしれないが，少なくとも自然堤防に類似する堆積地に発達する植物群落とみることができる．

河道に限定されて流れてきた水が洪水によって河道の外にあふれると，流速は急激に低下する．それに伴って物質の運搬力も失われ，運んできた物質を落とすので，河道に沿って堆積作用がさかんな部分ができる．こうして自然堤防が形成されるが，掃流物質として運ばれてきた粒径の大きな物質はも

っと上流で流水の運搬から解放され，扇状地の形成にかかわる．自然堤防まで到達するのは，浮流物質として運ばれてくる，もっと細粒の物質である．そういう物質の堆積によって自然堤防がつくられるが，堆積作用は，すでにある植物にとっては撹乱要素であり，またときには，あふれ流れる水が地表を侵食して，別の撹乱を生む．堆積作用の及び方は1つの自然堤防のなかでも部分的に違う．河道も長い時間にわたってみれば移動・変遷があるので，河川そのものとの関係も変わり，ときには河道が移って放棄されることもある．撹乱の強弱，堆積物の粒径，比高などの特性は，立地として，自然堤防と一口にはいえないほどにさまざまである．

自然堤防の植物群落としてオギ群落について述べたが，この群落が自然堤防の全般にわたって発達するわけではない．先にあげた例では，2つともに，相対的に粗粒な堆積物からなる河道沿いの微高地にオギ群落が成立しており，背後には，より細粒な物質からなる低位の部分が続いている．オギ群落の立地はさかんな堆積作用にさらされるし，それによって立地の撹乱も生じる．この立地の植物群落にオギが主要な種として関与することは間違いないが，オギ群落は，自然堤防の植生の一要素にとどまるであろう．西日本のムクノキ-エノキ林に対応する森林群落が，おそらく東日本にも存在する．考えられるのは，西日本のムクノキ-エノキ林にもよく出現するケヤキを主体とする森林群落であるが，自然堤防の植物群落という視点からの研究はいまのところみあたらない．現在の植生の実態からみるとオニグルミの森林の存在があり(建設省東北地方建設局北上下流工事事務所，1978)，これも候補の1つにして，今後の研究を期待したい．

なお，宮脇ら(1976)は，北海道サロベツ原野に流入するサロベツ川に沿って形成された自然堤防上に，大形多年生草本植物群落(オニシモツケ-オオイタドリ群集)が成立していることを報告している．

(4) 後背湿地としての伊豆沼湖沼群

宮城県仙台平野の北西部に伊豆沼，内沼，長沼という3つの沼がかたまってあり，あわせて伊豆沼湖沼群と呼ばれている(図6-7)．湖沼群の北東側を迫川が流れ，湖沼は，迫川の支流の流域に属する．迫川に向かって開ける方を前面とすれば，背後は築館丘陵と呼ばれるなだらかな丘陵地になっている．

図 6-7　宮城県伊豆沼，内沼周辺の自然堤防の分布（黒色部）
太線は沖積平野の外縁，点線は主要河川．（中川，1992）

6.3 自然堤防と後背湿地の植生と地形

湖沼に流入する河川（前記の迫川支流）はこの丘陵からのもので，流域面積はいずれもごく狭い．

迫川は下流で北上川に合流するが，伊豆沼湖沼群があるあたりから下流一帯はきわめて低平である．河口から 50 km 内陸でなお河床の標高は 10 m 以下で，わが国有数のゆるやかな河床勾配をもつ．伊豆沼・内沼付近から上流の谷底平野は全体にわたって粗粒な堆積物からなり，扇状地ないし自然堤防状をなしていることが多い．一方，伊豆沼・内沼付近から下流では，谷底平野内に自然堤防のほかに後背湿地も現れる（図 6-7）．このような地形・地質の配置には，後氷期の海水準の上昇とともに進んだ埋積は上流から下流へ順次進行し，谷の幅全体にわたって埋積されるようになる前の段階では，本流の流路沿いで埋積が進み，残りの部分は後背湿地となることが示されているという（中川，1992）．特に支谷流域の土砂供給量が小さい場合には，支谷は本流の埋積から取り残され，相対的に低い土地ができる．しかも，谷の出口が迫川本流の自然堤防などの堆積物によってふさがれて排水不良となる場合には，湛水して湖沼となる．伊豆沼湖沼群はその例である（設楽，1992）．

伊豆沼湖沼群の水深はごく浅く，伊豆沼，内沼ともに湖心で 1.6 m，平均水深で 0.8 m 程度である（設楽，1992）．長沼はそれよりやや深いが，それでも 1.8 m 程度にすぎない（菊池，1973）．いずれも迫川の支流流域に所属してその水をたたえ，迫川本流はその水を自然堤防によってせき止めた形になっていることはすでに述べたとおりである．図 6-7 の自然堤防の分布から判断すると，伊豆沼湖沼群にかぎらず，同様の湖沼が多数存在していたはずである．原初的な植生は，湖沼の浅深，陸地の高低，凹凸，乾湿に応じて複雑多彩に変化し，総体としていわゆる沼沢地をなしていたであろう．いうまでもなくその大部分は現在すでに干拓されている．設楽（1992）によると，沼周辺の大規模な干拓が 1940 年代から 1950 年代に進行しているが，迫川の後背湿地全体としてみれば，そのはるか以前から開発は進み，最後に残った湖沼部分の干拓がその頃に進められたということである．

伊豆沼湖沼群は迫川の後背湿地として最後に残った一部である．それも湖沼という姿をとった特定の一部である．ここをよりどころとして後背湿地全体の原初の植生，ひいては自然を想像するのは難しいが，それでも沼の中心から岸に向かって，沈水植物−浮葉植物−抽水植物−湿生植物と移り変わる一

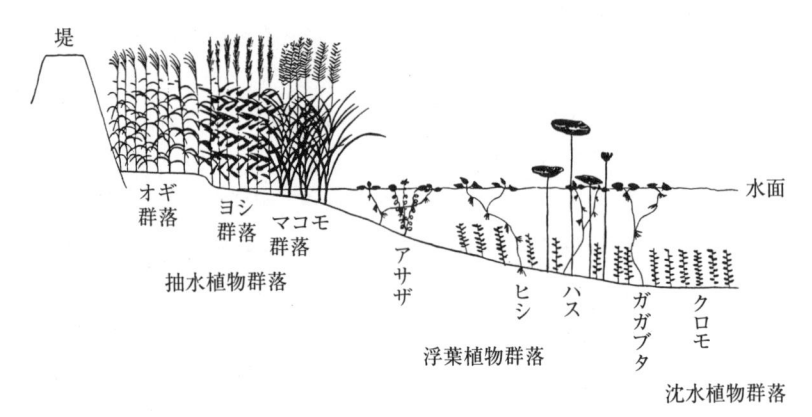

図 6-8 宮城県伊豆沼，内沼湖沼群の群落の配列を示す模式図(内藤ほか，1992)

連の植物群落の配列をみることができる（菊池，1973）．内藤ら（1992）はこの配列を図6-8のように模式的に示している．後背湿地全体からみると，この図で左端になる抽水植物群落から湿生植物群落にかけての部分が現状よりもはるかに広大，多彩であったはずである．注目すべき植物種としても，オオトリゲモ，ヌマアゼスゲ，ツルスゲ，クロアブラガヤ，ツルアブラガヤ，コツブヌマハリイ，エゾノミズタデ，ヌカボタデ，タチスミレ，ヒメシロアサザ，ヒシモドキなどの存在が指摘されている（内藤ほか，1992）．それらの種にとっての生育地であると同時に，オオハクチョウ，コハクチョウ，マガン，ヒシクイ，シジュウカラガンなどのガン・カモ類の渡来地として知られ，また一年を通じて豊富な水鳥の生息地となっている．

6.4　三角州の植生と地形

（1）三角州の発達と植生

　河川が運搬してきた砂泥は河口付近に堆積し，海面，あるいは湖面の高さ付近に広がる低平な堆積地形をつくる．こうして形成された堆積地形が三角州である．
　砂を主とする粗粒物質が掃流物質として河口からはき出されると，三角州に付加されるようにその前縁に堆積する．三角州の拡大は，基本的に，この

ように形成される堆積層，いわゆる前置層の海側への発達によって進行する．前置層の上には川が流れるが，これが氾濫すると，運ばれてきた物質は前置層の上に拡散し，表面に氾濫堆積物からなる堆積面がつくられる．頂置層と呼ばれるこの堆積面が三角州の実際の地表をなし，植生の立地ともなる．氾濫堆積物からなるので，堆積は流路沿いの部分から進行し，後背の部分とのあいだに堆積の差が生まれる．流路沿いの土地が相対的に高まると河道はより低い土地を求めて変遷し，また，新しい分流を分岐させ，そこで新たな堆積を始める．それまでの流路によってつくられてきた堆積は止むことになる．三角州は，こうした過程を繰り返しながら河口部に形成される動的な堆積地形であるが，一方，過去につくられ，すでにそのような動態を失ってしまった三角州もある．平野が，現に活性をもつ三角州も含めてこれらの集合体からなる場合，平野を三角州平野と呼び，三角州そのものと区別する（井関，1972）．

図6-9は，コロンビア北西部，アトラト川の三角州とその一部の植生図である（Vann, 1959）．河道に沿ってパンガナ（ヤシ科）が優占する10m程度の高さの群落が成立し，背後にはヤシ類の混合群落，さらにその背後にはイネ科，カヤツリグサ科の混合群落が成立している．パンガナ群落は自然堤防を占めて成立していると記されており，植生図から読み取れる流路沿いから背後への植生の違いは，自然堤防と後背湿地の違いに対応するものである．海岸沿いにはマングローブが分布している．このような植生を発達させながら，河川がはき出す物質の堆積域が海に向かって発達していく様子がよく示されている．

図6-2，図6-3に示した西表島仲間川下流平野の場合（菊池ほか，1978，1980），平野の上流側半分は一貫して陸上に形成されたが，下流側半分は海域に三角州として形成された．この部分は現在も満潮線よりも下位にあって水域の影響下にあり，マングローブ林が成立している．地表を構成する物質は植物片を含む暗灰色細砂，あるいは植物片に富む暗褐色腐植質粘土ないし細砂で，いずれもきわめてルーズである．これらは仲間川本・支流から浮遊物質の形で供給されたものと考えられているが（菊池ほか，1978），水路沿いの部分の堆積物は特に有機物を豊富に含んでおり，また河道の側面に，数m以下の幅で褐色の腐食質細砂が付着していることがある（図6-4上）．流

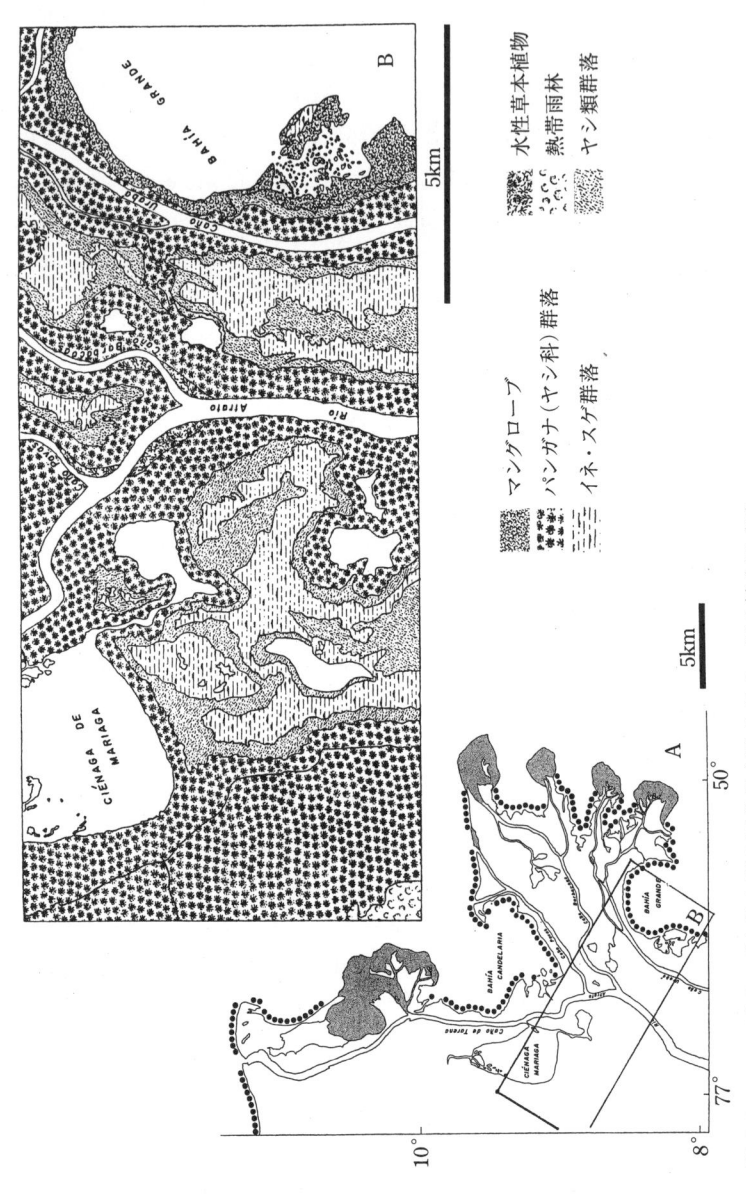

図 6-9 コロンビア，アトラト川の三角州 (A) とその一部の植生図 (B)
A 図のアミかけ部は堆積がさかんな部分，黒点は海岸線が後退している部分．(Vann, 1959 より作成)

凡例：
- マングローブ
- パンガナ(ヤシ科)群落
- イネ・スゲ群落
- 水性草本植物
- 熱帯雨林
- ヤシ類群落

路に沿った部分と流路から離れた部分とでは，堆積物にこのような違いが認められる．この違いはマングローブ林にも現れる．図6-3の植生図からも読み取れるように流路沿いにオヒルギを主とする群落，流路間の三角州面にヤエヤマヒルギの群落が分布する．一般的にいってヤエヤマヒルギは新生の砂州における定着初期相の種，オヒルギは成熟したマングローブ林の種である．仲間川下流平野の場合，三角州の面上のマングローブ林は初期相に近い形で残り，流路に沿った部分から成熟した森林への発達が進行している．この発達に，先に述べた流路を通じてもたらされる物質の堆積が関係することは明らかである．堆積物から判断すると，この物質は氾濫の際に掃流によってもたらされたものではなく，浮遊物質として搬入されたものと考えられることはすでに述べた．ただし，流路に沿って自然堤防が形成され，それが植生の変化を生み出しているアトラト川の三角州とは異なる．仲間川の三角州ではそれほど明らかな自然堤防状の地形はみられない．仲間川の物質の運搬はそれほどさかんなものではないのであろう．

(2) マングローブと塩生沼沢, 淡水湿地

マングローブは熱帯から亜熱帯の潮間帯に森林をつくる樹木である．日本では琉球列島でみられるが，もっと北の地方の砂泥質の潮間帯にはアッケシソウ，ハママツナ，シチメンソウ，ホソバノハマアカザなどのアカザ科植物をはじめ，ハマサジ，ウミミドリ，チシマドジョウツナギ，シバナ，ナガミノオニシバなどの草本植物が生育する．そこには海水が流入し，あるいは海水が淡水と混じりあってつくられる汽水が流入する立地なので，濃度は別として常に塩分の影響を受ける．そのため，耐塩性をそなえた植物が塩生沼沢と呼ばれる特殊な植生をつくる．ここに生育するための生理学的条件は，基本的にマングローブと共通である．潮位に対しては，少なくとも小潮のときの数日は冠水がないことが必要とされ，芽生えが定着するあいだ，水の機械的な作用から解放されることが必要なためと考えられている (Chapman, 1974)．潮位に対して塩生沼沢が占める範囲はマングローブの場合にほぼ対応する (Macnae, 1968)．2つの群落は別の気候条件下で同位の立地を利用する関係にある．

河川からの物質の搬出量が多く，しかも水域側からの破壊的な作用が小さ

1. 14000 - 10000年前

2. 約6000年前

3. 約4500年前

4. 3000 - 2000年前

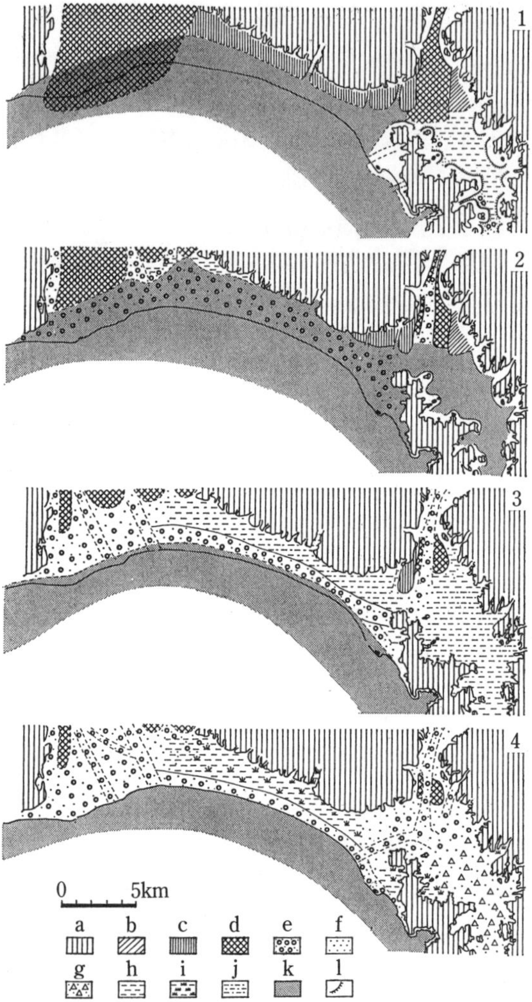

図 6-10 静岡県駿河湾奥部沖積平野における古地理変遷図
a：現在の山地，b：箱根山麓張出部，c：愛鷹山麓張出部，d：溶岩，e：砂礫，f：砂，g：軽石質砂礫，h：シルト・粘土，i：湿地，j：潟湖，k：海域，l：崖．(松原，1984)

いときは，堆積地が分流に沿って水域側に伸び，全体としてはいく本もの突出部からなる鳥趾状三角州になる（図6-9参照）．反対に水域側の作用が強く，河口からはき出された砂礫が沿岸流の働きで移動すると，陸から水域側に細長く突出した，砂嘴，砂州などの地形が形成される．海岸線にほぼ平行する砂州は沿岸州と呼ばれるが，これが発達すると砂州の内側（陸側）には潟が生まれる．潟に流入する河川が運び込む土砂によって潟の埋積が進み，浅くなると，陸上植物の生育が可能な湿地となる．多くの場合，潟には外海から，あるいは河口から海水や汽水が流入するので，熱帯や亜熱帯ではマングローブが成立し，中・高緯度地方では塩生沼沢となる．さらに埋積が進めば淡水性の湿地も成立する．

図6-10は駿河湾奥部の沖積平野の発達過程を示したものである（松原，1984）．砂州の離水による内湾の閉塞を有孔虫そのほかの化石の消長から読み取ることができるが，それは7000-6000年前以降で，6000-5000年前の時期に内湾の閉塞が完了する．その後新たな砂州が海側に形成され，後背地を閉塞し，湿地が形成されていった（松原，1984，1989）．現在この湿地の一角を占めて浮島ケ原の湿地植物群落がみられるが，ごく断片的なものながら，前記の砂州後背の湿地植生の片鱗をみせている．宮脇ら（1984）の報告によるとチゴザサ-アゼスゲ群集，ミズユキノシタ-オニナルコスゲ群落，カサスゲ群集，ウキヤガラ-マコモ群集から成り立っている．最初の群落の優占種はヨシである．ほかの群落でもヨシが優占，あるいは散在するものの，ヨシはまばらで草丈も低く，むしろカヤツリグサ科植物が主体となる群落もある．そういう群落はミズユキノシタ，ハンゲショウ，シロバナサクラタデ，サワトラノオ，ナヨナヨワスレナグサ，ノウルシ，ヒキノカサなど，多様な種を含む草原である．このような群落からなる植生が，いまは開発しつくされてしまった地域に広がっていたのであろう．なんといっても現存する例が希少にすぎて，本来の植生がどのようなものであったか，実像を構築するのは難しい現状である．

(3) サロベツ原野の泥炭地

サロベツ原野は天塩川の支流，サロベツ川がつくる沖積低地であるが，広大な泥炭地が発達していることで知られている．図6-11は大平（1995）によ

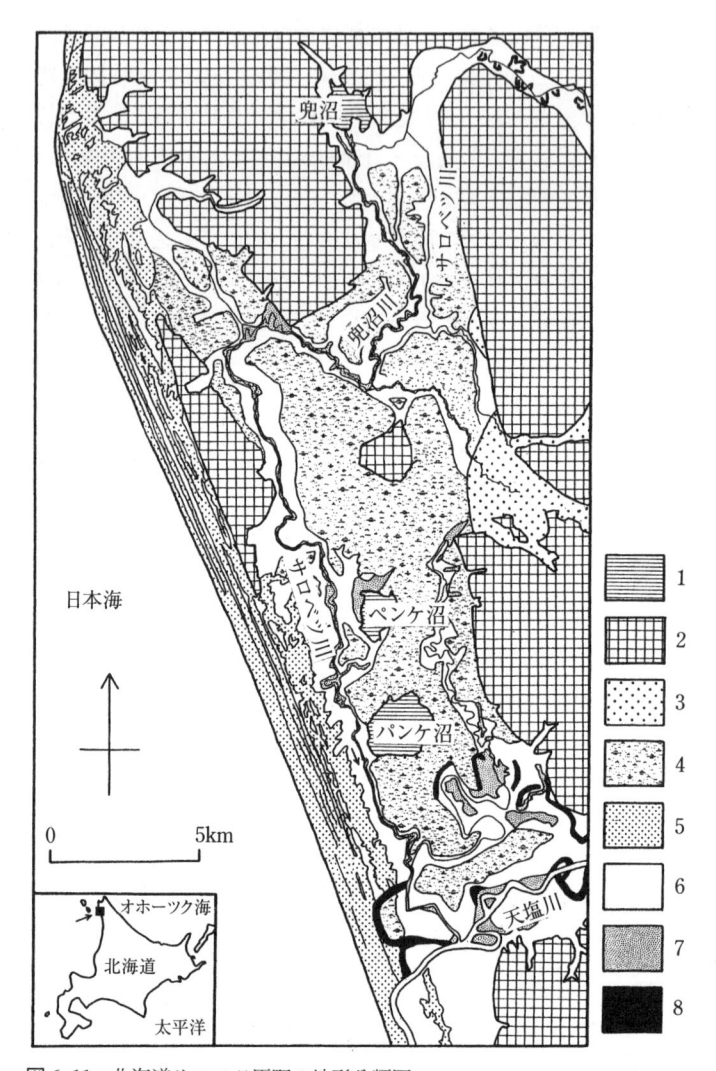

図 6-11 北海道サロベツ原野の地形分類図
1：湖沼，2：山地・丘陵・段丘，3：扇状地，4：泥炭地，5：砂丘，6：氾濫原（一部低位泥炭地），7：自然堤防，8：旧流路．（大平，1995）

る北海道西北部のサロベツ原野の地形分類図である．記載によると原野の北部を流れる兜沼川は，現在の流路が人工的に整備される前の旧サロベツ川で，この流路付近の氾濫原の標高が泥炭地よりわずかに高くなっている．自然堤防も流路に沿ってひも状に発達している．南部の天塩川の流路沿いでも，明瞭な旧流路や規模の大きな自然堤防が存在している．氾濫原と泥炭地とのこのような関係は，流路を通じての土砂供給がこれらの地域では活発であることを示している．土砂が流路沿いに自然堤防を形成する一方，それが及ばない後背地に泥炭地が形成されるということである．ところが，原野の中央部では，泥炭地の標高と氾濫原の標高との関係が反対になっていて，氾濫原は泥炭地よりも低くなっている．原野の中央部では，氾濫があっても土砂の供給はごくわずかなのであろう．しかし，宮脇ら (1976) の報告によると流路に沿ってヨシ群落（イワノガリヤス-ヨシ群集）が分布する．この群落は湿原の植生ではもっとも無機的な土壌を好んで成立するとされており，流路からの土砂供給を否定できない．土砂供給が原野中央部まで及びにくいとはいっても，わずかにしろその影響を受けているのであろう．その背後にヌマガヤを中心とする中間湿原植生，さらに背後にミズゴケ湿原が分布する．いい換えれば，サロベツ原野中心部の植生は，ミズゴケ湿原を中心とする同心円状の分布構造となっている．ただ，自然堤防上の植生は一様に大形の多年生草本植物の群落（オニシモツケ-オオイタドリ群落）に覆われていると報告されている．

　サロベツ原野の概形は沖積低地と，これを陸側に閉じ込めるように発達する海岸部の砂丘列とから成り立っており，起源は潟湖にある．大平 (1995) は潟湖以来のサロベツ原野の発達過程を解析して図 6-12 のようにまとめている．それによると約 8000-7000 年前までには海岸部に砂州が形成されており，その背後は汽水をたたえた潟湖となっていた．その後，潟湖の埋積が進み，氾濫原が拡大して淡水化し (5500-5000 年前頃)，さらに広い範囲で泥炭地が拡大した (4500-4000 年前頃)．河川流路から離れた地域 (C) ではこの時期以降，現在まで泥炭の集積が継続している．約 3000-2000 年前には河川の氾濫が活発化して泥炭の形成は中断されるが，約 2000 年前には再び泥炭地が拡大し，海岸部では砂丘の形成が活発化した．

　完新世におけるサロベツ原野の古環境変化は以上のようなもので，その結

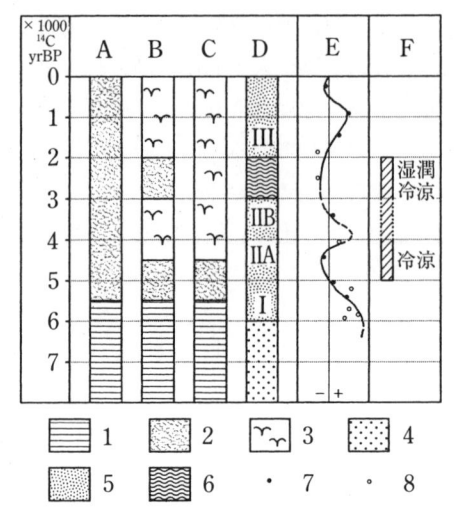

図 6-12 模式的に示した完新世におけるサロベツ原野の古環境変化
A：流路沿い，B：流路付近の泥炭地，C：流路から離れた泥炭地，D：海岸砂丘列，E：オホーツク海沿岸の相対的海面変化，F：古気候．1：潟湖，2：氾濫原，3：泥炭地，4：海岸砂丘，5：砂丘列，6：土壌，7：泥炭，8：貝殻．ギリシャ数字は砂丘列の区分．（大平，1995）

果として上記の植生が成り立っている．兜沼，ペンケ沼，パンケ沼は往時の潟湖の名残と考えられるという．しかし，現在は塩生沼沢の植物群落はみあたらず，植生でみるかぎりすでに淡水化している．

（4）マングローブ林の泥炭形成と海面の上昇

泥炭は，植物が生産した有機物が死後にも分解されずに残り，地表に集積して形成される．分解を阻む，あるいは遅らせる要因として重要なのは，土壌に過剰な水が含まれることである．過湿な条件では土壌が酸素不足の状態になり，微生物の活性が落ちて分解が進まないからである．冷涼な気候も同じように分解を遅らせる要因になる．図 6-12 で相対的に海面が上昇する時期に泥炭の形成が顕著になるのは，海面の高さ付近の低平な地形であるため

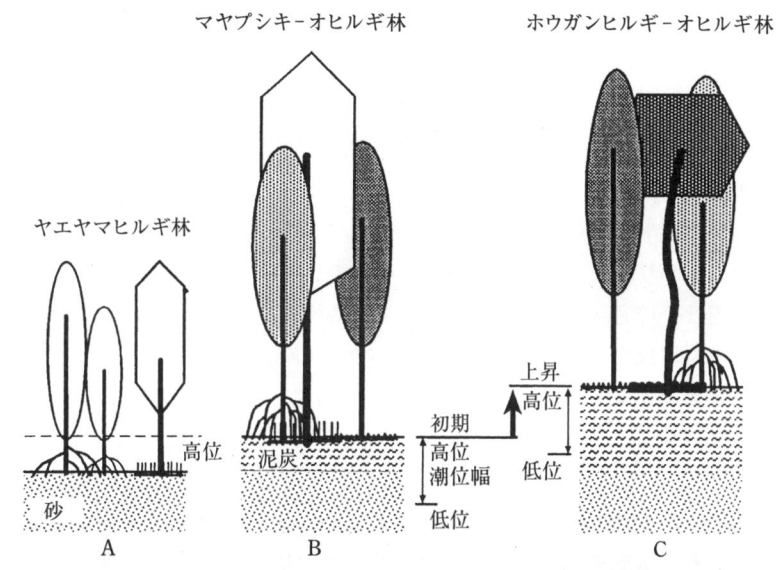

図 6-13 新成の立地におけるマングローブの定着 (A) から泥炭層の形成 (B)，さらに海面の上昇が関与する厚い泥炭層の発達 (C) を示す模式図 (Kikuchi et al., 1999)

に水はけが悪くなり，過湿な状態がつくられるからであろう．

　マングローブは潮間帯に成立する森林である．それもほぼ平均海水面から満潮線までのあいだに限定される．潮汐につれて干潮のときには地表が大気にさらされるが，それでもきわめて過湿な土地条件下にあり，泥炭が形成される．もっとも土砂の流入が相対的に多ければ急速に陸化するので，泥炭地になることはない．熱帯の大河川の河口には広大なマングローブがみられるが，このような立地では土砂の供給も多いので泥炭の形成は一般にない．

　高温の熱帯では分解が進みがちではあるが，それを上まわって生産もさかんである．生産と分解との収支で分解が生産に追いつかないときには当然，過剰分の有機物が泥炭として残ることになる．条件がととのえばマングローブ林でも泥炭は形成される．海底に州が形成され，あるいは潟湖の埋積が進んで底が海水面の高さになれば，図 6-13 A のようにマングローブが定着できる環境となる．マングローブは有機物を生産し，条件があえば泥炭を形成する．泥炭層の発達が進むと底は次第に浅くなる．浅くなるとマングローブ

の種は替わるであろう．マングローブの種は海面に対する土地の高さ（深さ）に微妙に反応して生育地を違えるからである．それにしてもマングローブ林としては継続して成立し続けるが，泥炭の発達には限界がある．泥炭層の表面が満潮線の高さに達すると過湿な条件は解消され，分解がさかんになって有機物の集積は止まるからである（図6-13 B）．熱帯でも，条件によっては陸上の湿地で泥炭が形成されることはあるが，そのときは植生も淡水性のものに替わり，マングローブ自体が存続できない．結局，マングローブ泥炭の発達は平均海水面と満潮線とのあいだで可能である．ミクロネシアでいえば干満の差は約150 cmなので，マングローブ泥炭の可能な厚さを機械的に計算すれば最大75 cmまでということになる．しかし，実際には，これよりもはるかに厚く，2 m程度に達する泥炭層がこの海域にも知られている（Kikuchi *et al*., 1999）．図6-13 Bに示した原理によれば，泥炭層の下限は平均海水面かそれよりも高い位置になければならない．しかし，そのように厚い泥炭層の基底の高さはそれよりも明らかに低い位置にある（図6-13 C）ので，この泥炭層の形成が始まったとき，海面は現在よりもかなり低かったと考えるほかない．その高さから海面は現在の位置まで上昇し，上昇分が有機物で埋められ，それが泥炭だということである．この上昇は相対的なもので，土地が沈降しても効果は同じである．いずれにしても海面が相対的に高くなったとき，溺れた土地を，マングローブは，自身が生産した有機物で埋め立てている．そのことが厚い泥炭層の形成につながっているが，マングローブ自身が自身の立地を維持していることに大きな意味がある．

　海水準変動に対するマングローブ海岸の応答についてはWodroffe (1992, 1999)，FujimotoとMiyagi (1993)，Fujimotoら (1996, 1999)，Miyagiら (1999) などが詳しく論議しているが，いうまでもなく有機物の供給だけが決めるものではない．無機物の供給がさかんな場合は，立地の動向に主導的な役割を果たすのはいうまでもなく無機物としての土砂の堆積である．海面の上昇と泥炭の形成に関する図6-13の模式図 (Kikuchi *et al*., 1999) は太平洋やフィリピンの島嶼における泥炭の調査をふまえたものである．流出する河川が小規模で積極的な土砂の排出がない島嶼の条件が，泥炭の形成には好都合なのであろう．この海域の島嶼にはそのように厚い泥炭層が広く存在する (Miyagi and Fujimoto, 1989; Miyagi *et al*., 1995; Fujimoto and

第1期
(低海面期)
約5000年前

第2期
(海面上昇期)
約4000年前

第3期
(高海面期)
約3500年前

第4期
(低海面期)
約2000年前

第5期
(海面上昇期)
約1000年前

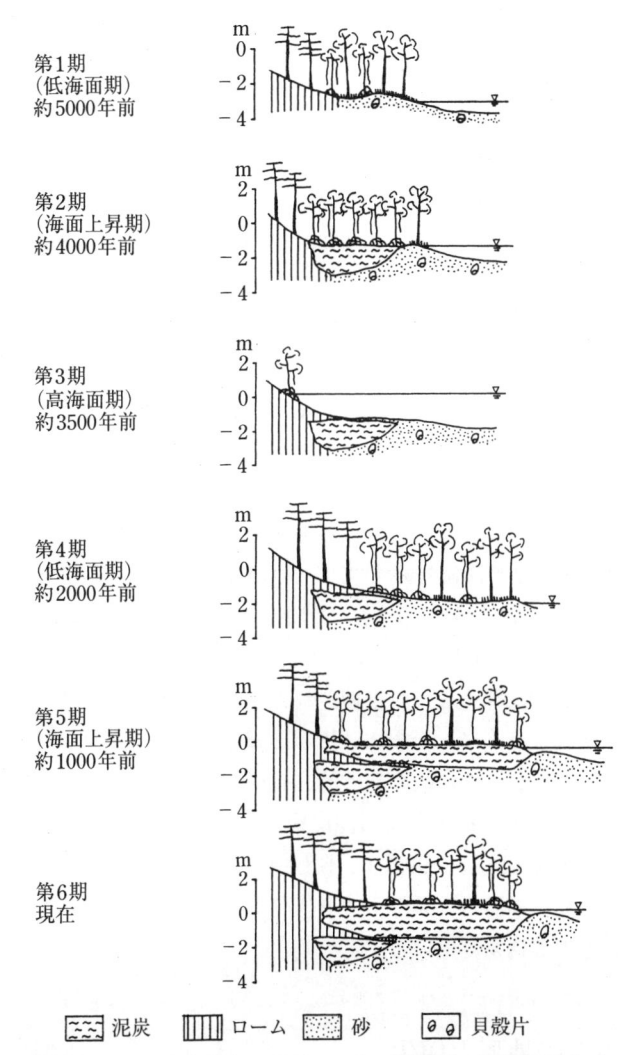

第6期
現在

泥炭　ローム　砂　貝殻片

図 6-14 コスラエ島(ミクロネシア)の河口湾, 三角州タイプのマングローブ林立地の発達過程を示す模式図(Fujimoto *et al.*, 1996)

Miyagi, 1995など).

　Kawana (1995) はこの海域の島嶼で各種の地学的な証拠や泥炭，サンゴ片の年代測定値などにもとづいて，海面は約3700年前に後氷期における最高の高さに達し，その後いったんは低下して約2000年前に最低のレベルに達してからは上昇に転じ，現在の海面となった経緯を明らかにしている．ミクロネシアのコスラエ島には，約3700年前の最高海水準に向かう時期の形成年代を示す古い泥炭がある．FujimotoとMiyagi (1993)，Fujimotoら (1996) によれば，この泥炭の形成は海面がもっとも高かった時期にはいったん停止した．当時のマングローブ林もその土地からは消滅したことになる．現在の地表まで連なる泥炭の形成は，約2000年前の海面低下期とその後の海面の上昇に呼応して，あらためて始まっている．その経過は，模式的に図6-14のように示されている (Fujimoto et al., 1996)．図6-13Cのような泥炭層を立地にするマングローブ林は各地に存在するが，基底の泥炭は多くの場合2000年前後の年代値を示している (Miyagi and Fujimoto, 1989; Miyagi et al., 1995; Fujimoto et al., 1995など)．この場合，マングローブ林は約2000年前の海面低下期に成立し，その後の海面上昇とともに泥炭を集積しながら変化，発達しつつ維持されてきたものと考えることができる．このような状況とは別に，新規に砂州が形成されてマングローブ林が成立することは当然あるし，その後の無機的，有機的物質の供給状況によっては泥炭の集積もありうる．その場合の泥炭層は図6-13Bのように形成されることになるが，Kikuchiら (1999) に引用された泥炭層のなかには，現在に継続する一定の高さの海水準条件下で形成されたと考えてさしつかえない，相対的に薄いものも含まれている．

6.5　海浜の地形と植生

(1) 浜堤列

　河川からはき出された砂礫が沿岸流で運ばれて海岸線に平行な沿岸州を形成し，その発達とともに陸側に潟湖をつくり，さらに潟湖が埋積されると浜堤で縁どられた平野となる．図6-10，図6-11はそのような平野の例である．

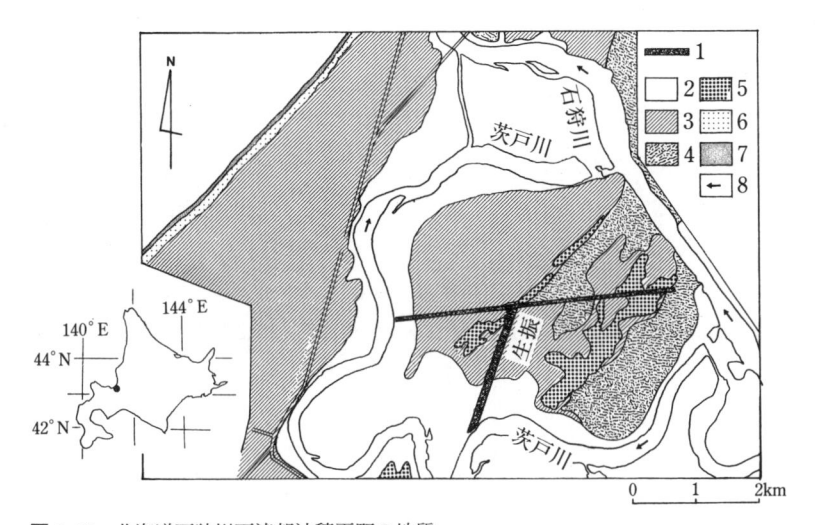

図 6-15 北海道石狩川下流部沖積平野の地質
1：防風保安林，2：氾濫堆積物，3：花畔砂堤（浜堤）列堆積物，4：泥炭，5：紅葉山砂丘砂，6：石狩砂丘砂，7 砂浜砂，8：河川．（恒屋，1996）

図6-7 では，図の右下すみに，海岸線に平行な細長い地形が何本も並んでいる．これは高度 2-3 m 程度の微高地の列である．図では自然堤防と同じ凡例で示されているが，松本 (1984) の調査と年代測定によると，約 3000 年前頃，2200-1500 年前頃というように，海岸線を海側に前進させながらつぎつぎに形成されていった浜堤列である．

浜堤は直接の営力としては沿岸流と波によってつくられ，その点では海域の作用による地形である．河川の堆積作用が直接つくるわけではないが，砂礫は，もとをたどれば河川が排出したものにほかならないので，沖積平野を形成する河川の作用の延長上にある．浜堤は，低く，過湿になりがちな沿海の平野のなかでは多少とも高く乾いた土地なので，周囲一帯が水田であるなかで，ここだけは畑だったり，居住地に利用されていることが多い．

図 6-15 は北海道石狩川下流に発達する沖積平野の一部の地質図である (恒屋，1996)．この図で紅葉山砂丘砂で示されている部分の地形は 10 m 前後の標高があり，約 6000-5000 年前に形成されたものと考えられている．当時の海岸線付近で形成された砂丘（後述）が，その後の海岸線の前進につれ

て平野のなかに取り残されたものである．一方，花畔砂堤列帯として示されたものは4-6.5 m の標高をもち，海岸線にほぼ平行な幅20 m 前後の数10条の浜堤列（砂堤列）からなるとされている．ほとんどは海成砂で，表面に薄い風成砂（次節参照）層を載せ，全体としては比高1-2 m 程度の凹凸を繰り返す地形となっている．当然，乾湿さまざまな立地が生み出されているが，凸部ではほとんどの場合ミズナラ，エゾイタヤが優占し，シナノキ，ハリギリ，ヒロハノキハダ，イヌエンジュなどが混じる．前記の紅葉山砂丘でもミズナラ，エゾイタヤが優占する（恒屋，1983）．これに対して凹部にはハンノキ，ヤチダモ，ハルニレが優占することが多く，この順に，より湿性の立地から，より乾性の立地に多くなって生育している．その延長上で，さらに乾いた立地ではイタヤカエデが混じり，もっと乾燥するとミズナラが多くなるとされている（恒屋，1996）．

　ここで検討しているのは，沖積平野のなかに取り残された古い浜堤の植生である．浜堤は海成砂からなり，ときに風成砂をその上に載せる点で，河川の運搬作用から形成される自然堤防や三角州とは成り立ちが異なる．浜堤は低平な湿地帯のなかにあって相対的に高い，乾いた土地をつくり出しており，この乾湿の違いが種を選択する要因になっていることは前記のようである．海成砂，風成砂からなるという物質の違いも群落の特異性を生み出しているかと期待されるが，その点は明らかでない．ただ，湿性の立地を好む上記3種のうちで，ハルニレは河川の氾濫に伴う堆積物の存在と関係が深いという興味深い事実が指摘されている．

（2）砂丘の動態と植物

　海岸では休むことなく波が寄せては返し，ここに植物の定着はない．このような平常時の波の影響は，満潮のときに波が到達する地点までを範囲とするが，暴風のときの波浪はそれよりもさらに内陸に及ぶ．ここでも植物の定着は難しく，裸地か裸地に近い状態になる．オカヒジキのような一年生草本植物が生育する程度である．前者は前浜，後者は後浜と呼ばれる．両方をあわせた全体は浜と呼ばれ，砂質の浜は砂浜，礫質の場合は礫浜と呼ばれる（中西，1988）．

　波によって浜に打ち上げられた砂礫は風を受け，重量のある礫は別として

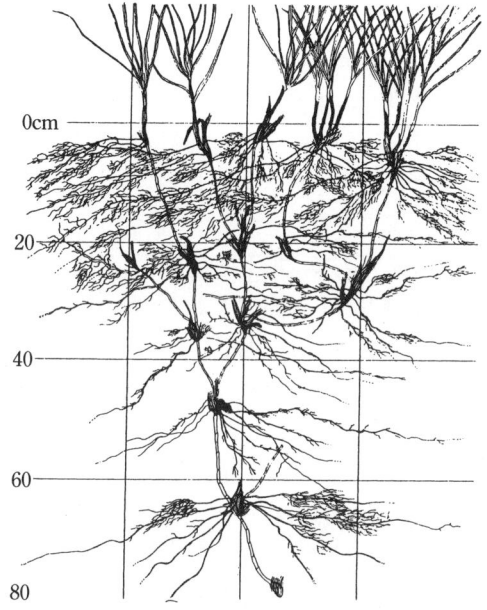

図 6-16 不安定な立地に生育するコウボウムギ成熟個体の地下部（Yano, 1962）

砂は飛ばされて飛砂となる．飛砂は浜に続く内陸側に砂丘を形成する．ここでいう飛砂は空中に舞い上がるようなものではなく，地表にごく近い高さを移動し，何らかの障害物があるとその前後，特にその後側に堆積する．植物があれば植物体が飛砂を捕捉し，砂丘を形成・発達させる．植物は，砂丘の発達に対して基本的な役割をになうが，しかし，この役割を果たすことは，植物体にとっては自身が砂に埋められることを意味している．植物がこの立地に生育し続けるためには砂の埋積に対応できることが重要である．図6-16はコウボウムギの地下部である（Yano, 1962）．コウボウムギの葉は枯れると基部の繊維を地下茎の上に残すので，かつて葉がついていた痕跡が後々まで残る．この痕跡をたどると，5体の地上部（ラメート）は，地下の深い位置にある一本の地下茎から，地下茎の分岐と上方への伸長を繰り返して形成されたものであることがわかる．現在の地上部は地下数 cm の位置にある地下茎から出ているので，このことから類推すると，かつての葉が生きてい

たころの地表はいまは地下に埋もれていることになる．そのように砂がうず高く堆積していくことが理解できるが，同時に地下茎の分岐によってコウボウムギはコロニーを形成し，そのことによって砂の捕捉が促進され，砂の堆積はさらに大きく発達していく．このように形成される個々の砂の堆積は胚砂丘，あるいはその形状から舌状砂丘と呼ばれ，いくつもの胚砂丘が複合しあって大きな砂丘へと発達する．

　砂丘に生育する植物にとって，地下茎の伸長，分岐，それに伴うコロニーの形成は砂の移動，堆積とともに進行する．きわめて攪乱的なこの立地における植物の暮らしを知るためには，地下におけるこの相互関係の理解が重要で，地下器官の形態はそれを知るための重要な情報源である．砂の堆積に対する地下器官の伸長様式についてはYano (1962)の分類があり，砂の堆積に対する植物のさまざまな応答がよく示されている．

　砂丘植物の特性として砂の移動に対する地下茎の耐性は重要であるが，砂の移動は堆積として起こるだけでなく，吹き飛ばされるという一面もある．一個の砂丘についてみれば，風に面した頭部では風による侵食（風食）がはげしく，ときには裸地になる．これに反して背面には砂が堆積するので，砂丘全体が風下側に移動する．このような砂丘は移動砂丘と呼ばれるが，飛砂は内陸に向かって次第に減少し，地表は相対的に安定する．対応して生育する植物も変化するので，海浜の植生には汀線に平行な成帯構造がみられる．中西と福本 (1987a, 1987b, 1990, 1991, 1993, 1994)，NakanishiとFukumoto (1987)による一連の研究によれば，基本的にはつぎの4帯に分かれ，場所によってはさらに細分される．論文ごとに多少の違いがあるが，基本的には以下のようである．

　　Z1：暴風のときには波浪の直接の影響が及び，打ち上げられた漂流種子の発芽定着による植物がまばらに生育する不安定な植生帯．代表的な構成種は一年生植物のオカヒジキ．

　　Z2：イネ科あるいはカヤツリグサ科の草本植物が優占する植生帯．場所によってはZ2aとZ2bに細分される．ときには海側の部分にハマニンニク1種が優占することがあり，そのときはZ2oとしている（中西・福本，1994）．

　　Z2a：コウボウムギ，コウボウシバなどが優占する群落高の低い群落．

Z2b：ケカモノハシが優占する群落高の高い群落．
　Z3：ハマゴウ，ハマナス，ハイネズなどの矮生低木が優占する植生帯．
　　ハマゴウ，ハマナスがそれぞれ別に優占して植生帯を区別できる
　　ときはZ3a，Z3bとする（中西・福本，1994）．
　Z4：カシワなどの低木林帯である．クロマツが植栽されていることが
　　多い．

　礫質海岸の場合は，砂質海岸の植生にみられるオカヒジキ-ハマヒルガオ群集，コウボウムギ-ハマグルマ群集，ケカモノハシ-ハマグルマ群集，ハマゴウ-チガヤ群集が欠け，代わってハマアザミ群集，ハマゴウ-テリハノイバラ群集があるという．一般に草本帯（Z2）の幅が狭く，小形草本帯（Z2a）と中型草本帯（Z2b）の区別がなく，矮低木林帯（Z3）につる植物が多く出現することも知られている．砂質海岸に比べると，礫質海岸の植生にはそのような特徴があるが，しかし，海側から内陸側へ草本帯，矮低木林帯，低木林帯へと移行する基本的な成帯構造は変わらずにみられる（中西・福本，1987b）．当然のことながら礫質海岸に砂丘の発達はない．中西（1984）は日本中南部の磯浜植生の研究からハマゴウ-テリハノイバラ群集を記載した．この群集は砂丘地のハマゴウ群落であるハマゴウ-チガヤ群集に対する礫浜独自のものであるとされている．浜の前部に岩礁がある海岸ではハマアザミ帯がZ2として出現するが，波浪の影響が強く礫質の浜堤が大きく発達している場合はZ2がなくなり，矮低木林帯（Z3）も幅が狭くなり，すぐに低木林帯（Z4）が現れるとしている（中西・福本，1987b）．

引用文献

阿部聖哉・奥田重俊 (1998) 本州中部の山地河畔におけるヤシャブシ群落の分布と種組成, 植生学会誌, **15** : 95-106.

青森県 (1987)『白神山地自然環境調査報告書 (赤石川流域)』, 青森県, 青森.

浅野一男 (1987) タマアジサイ-フサザクラ群集の植物社会学的研究,『中西 哲博士追悼 植物生態・分類論文集』中西 哲博士追悼植物生態・分類論文集編集委員会編, 神戸群落生態研究会, 97-108.

Bazzaz, F. A. (1996) Plants in Changing Environments Linking Physiological, Population, and Community Ecology, Cambridge University Press, Cambridge.

Bray, J. R. and Curtis, J. T. (1957) An ordination of the upland forest comuunities of sourthern Wisconsin, *Ecological Monographs*, **27** : 325-349.

Chapman, V. J. (1974) Salt Marshes and Salt Deserts of the World, J. Cramer.

叢 敏・菊池多賀夫 (1998) 山火事跡地の植生の再生にかかわる種子の発芽特性. 植物地理・分類研究, **46** : 85-95.

Curtis, J. T. and McIntosh, R. P. (1951) An upland forest continuum in the prairie-forest border region of Wisconsin, *Ecology*, **32** : 476-496.

Curtis, L. F., Doornkamp, J. C. and Gregory, K. J, (1965) The description of relief in field studies of soils, *Jour. Soil Sci.*, **16** : 16-30.

Dahr, O. N. and Mandal, B. N. (1986) A pocket of heavy rainfall in Nepal Himalayas : A brief appraisal, In : "Nepal Himilaya, Geo-Ecological Perspectives," S. C. Joshi, M. J. Haigh, D. D. Pangtey, D. R. Joshi and D. D. Dani eds., Himalayan Research Group, Naini Tal, 75-81.

Fujimoto, K. and Miyagi, T. (1993) Development process of tidal-flat type mangrove habitats and their zonation in the Pacific Ocean : a geomorphological study, *Vegetatio*, **106** : 137-146.

Fujimoto, K. and Miyagi, T. (1995) Formative and Maintainable Mechanisums of Mangrove Habitats in Micronesia and the Philippines, In : "Rapid Sea Level Rise and Mangrove Habitat" Kikuchi, T. ed., Institute for Basin Ecosystem Studies, Gifu University, Gifu, 9-18.

Fujimoto, K. and Ohnuki, Y. (1995) Developmental processes of mangrove habitat related to relative sea-level changes at the mouth of the Urauchi River, Iriomote Island, southwestern Japan, Quarterly Journal of Geography, **47** : 1-12.

Fujimoto, K., Miyagi, T., Kikuchi, T. and Kawana, T. (1996) Mangrove habitat formation and response to Holocene sea-level changes on Kosrae Island, Micronesia, *Mangroves and Salt Marshes*, **1** : 47-57.

Fujimoto, K., Miyagi, T., Murofushi, T., Mochida, Y., Umitsu, M., Adachi, H. and Pramojanee, P. (1999) Mangrove habitat dynamics and Holocene sea-level changes in the southewestern coast of Thailand, *TROPICS*, 8: 239-255.
藤本　潔・大貫靖浩・田内裕之・佐藤　保・小南陽亮 (1993) 西表島浦内川河口マングローブ林の立地環境特性と樹種構, 日林九支研論集, **46**: 187-190.
Fujita, H. and Kikuchi, T. (1984) Water table of alder and neighbouring elm stands in a small tributary basin, Jap. J. Ecol., **34**: 473-475.
Fujita, H. and Kikuchi, T. (1986) Differences in soil condition of alder and neighbouring elm stands in a small tributary basin, *Jap. J. Ecol.*, **35**: 565-573.
古谷尊彦 (1996)『ランドスライド, 地すべり災害の諸相』, 古今書院, 東京.
Gleason, H. A. (1939) The individualistic concept of the plant association, *Amer. Midland Nat.*, **21**: 92-110.
後藤稔治・菊池多賀夫 (1997) 東海地方の丘陵地にみられるシデコブシ群落とその立地について, 日本生態学会誌, **47**: 239-247.
Gupta, R. K. (1994) Arcto-alpine and boreal elements in the high altitude flora of north west Himalaya, In: "High Altitudes of the Himalaya" Y. P. S. Pangtey and R. S. Rawal eds., B. L. Consul for Gyanodaya Prakashan, Nainital, 11-32.
波田義夫・本田　稔 (1981) 名古屋市東部の湿原植生, ヒコビア, 別巻1 (鈴木兵二博士退官記念論文集): 487-496.
浜島繁隆 (1976) 愛知県・尾張地方の小湿原の植生 (Ⅰ), 植物と自然, **10**: 22-26.
Hara, M., Hirata, K., Fujihara, M. and Oono, K. (1996) Vegetation structure in relation to micro-landform in an evergreen broad-leaved forest on Amami Ohshima Island, south-west Japan, *Ecological Research*, **11**: 325-337.
羽田野誠一 (1986) 山地の地形分類の考え方と可能性, シンポジウム「山地の地形分類図」要旨 11, 東北地理, **38**: 87-89.
畠瀬頼子・奥田重俊 (1997) 本州中部多雪地域におけるミヤマカワラハンノキ群落の組成について, 横浜国立大学環境科学研究センター紀要, **23**: 101-125.
畠瀬頼子・奥田重俊 (1999) 越後山脈, 守門岳における低木林の分布と地形および積雪の関係, 植生学会誌, **16**: 39-55.
東　三郎 (1979)『地表変動論——植生判別による環境把握』, 北海道大学図書刊行会, 札幌.
Hill, M. O. (1979) DECORANA: a FORTRAN program for detrended correspondence nalaysis and reciprocal averaging, Cornell University Press, N. Y.
Hill, M. O. and Gauch, Jr. H. G. (1980) Detrended correspondence analaysis: An improved ordination technique, *Vegetatio*, **42**: 47-58.
平吹喜彦 (1990) 森林帯の主要構成常緑樹 11 種の宮城県における分布状況,『宮城県における地域自然の基礎的研究』, 宮城教育大学, 仙台, 59-85.
Horton, R. E. (1945) erosional development of streams and their drainage

basins : Hydrophysical approach to quantitative morphology, Bull. G. S. A., **56** : 275-370.
福嶋　司 (1972) 日本高山の季節風効果と高山植生, 日本生態学会誌, **22** : 62-68.
福嶋　司・高砂裕之・松井哲哉・西尾孝佳・喜屋武豊・常富　豊 (1995) 日本のブナ林群落の植物社会学的新体系, 日本生態学会誌, **45** : 79-98.
飯泉　茂・菊池多賀夫 (1980)『植物群落とその生活生物学教育講座 8』, 東海大学出版会, 東京.
飯泉　茂 (編) (1991)『ファイアエコロジー――火の生態学』, 東海大学出版会, 東京.
池田　碩・大橋　健・植村喜博 (1991) 滋賀県・近江盆地の地形,『滋賀県自然誌, 総合学術調査研究報告』滋賀県自然誌編集委員会, 滋賀県自然保護財団, 105-295.
石田　武 (1998) 六百沢沖積錐における土砂移動プロセスと地形特性,『上高地梓川の地形変化, 土砂移動, 水環境と植生の動態に関する研究』, 上高地自然誌研究会, 松本, 6-11.
石川裕子・大森博雄・大矢雅彦 (1976) 崩壊と植生との関係について――木曾山地の与川流域の場合, 水利科学, **20** : 75-106.
石川慎吾 (1980) 北海道地方の河辺に発達するヤナギ林について, 高知大学学術研究報告, **29** : 73-78.
石川慎吾 (1982) 東北地方の河辺に発達するヤナギ林について, 高知大学学術研究報告, **31** : 95-104.
Ishikawa, S. (1983) Ecological studies on the floodplain vegetation in the Tohoku and Hokkaido Districts, Japan, *Ecological Review*, **20** : 73-114.
石川慎吾 (1988) 揖斐川の河辺植生 I. 扇状地の河床に生育する主な種の分布と立地環境, 日本生態学会誌, **38** : 73-84.
石川慎吾 (1991) 揖斐川の河辺植生 II. 扇状地域の砂礫堆上の植生動態, 日本生態学会誌, **41** : 31-43.
石川慎吾 (1996) 河川植生の特性,『河川環境と水辺植物――植生の保全と管理』奥田重俊. 佐々木寧編, ソフトサイエンス社, 東京, 116-139.
石坂健彦・武内和彦・岡崎正規・吉永秀一郎 (1986) 比企北丘陵における地形・土壌の配列と植生分布, 応用植物社会学研究, **15** : 1-16.
石塚和雄 (1978) 多雪山地亜高山帯の植生 (綜合抄録),『吉岡邦二博士追悼　植物生態論集』吉岡邦二博士追悼論文集出版会編, 東北植物生態談話会, 仙台, 404-428.
Isobe, H. and Kikuchi, T. (1989) Differences in shoot form and age of Aucuba japonica Thunb. corresponding to the micro-landforms on a hill slope, *Ecological Review*, **21** : 277-281.
伊藤秀三 (1977) 群落の組成研究,『群落の組成と構造』伊藤秀三編, 朝倉書店, 東京, 1-75.
岩船昌起 (1995) 上高地, 横尾谷の谷底平野における地形形成作用の規模・頻度に対応した先駆相森林群落の動態, 季刊地理学, **47** : 163-181.
岩田修二 (1974) 白馬岳山頂付近の地形――地形と残雪・氷河とのかかわりあい,

地理, **19**: 28-37.
井関弘太郎 (1972)『三角州』, 朝倉書店, 東京.
鏡味完二 (1935) 濃尾平野に分布する松林の地理学的意義, 地理学評論, **11**: 13-40.
樫村利道 (1978) ブナ, ミズナラ, およびコナラの春先における耐凍性の消失経過について, 『吉岡邦二博士追悼　植物生態論集』吉岡邦二博士追悼論文出版会, 東北植物生態談話会, 仙台, 450-465.
Kawana, T., Miyagi, T., Fujimoto, K. and Kikuchi, T. (1995) Late Holocene sea-level changes and mangrove development in Kosrae Island, the Carolines, Micronesia, In : "Rapid Sea Level Rise and Mangrove Habitat" Kikuchi, T. ed., Institute for Basin Ecosystem Studies, Gifu University, Gifu, 1-7.
建設省東北地方建設局北上川下流工事事務所 (1978)『北上川及び鳴瀬川水系河川敷植生調査報告書』, 建設省東北地方建設局北上川下流工事事務所, 石巻.
Kikuchi, T. (1968) Forest communities along the Oirase Valley, Aomori Prefecture, *Ecological Review*, **17**: 87-94.
菊池多賀夫 (1973) 伊豆沼湖沼群の沼沢地植物群落, 『伊豆沼湖沼群学術調査報告書, 日本自然保護協会調査報告 49』, 日本自然保護協会, 東京, 15-25.
Kikuchi, T. (1975) Vegetation of Mt. Iide, *Ecological Review*, **18**: 65-91.
菊池多賀夫 (1981 a) 亜高山帯谷頭の植生とその立地, 『アオモリトドマツ林の生態学的研究』飯泉　茂編, 東北大学八甲田山植物実験所, 仙台, 91-98.
菊池多賀夫 (1981 b) 仙台市名取川河川敷の植物群落の配置について, ヒコビア, *Suppl. 1*: 293-296.
Kikuchi, T. (1981) The vegetation of Mount Iide, as representative of mountains with heavy snowfall in Japan, *Mountain Research and Development*, **1**: 261-265.
菊池多賀夫 (1987) ネパール, ロルワリンヒマール・ショロンヒマールの植生の調査から——特に高山帯植生の分布構造について, 群落研究, **4**: 29-36.
Kikuchi, T. (1990) A DCA analysis of floristic variation of plant communities in relation to micro-landform variation in a hillside area, *Ecological Review*, **22**: 25-31.
Kikuchi, T. (1991) Micro-scale vegetation pattern on talus in the alpine region of the Himalayas, "The Himalayan Plants, Vol. 2," H. Ohba and S. B. Malla eds., University of Tokyo Press, Tokyo, 1-9.
菊池多賀夫 (1992) ヒマラヤ高山帯の植生とその分布パターン, 遺伝, **46**: 17-22.
Kikuchi, T. (1993) Vegetation patterns in the alpine zone of the Himalaya in eastern Nepal, In : "High Altitudes of the Himalaya (Biogeography, Ecology and Conservation)" Y. P. S. Pangtey and R. S. Rawal eds., B. L. Consul for Gyanodaya Prakashan, Nainital, 56-64.
菊池多賀夫 (1994) 藤七原シデコブシ生育地の地形, 『藤七原湿地植物群落調査報告書』, 田原町教育委員会, 田原, 7-10.
菊池多賀夫 (1998) 湿地植生と湧水, 『瀬戸市南東部地域自然環境保全調査（水辺・湿地)』, 愛知県農地林務部, 名古屋.

Kikuchi, T. and Miura, O. (1991) Differentiation in vegetation related to micro-scale landforms with special reference to the lower sideslope, *Ecological Review*, **22**: 61-70.

Kikuchi, T. and Miura, O. (1993) Vegetation patterns in relation to micro-scale landforms in hilly land regions, *Vegetatio*, **106**: 147-154.

Kikuchi, T., Mochida, Y., Miyagi, T., Fujimoto, K. and Tsuda, S. (1999) Mangrove forests supported by peaty habitats on several islands in the western Pacific, *TROPICS*, **8**: 197-205.

Kikuchi, T. and Ohba, H. (1988 a) Daytime air temperature and its laps rate in the monsoon season in a Himalayan high mountain region, In: "The Himalayan Plants, Vol. 1" H. Ohba and S. B. Malla eds., University of Tokyo Press, Tokyo, 11-18.

Kikuchi, T. and Ohba, H. (1988 b) Preliminary study of alpine vegetation of the Himalayas, with special reference to small-scale distribution patterns of plant communities, In: "The Himalayan Plants, Vol. 1" H. Ohba and S. B. Malla eds., University of Tokyo Press, Tokyo, 47-70.

Kikuchi, T., Subedi, M. N. and Ohba, H. (1992) Communities of epiphytic vascular plants on a Himalayan mountainside in far eastern Nepal, *Ecological Review*, **22**: 121-128.

Kikuchi, T., Subedi, M. N. and Ohba, H. (1999 a) Alpine vegetation and its pattern on Jaljale Himal, eastern Nepal, In: "The Himalayan Plants, Vol. 3" H. Ohba ed., University of Tokyo Press, Tokyo, 1-21.

Kikuchi, T., Subedi, M. N., Omori, Y. and Ohba, H. 1999 b. Habitats of alpine plants in Jaljale Himal, eastern Nepal, with special reference to Rheum nobile (Polygonaceae), *Journal of Japanese Botany*, **74**: 96-104.

菊池多賀夫・田村俊和・牧田　肇・宮城豊彦 (1978) 西表島仲間川下流の沖積平野にみられる植物群落の配列とこれにかかわる地形 I, マンブローブ林, 東北地理, **30**: 71-81.

菊池多賀夫・田村俊和・牧田　肇・宮城豊彦 (1980) 西表島仲間川下流の沖積平野にみられる植物群落の配列とこれにかかわる地形 II, サガリバナ林・アダン林, 東北地理, **32**: 185-193.

Kikuchi, T., Tsuda, S., Fujita, H. and Takahashi, M. (1987) Aboveground phytomass of post-fire vegetation in the second year at three locations of Honshu Island, Japan, *Ecological Review*, **21**: 93-98.

菊池多賀夫・植田邦彦・後藤稔治・佐藤徳次・高橋　弘・高山晴夫・中西　正・鳴瀬亮司・浜島繁隆 (1991)『週伊勢湾要素植物群の自然保護』, 世界自然保護基金日本委員会, 東京.

Kim, Jong-Won (1997) Syngeography on the amphi-Tonghae's cool-temperate forests, In: "Proceedings of Korea-Japan International Joint Seminar, Cool Temperate Forests in Korea and Japan: Vegetation and Carbon Cycling", Chungbuk National University, Cheongju, 29-51.

吉良竜夫 (1948) 温量指数による垂直的な気候帯のわかちかたについて, 寒地農学,

2 : 143-173.
小泉武栄 (1979) 高山の寒冷気候下における岩屑の生産・移動と植物群落 I, 白馬山系北部の高山荒原植物群落, 日生態会誌, **29** : 71-81.
小島圭二・田村俊和・菊池多賀夫・境田清隆 (編) (1997) 『日本の自然　地域編 2, 東北』, 岩波書店, 東京.
Kudo, G. (1996) Effects of snowmelt timing on reproductive phenology and pollination process of alpine plants, In : "Proceedings of the International Symposium on environmental Research in the Arctic ; 19-21 July, 1995, Tokyo, Japan", 71-82.
工藤　岳 (1997) 雪解け傾度が作りだす高山生態系の多様性——植物と訪花昆虫の相互作用を例として, 北方林業, **49** : 131-135.
Kudo, G. and Ito, K. (1992) Plant distribution in relation to the length of the growing season in a snow-bed in the Taisetsu Mountains, northern Japan, *Vegetatio*, **98** : 165-174.
町田　貞・井口正男・貝塚爽平・佐藤　正・榧根　勇・小野有五 (編) (1981) 『地形学辞典』, 二宮書店, 東京.
Macnae, W. (1968) A general account of the fauna and flora of mangrove swamps and forests in the Indo-West-Pacific region, *Advances in Marine Biology*, **6** : 73-270.
牧田　肇・菊池多賀夫・三浦　修・菅原　啓 (1976) 丘陵地河辺のハンノキ林・ハルニレ林とその立地にかかわる地形, 東北地理, **28** : 83-93.
丸山幸平 (1979) 高木層の主要樹種間および階層間のフェノロジーの比較, ブナ林の生態学的研究 (33), 新潟大学演習林報告, **12** : 19-41.
松原彰子 (1984) 駿河湾奥部沖積平野の地形発達史, 地理学評論, **57** : 37-56.
松原彰子 (1989) 完新世における砂州地形の発達過程——駿河湾沿岸低地を例として, 地理学評論, **62** : 160-183.
松井　健・武内和彦・田村俊和 (編) (1990) 『丘陵地の自然環境——その特性と保全』, 古今書院, 東京.
松本秀明 (1984) 海岸平野にみられる浜堤列と完新世後期の海水準微変動, 地理学評論, **57** : 720-738.
Miehe, G. (1982) Vegetationsgeographische Untersuchungen im Dhaulagiri-und Annapurna-Himalaya. J. Cramer, Vaduz.
Miehe, G. (1990) Langtant Himal, Flora und Vegetation als Klimazeiger und-zeugen im Himalaya, A Prodromus of the Vegetation Ecology of the Himalayas. J. Cramer, Berlin.
Miehe, G. (1997) Alpine vegetation types of the central Himalaya, In : "Polar and Alpine Tundra, Ecosystems of the World 3", F. E. Wielgolaski ed., Elsevier, Amsterdam, 161-184.
南川　幸 (1963) 矢作川水系河原植物群落の植物群落生態学的研究, 『矢作川の自然』, 名古屋, 188-250.
三浦　修・菊池多賀夫 (1978) 植生に対する立地としての地形——丘陵地谷頭を例とする与察的研究, 『吉岡邦二博士追悼　植物生態論集』吉岡邦二博士追悼論

文集出版会編, 東北植物生態談話会, 仙台, 466-477.
Miyagi, T. and Fujimoto, K. (1989) Geomorphological situation and stability of mangrove habitat of Truk Atoll and Ponape Island in the Federated States of Micronesia, *Sci. Repts. of Tohoku Univ. 7th Ser.* (*Geography*), **39**: 25-52.
Miyagi, T., Kikuchi, T. and Fujimoto, K. (1995) Late Holocene sea-level changes and the mangrove peat accumulation / Habitat dynamics in the western Pacific area, In : "Rapid Sea Level Rise and Mangrove Habitat" T. Kikuchi, ed., Institute for Basin Ecosystem Studies, Gifu University, Gifu, 19-26.
Miyagi, T., Tanavuc, C., Pramojanee, P., Fujimoto, K. and Mochida, Y. (1999) Mangrove habitat dynamics and sea-level change-A scenario and GIS miyagi, T., Kikuchi, T. and Fujimoto, K. (1995) Late Holocene sealevel changes and the mangrove peat accumulation / Habitat dynamics in the western Pacific area, In : "Rapid Sea Level Rise and Mangrove Habitat" Kikuchi, T. ed., Institute for Basin Ecosystem Studies, Gifu University, Gifu, 19-26.
宮脇　昭・中村幸人・藤原一絵・村上雄秀 (1984)『富士市の潜在自然植生――富士市の緑多き健康な町づくり』, 富士市, 富士.
宮脇　昭・奥田重俊・藤原一絵 (1971) 那須沼原湿原とその周辺地域の植生,『日本自然保護協会報告書 38, 日光国立公園沼原揚水発電計画に関する調査報告書』, 日本自然保護協会, 東京. 135-182.
宮脇　昭・奥田重俊・藤原一絵・井上香世子 (1976)『サロベツ原野の植生』, 観光資源保護財団, 東京.
宮脇　昭・大場達之・村瀬信義 (1964) 丹沢山塊の植生,『丹沢・大山学術調査報告書』, 神奈川県, 横浜.
宮脇　昭・大場達之・村瀬信義 (1969)『箱根・真鶴半島の植物社会学的研究――とくに箱根中央火口丘上の植生について』, 神奈川県教育委員会, 横浜.
宮脇　昭・大場達之・奥田重俊・中山　洌・藤原一絵 (1968) 越後三山・奥只見周辺の植生 (新潟県・福島県),『日本自然保護協会調査報告 34, 越後三山・奥只見自然公園学術調査報告』, 日本自然保護協会, 東京.
水野恵司 (1989) 速度と持続時間の頻度分布にもとづいたランドスライドの分類, 地理学評論, **62**(4) : 320-331.
森下和男・山中二男 (1956) トサシモツケの分布と生態, 日本生態学会誌, **6**: 50-53.
森山昭雄 (1987) 木曽川・矢作川流域の地形と地殻変動, 地理学評論, **63**: 67-92.
森山昭雄・丹羽正則 (1985) 土岐面・藤岡面の対比と土岐面形成に関連する諸問題, 地理学評論, **58**: 275-294.
村上雄秀 (1985) 山地先駆性低木林,『日本植生誌　中部』宮脇　昭編, 至文堂, 東京, 310-314.
Nagamatsu, D. and Miura, O. (1997) Soil disturbance regime in relation to micro-scale landforms and its effects on vegetation structure in a hilly area in Japan, *Plant Ecology*, **133**: 191-200.
内藤俊彦・柴崎　徹・菅原亀悦・飯泉　茂 (1992) 伊豆沼・内沼の植物相と植生,

『伊豆沼・内沼環境保全対策に関する報告書』伊豆沼・内沼環境保全対策検討委員会編, 宮城県, 仙台, 23-81.
中川久夫 (1992) 伊豆沼・内沼付近の地形・地質,『伊豆沼・内沼環境保全対策に関する報告書』伊豆沼・内沼環境保全対策検討委員会編, 宮城県, 仙台, 4-12.
中村太士 (1990) 地表変動と森林の成立についての一考察, 生物科学, **42**: 57-67.
Nakamura, K., Tsuda, S. and Kikuchi, T. (1989) Relation of micro-scale landform to succession after forest fire, *Ecological Review*, **21**: 293-295.
中西弘樹 (1984) 日本中南部の礫浜植生の植物社会学的研究, ヒコビア, **9**: 137-145.
中西弘樹 (1988) 海浜地形と海浜植生に関する用語について, 植物地理・分類研究, **36**: 123-126.
中西弘樹・福本 紘 (1987 a) 吹上浜における海浜植生の生態構造と地形,『中西哲博士追悼 植物生態・分類論文集』, 神戸群落生態研究会, 神戸, 187-195.
中西弘樹・福本 紘 (1987 b) 南日本における海浜植生の成帯構造と地形, 日本生態学会誌, **37**: 197-207.
Nakanishi, H. and Fukumoto, H. (1987) Coastal vegetation and topography in northern Hokkaido, Japan, *Hikobia*, **10**: 1-12.
中西弘樹・福本 紘 (1990) 北海道オホーツク海沿岸における海浜植生の成帯構造と地形, 植物地理・分類研究, **38**: 51-60.
中西弘樹・福本 紘 (1991) 山陰地方における海浜植生の成帯構造と地形, 日本生態学会誌, **41**: 225-235.
中西弘樹・福本 紘 (1993) 能登半島の海浜植生の成帯構造と地形, 植物地理・分類研究, **41**: 95-101.
中西弘樹・福本 紘 (1994) 本州最北部の海浜植生の成帯構造と地形, ヒコビア, **11**: 575-586.
中山正民・高木勇夫 (1987) 微地形分析よりみた甲府盆地における扇状地の形成過程, 東北地理, **39**: 98-112.
新山 馨 (1987) 石狩川に沿ったヤナギ科植物の分布と生育地の土壌の土性, 日本生態学会誌, **37**: 163-174.
新山 馨 (1989) 札内川に沿ったケショウヤナギの分布と生育地の土性, 日本生態学会誌, **39**: 173-182.
大場達之 (1973) 日本の亜高山広葉草本——低木群落, 神奈川県立博物館研究報告 (自然科学), **6**: 62-93.
大場達之 (1974) 日本の亜高山広葉草原 1, 神奈川県立博物館研究報告 (自然科学), **7**: 23-56.
大場達之 (1976) 日本の亜高山広葉草原 2, 神奈川県立博物館研究報告 (自然科学), **9**: 9-36.
Ohba, T. und Sugawara, H. (1979) Bemerkung über die japanischen Vorwald-Gesellschaften, "Vegetation und Landschaft japans" A. Miyawaki and S. Okuda eds., The Yokohama Phytosociological Society, Yokohama, 227-236.
大平明夫 (1995) 完新世におけるサロベツ原野の泥炭地の形成と古環境変化, 地理学評論, **63**: 695-712.

大野啓一 (1979) 西日本における沖積低地の河畔林に関する群落学的考察, "Vegetation und Landschaft Japans" A. Miyawaki and S. Okuda eds., The Yokohama Phytosociological Society, Yokohama, 227-236.
Ohno, K. (1982) A phytosociological study of the valley forests in the Chugoku Mountains, southwestern Honshu, *Japan, Japanese Journal of Ecology*, **32**: 303-324.
Ohno, K. (1983) Pflanzensoziologische Untersuchungen über japanische Flussufer-und Schluchtwälder der Montanen Stufe, *Journal of the Hiroshima University, Series B, Div. 2 (Botany)*, **18**: 235-286.
大沢雅彦・田中信行・P. R. サキヤ・沼田 真 (1983) 東部ネパール・アルン谷の森林型とその分布,『東ネパール・アルン谷の生態学的調査とバルンツェの登頂——1981年千葉大学東ネパール学術調査登山隊報告書』沼田 真編, 千葉大学ヒマラヤ委員会, 千葉, 79-111.
Ohsawa, M. (1990) An interpretation of latitudinal patterns of forest limits in south and east Asian mountains, *Journal of Ecology*, **78**: 326-339.
大矢雅彦 (1973) 沖積平野における地形要素の組み合せの基本型, 早稲田大学教育学部学術研究, **22**: 23-43.
大矢雅彦・金 萬亨 (1989) 地形分類を基礎とした日本と韓国の河成平野の比較研究, 地理学評論, **62 A-2**: 75-91.
恩田裕一・奥西一夫・飯田智之・辻村真貴 (編) (1996)『水文地形学——山地の水循環と地形変化の相互作用』, 古今書店, 東京.
織戸明子・星野義延 (1997) 奥日光・奥鬼怒地方冷温帯林における種組成・構造の南北斜面間での差異, 植生学会誌, **14**: 77-89.
Rundel, P. W. (1994) Tropical alpine climates, In: "Tropical Alpine Environments, Plant Form and Function", P. W. Rundel, A. P. Smith and F. C. Meinzer eds. Cambridge University Press, Cambridge, 21-44.
Sakai, A. and Ohsawa, M. (1993) Vegetation pattern and microtopograpy on a landslide scar of Mt. Kiyosumi, central Japan, *Ecological Research*, **8**: 47-56.
Sakai, A. and Ohsawa, M. (1994) Topographical pattern of the forest vegetation on a river basin in a warm-temperate hilly region, central Japan, *Ecological Research*, **9**: 269-280.
酒井暁子 (1995) 河谷の侵食作用による地表の攪乱は森林植生にどのように影響しているのか? 日本生態学会誌, **45**: 317-322.
Sakai, A., Ohsawa, T. and Ohsawa, M. (1995) Adaptive significance of sprouting of Euptelea polyandra, a deciduous tree growing on steep slopes with shallow soil, *J. Plant Res.*, **108**: 377-386.
Sakio, H. (1997) Effects of natural disturbance on the regeneration of riparian forests in a Chichibu Mountains, central Japan, *Plant Ecology*, **132**: 181-195.
崎尾 均 (1993) シオジとサワグルミ稚樹の伸長特性, 日本生態学会誌, **43**: 163-167.

佐藤 創 (1988) 道南松前半島におけるサワグルミ林の構造と成立地形, 森林立地, **30**: 1-9.
佐藤 創 (1992) サワグルミ林構成種の稚樹の更新特性, 日本生態学会誌, **42**: 203-214.
佐藤 創 (1995) 北海道南部のサワグルミ林の成立維持機構に関する研究, 北海道立林業試験場道北支場研究報告, **32**: 55-96.
Savigear, R. A. G. (1965) A technique of morphological mapping, *Annals of the Association of American Geographers*, **55**: 514-538.
瀬沼賢一 (1998) 美濃――三河地域の低湿地植生, 植生学会誌, **15**: 47-59.
四手井綱英 (1952) 奥羽地方の森林帯 (予報), 日本林学会東北支部会誌, **2**: 2-8.
島田和則 (1994) 高尾山における先駆性高木種5種の地形分布と樹形の意義, 日生態会誌, **44**: 293-304.
島津 弘 (1998) 古池沢沖積錐の地形と土砂移動プロセス, 『上高地梓川の地形変化, 土砂移動, 水環境と植生の動態に関する研究』, 上高地自然誌研究会, 松本, 12-21.
設楽 寛 (1992) 伊豆沼・内沼の地理的位置と地形的位置, 『伊豆沼・内沼環境保全対策に関する報告書』 伊豆沼・内沼環境保全対策検討委員会編, 宮城県, 仙台, 1-3.
Smith, A. P. (1994) Introduction to tropical alpine vegetation, In : "Tropical Alpine Environments, Plant Form and Function" P. W. Rundel, A. P. Smith and F. C. Meinzer eds., Cambridge University Press, Cambridge, 1-19.
Strahler, A. N. (1952) Hypsometric (area-altitude) analysis of erosional topography, *Bull. G. S. A.*, **63**: 1117-1142.
菅原亀悦 (1978) 北限地帯モミ林の生態学的研究, 宮城県農業短期大学紀要, **4**: 3-68.
鈴木時夫 (1966) 日本の自然林の植物社会学体系の概観, 森林立地, **8**: 1-12.
鈴木時夫・結城嘉美・大木正夫・金山俊昭 (1956) 月山の植生, 『月山朝日山系総合調査報告書』, 144-199.
高岡貞夫 (1998) 上高地下又白谷の沖積錐における土石流による攪乱と森林群落, 『上高地梓川の地形変化, 土砂移動, 水環境と植生の動態に関する研究』, 上高地自然誌研究会, 松本, 22-30.
Tamura, T. (1969) A series of micro-landform units composing valley-heads in the hills near Sendai, *Sci. Rep. Tohoku Univ., 7th Ser.* (*Geography*), **19**: 11-127.
田村俊和 (1974 a) 谷頭部の微地形構成, 東北地理, **26**: 189-199.
田村俊和 (1974 b) 最近の地形学 5. 地形と土壌, 土と基礎, **22**: 89-94.
田村俊和 (1987) 湿潤温帯丘陵地の地形と土壌, ペドロジスト, **31**: 29-40.
田村俊和 (1993) 丘陵地の微地形を軸にとらえた自然立地単位――都市近郊林利用計画への応用を目指して, 林業技術, **615**: 15-18.
田村俊和 (1996) 微地形分類と地形発達――谷頭部斜面を中心に, 『水文地形学――山地の水循環と地形変化の相互作用』 恩田裕一・奥西一夫・飯田知之・辻村真貴編, 古今書院, 東京, 177-189.

田村俊和・阿子島功 (1986) シンポジウム 2.「傾斜地の環境動態とその図化」要旨, 東北地理, **38**: 255-269.

田村俊和・宮城豊彦 (1987) 富谷丘陵東部・利府林野火災跡地における斜面崩壊,『林野火災の生態』飯泉 茂編, 林野火災研究グループ, 仙台, 331-340.

田村俊和・宮城豊彦・小岩直人・三浦 修・菊池多賀夫 (1990) 仙台城址およその周辺地域の地形と植生の立地,『仙台城址の自然——仙台城跡自然環境総合調査報告』, 仙台市教育委員会, 仙台, 149-169.

Tamura, T. and Takeuchi, K. (1980) Land characteristics of the hillsa and their modification by man: with special reference to a few cases in the Tama Hills, west kof Tokyo, *Essays in Geography of Tokyo, Geographical Reports of Tokyo Metropolitan University*, **14/15**: 49-94.

Tanaka, N. (1985) Patchy structure of a temperate mixed forest and topography in the Chichibu Mountains, Japan, *Japanese Journal of Ecology*, **35**: 153-167.

田中 正 (1996) 降雨流出過程,『水文地形学——山地の水循環と地形変化の相互作用』恩田裕一・奥西一夫・飯田知之・辻村真貴編, 古今書院, 東京, 56-66.

Tansley, A. G. (1935) The use and abuse of vegetational concepts and terms, *Ecology*, **16**: 284-307.

寺島一郎 (1992) ヒマラヤの高山植物——その適応と生態, 高山植物の光合成特性, 遺伝, **46**: 29-35.

Terashima, I., Masuzawa, T. and Ohba, H. (1993) Photosynthetic characteristics of a giant alpine plant, Rheum nobile Hook. f. et Thoms. and of some other alpine secies measured at 4300 m, in the eastern Himalayas, Nepal, *Oecologia*, **95**: 194-201.

寺嶋智巳 (1996) パイピングと土砂生産,『水文地形学——山地の水循環と地形変化の相互作用』恩田裕一・奥西一夫・飯田知之・辻村真貴編, 古今書院, 東京, 119-131.

塚本良則 (1974) 流域地形がもつ法則性とその林業技術への応用の可能性について, 森林立地, **16**: 17-32.

塚本良則・峰松浩彦・丹下 勲 (1988) 斜面の表層に発達する地中パイプ, 波丘地研究, **6**: 268-280.

恒屋冬彦・伊藤浩司 (1983) 札幌市北部の潜在自然植生, 環境科学 (北海道大学), **6**: 95-115.

恒屋冬彦 (1996) 北海道石狩町生振の低地に成立する森林群落について——主な樹種の分布様式と生育地の特性, 日本生態学会誌, **46**: 21-30.

植田邦彦 (1989) 東海丘陵要素の植物地理 I, 定義, 植物分類, 地理, **40**: 190-202.

植田邦彦 (1994) 東海丘陵要素の起源と進化,『植物の自然史——多様性の進化学』岡田 博・植田邦彦・角野康郎編著, 北海道大学図書刊行会, 札幌.

梅原 徹・丸井英幹 (1997) 愛知川河辺林の植生と植物相,『愛知川河辺林「建部の森」の自然——河辺いきものの森自然環境調査業務報告書』, 八日市市, 八日市, 7-50.

薄井 宏 (1955) 奥日光の森林植生. 第一報 男体山の部, 宇都宮大学農学部学術報

告, **3**: 18-30.
Vann, J. H. (1959) Landform-vegetation relationships in the Atrato Delta, *Annals of the Association of American Geographers*, **49**: 345-360.
Whittaker, R. H. (1953) A consideration of climax theory: the climax as a population and pattern, *Ecological Monographs*, **23**: 41-78.
Whittaker, R. H. (1956) Vegetation of the Great Smoky Mountains, *Ecological Monographs*, **26**: 1-69.
Woodroffe, C. D. (1992) Mangrove sediments and geomorphology, In: "Tropical Mangrove Ecosystems: Coastal and Esturine Studies, No. 41", A. L. Robertson and D. M. Alongi eds., American Geophysical Union, Washington, D. C., 7-41.
Woodroffe, C. D. (1999) Response of mangrove shorelines to sea-level change, *TROPICS*, **8**: 159-177.
Yabe, K. and Numata, M. (1984) Ecological studies of the Mobara-atsumi marsh. Main physical and chemical factors controlling the marsh ecosystem, *Jap. J. Ecol.*, **34**: 174-186.
八木浩司 (1995) 白神山地の地形とその発達,『平成6年度特定地域自然林総合調査報告書(白神山地自然環境保全地域総合調査報告書)』, 国立公園協会.
山中二男 (1981) 南四国における暖温帯の河辺林, ヒコビア, **別巻1**: 257-264.
山中二男・竹崎恵子 (1959) キシツツジの分布と生態 河岸岩上の植生とフロラ, 植物研究雑誌, **34**: 215-224.
山崎 敬・植松春雄 (1963) 赤石山脈北部の植生 (I), 植物研究雑誌, **38**: 280-288.
Yano, N. (1962) The subterranean organ of sand dune plants in Japan, *Journal of Science of the Hiroshima University, Series B, Div. 2*, **9**: 139-184.
安成哲三・藤井理行 (1983)『ヒマラヤの気候と氷河――大気圏と雪氷圏の相互作用』, 東京堂出版, 東京.
吉川正人・福嶋 司 (1997) 奥日光の亜高山帯域における土石流堆積地上の遷移と堆積物の二次移動との関係, 植生学会誌, **14**: 91-104.
吉岡邦二 (1943) 逆川岳崩壊跡地の植物群落, 生態学研究, **9**: 162-164.
吉岡邦二 (1952) 東北地方森林の群落学的研究 第1報 仙台市付近モミ――イヌブナ林地帯の森林, 植物生態学会報, **1**: 165-175.
吉岡邦二 (1958)『日本松林の生態学的研究――林業技術叢書20』, 日本林業技術協会, 東京.
吉岡邦二 (1973) 植生,『東北の土壌と農業』, 日本土壌肥料学会, 19-27.
吉岡邦二 (1975) 植生,『日本地誌第3巻 東北地方総論――青森県・岩手県・秋田県』青野寿郎・尾留川正平責任編集, 二宮書店, 東京, 52-55.
Yoshioka, K. and Kaneko, T. (1963) Distribution of plant communities on Mt. Hakkoda in relation to topography, *Ecological Review*, **16**: 71-81.
吉木岳哉 (1993) 北上山地北縁の丘陵地における斜面の形態と発達過程, 季刊地理, **45**: 238-253.
吉永秀一郎・武内和彦 (1986) 多摩丘陵西部小流域の地質条件と斜面地形, 東北地理, **38**: 1-15.

おわりに

　地表の"かたち"は，高度，斜面方位，傾斜角度などの要素に分解でき，それらの計測価として表現することが可能である．そして，計測価と植物群落とのあいだに一定の関係を見出すこともできる．図2-1，図2-4，図2-7などはその例であるが，地形と植生とのあいだの真に有機的な関係を理解するためにはこれだけでは不足で，地形と植生とのあいだに介在する気候や土壌の要因を検討することが必要となる（たとえば図2-1，図2-5など）．植物の生育を直接左右する要因という意味では，気候や土壌の条件をむしろ主題として取り上げるべきであろう．しかし，その条件が，どの場所に，どのように実現するかということになれば，地形を無視して考究は成り立たない．

　地形の影響が植生に及ぶまでには2つの経路があり，いずれも，もとをたどれば地表の起伏から始まる．起伏が斜面をつくり，尾根を連ね，谷をなし，それらに制御されて地表に気候，土壌の局地的な相違がつくり出され，植生の違いが生み出される．一方，起伏は物質の移動を誘導して地表に攪乱をもたらし，特有の植生を成立させる．物質の移動が植物の生育を直接左右する重要な要因をつくり出しているが，物質の移動は地形の形成作用そのものであることはいうまでもない．この場合の物質の移動は現在の現象で，だからこそ植物の生育に影響を及ぼすことになるが，物質移動の起因となる起伏は地史的な長い歴史を経てつくられており，現在の立地と植生の関係に対しては，いわば与えられた条件である．与えられた条件としての地形と，その条件から導かれて地表に攪乱をもたらす地形と，2つは性格が異なる（図1-1）．植生の立地としてみれば，後者は植物の生育に直接作用する要因となるが，前者にそのような働きはない．しかし，植生の存在に対して枠組みを与えるような重要な役割を演じる．たとえば流域ならば，相対的に安定な斜面が流域を縁どり，斜面下半部は活発な開析作用を受け，開析から生まれた物質の運搬路として谷底面が成り立ち，物質は下流に堆積して沖積平野を形成するというように地形の構造が成立する．この構造が，流域の植生に配置構造の

枠組みを与えている．本書はこの配置に沿って構成されており，地表の地形的構造に則して植物群落がどのように配置され，総体として植生がどのように成り立つものかを考えてきた．

地表の攪乱を介して地形が植生に影響するという経路を，本書では攪乱規制経路と呼び，一方，気候，土壌を介する影響経路を形態規制経路と呼んだ（図1-1）．山腹，丘腹斜面は，植生および立地としての性格から，上部斜面域と下部斜面域とに区分される．概略的には後氷期（現在）の開析作用が及ぶ下部斜面域と，その作用をまぬがれる上部斜面域との2分である（3.5節）．この区分と，植生に対する地形の影響経路との関係は，下部斜面域では攪乱規制経路が卓越し，その規制を受けない上部斜面域では，反面，形態規制経路が顕著になる．河川の影響下にある河床や沖積平野では，攪乱規制経路が主になることはいうまでもない．

上部斜面域にも攪乱が全くないわけではない．土壌匍行のような小規模，緩慢な動き，樹木の根がえり，動物の巣穴の形成など，さまざまな形で地表の変動，攪乱はある．高山の寒冷気候のもとで形成される砂礫地でも，形成には凍結による表土の攪乱がかかわる（図2-6）．しかし，高山砂礫地の例は別として，植生の明らかな違いを導くほどの顕著な影響はこれらの攪乱にはみあたらない．したがって本書では取り上げていないが，植物個体の生活史まで踏み込んで，たとえば種子期，発芽期，実生期などに注目したときには，攪乱と生活史との興味ある関係が上部斜面域でも浮かびあがってくるに違いない．また，その理解をふまえることで，植物群落の形成，更新にかかわるような影響を見出さすことができるかもしれない．

とはいえ，上部斜面域では形態規制経路が主役であることに変わりはなく，第2章，第3章に地形の形態的特性が小地形，微地形スケールの植生の違いを生み出している例をいくつかあげた．この多くは気候的要因を介するものである．土壌要因を通じての影響については，3.5節でシデコブシの立地となる谷底が上部斜面域に所属することを論じた以外にほとんど言及していない．この立地は，谷壁斜面から供給される地下水が谷底に湧き出して特有の立地を形成するもので，水の動態から理解されるべきものである．同時に述べたミカズキグサ属植物（イヌノハナヒゲなど）が優占する草本群落の湿地にしても同じことがいえる．同じように地下水の動態から形成される湿地は

当然各地にあるはずで，各地にある各種の湿地，湿原を，上部斜面域の一角を占める群落として見直す必要がある．そのためには上部斜面域の植生にもさまざまな部分的差異はあり，けっして気候的極相が一様に広がる地域ではないことを認識して植生の局地的変化を体系的に把握することがまず必要である．しかし，そこまでは及ばなかった．

　植生に影響する環境要因として地形を考えてきたが，要点は3つにまとめられる．すなわち，1) 静的な起伏・形態から捉える地形と物質移動・地表攪乱から捉える動的な地形の違い，2) 影響を及ぼす道筋としての形態規制経路と攪乱規制経路の違い，3) 後氷期開析作用が及ぶ範囲からみた山腹・丘腹斜面の下部斜面域と上部斜面域への区分，である．これらは互いに表裏といってよいほどの密接な関係にあるが，植生の成り立ちを立地から考えるときの手がかりとなるはずである．

索　引

ア　行

アオキ　57
アオモリトドマツ　63
アカマツ　12,56,95,176
あたたかさの指数　23
アッケシソウ　187
イイギリ　67,91,95,97,124
1年生草本植物　160
一斉林　128
イヌブナ　12,50,52
ウラジロアカメガシワ　173
裏日本　14
運搬　6
栄養繁殖　160
エゾイタヤ　198
エノキ　178
塩生沼沢　187
塩生植物群落　164
オオイタドリ　181
オオバヤナギ　133,151
オカヒジキ　198,200
オギ　133,162,180
オヒルギ　167,173,187
表日本　14
オヤマノエンドウ　36
温量指数　133

カ　行

海進　170,171
海水準変動　194
開析　6,89
　――前線　2
海退　171
攪乱　2,73,94
　――規制経路　3,6
河口湾　167
カサスゲ　188
河床　4,108,132
　――横断面　137
　――勾配　139
　――縦断面　133
カシワ　201
潟　189
下部斜面域　75,78,89
下部谷壁凹斜面　84
下部谷壁斜面　46,48,65,67,71,98,114
カワヤナギ　156,162
カワラハハコ　4,133,156
環境傾度　39
気候　2
偽高山帯　27
気候的極相　52
キシツツジ　147
起伏　1
ギャップ　130
丘脚先端斜面　83
休眠芽　103
強風砂礫地　38
クロベ　5
群集　16,21
群楽　16,21
渓岸急斜面　83
傾斜変換線　46
形態規制経路　3,7,80
ケショウヤナギ　151

218　索　引

ケヤキ　177
ケヤマハンノキ　125,154
原植生　16
現存植生　16
現存量　61
高茎草本　110
更新　59,118
洪水　148,150,152
高度　22
後背湿地　167,173,183
コウボウムギ　199,200
湖沼　183
コナラ　53,95
コメツガ　30
コメバツガザクラ　35

　　　　サ　行

サガリバナ　173
砂丘　14,199
砂州　187,191
砂堆　162
サツキ　147
寒さの指数　24
砂礫堆　4,132,155,158,176
サワグルミ　5,111,116,124,126,127
三角州　135,167,184
残雪　11,32
山腹斜面　4
山脈　25
シイ　71
シオジ　129
次数　54
地すべり　73,100,119,122
自然堤防　167,173,179
湿原　12
シデコブシ　79
斜面崩壊　73,89
循環　152
沼沢　12
小段丘面　84
上部斜面域　75,78,80,114
上部谷壁凹斜面　82

上部谷壁斜面　46,47
常緑樹林　70
植物群落　17
植生　3
　――図　3
　――帯　7,22
植物群落　3
群落型　20
序列　54
侵食　70,75
　――前線　66,80
森林限界　23,28
水路　46,49
　――底　79
スケール　9,15,173
スタンド　17
砂浜　14
生育期間　33
生活史　103
潟潮　191
積雪　26
雪田　27,33,40
　――植物群落　35
遷移　115,152,160
浅開析谷　97
遷急点　79
洗堀　150
扇状地　135,156,175
相観　21
掃流　132

　　　　タ　行

代償植生　16
太平洋側　14
タカネスミレ　36
多雪山地　7
多雪地帯　26
タチヤナギ　162
タブ　179
タブノキ　173
タマアジサイ　100,105
他律的遷移　161

索　引　*219*

段丘　154
　　――崖　119
　　――面　118
地下水位　144
チガヤ　156
地史　173
地表流　78
中間流　77,78
抽水植物　183
沖積錐　125
沖積平野　14,165
潮間帯　187
頂部斜面　46
頂部平坦面　47
沈水植物　183
ツルヨシ　133,156
DCA　53,92
泥炭　192
　　――地　189,193
泥流　147
東海丘陵要素　79
動的平衡　118
土壌　2,70,94
　　――凍結　33
土石流　125,147,175
土地的極相　111
ドロノキ　151

ナ　行

雪崩　113
二次植生　16
日射　30,39
日本海側　14
ヌマガヤ　10
根返り　104
ネコヤナギ　157
根まがり　110,112
年代測定　196
年齢構成　129

ハ　行

パイピング　77

ハマアザミ　201
ハマゴウ　201
ハマニンニク　200
ハママツナ　187
ハルニレ　126,141,144
ハンノキ　144
氾濫　105,179
　　――原　118,149,154,167
日陰斜面　41
比高　156
飛砂　199
微地形単位　45,82,92
日向斜面　30,41
ヒメヤシャブシ　10,110,112,114,123
浜堤　197
風衝　35,39
風背　35
フサザクラ　5,98,99,101,105,123,146
ブナ　4,12,16,26,30,63,113
浮葉植物　183
浮流　132
分類体系　20
方位　28,30,31,37
萌芽　57,102,161
　　――幹　110,112
崩壊　108,123,143
　　――地　99
飽和地表流　77
匍匐枝　158

マ　行

埋土種子　61
マコモ　133,189
マスムーブメント　92,105,141,146,175
マングローブ　167,185
ミズゴケ　191
ミズナラ　12,30,198
水みち流　77,78
ミネズオウ　35
ミヤマカワラハンノキ　109,123
ミヤマナラ　7,10,113
ミヤマハンノキ　116

ムクノキ 177
モミ 12,50,52,66

ヤ 行

ヤエヤマヒルギ 167,173,187
ヤシャブシ 4,106,146
谷底低地 46
谷底平野 149,165
谷底面 49,79,144
谷頭 43,46,63
　　——凹地 48,56-59
　　——急斜面 47,83
　　——斜面 83
　　——平底 46,48
ヤナギ林 139

ヤハズハンノキ 115
谷壁斜面 46
山火事 61
山崩れ 122
湧水 79
融雪 33
溶流 132
ヨシ 133,162,189

ラ 行

落葉樹林 70
粒度 156
麓部斜面 49,84
礫径 136

著者略歴
1939 年　山形県に生まれる．
1962 年　東北大学理学部生物学科卒業．
　　　　東北大学理学部助教授，岐阜大学流域環境研究
　　　　センター教授，同センター長などを経て，
2004-2006 年　横浜国立大学大学院環境情報研究院教授．
現　在　理学博士．

主要著書
『植物群落とその生活』（共著，1980 年，東海大学出版
　会）
『丘陵地の自然環境――その特性と保全』（分担執筆，
　1990 年，古今書院）
『ファイアーエコロジー――火の生態学』（分担執筆，
　1991 年，東海大学出版会）
『日本の自然 地域編 2 東北』（分担執筆，1997 年，岩
　波書店）

地形植生誌
　　　　　2001 年 7 月 12 日　初　版
　　　　　2011 年 8 月 31 日　第 3 刷

　　　　　　［検印廃止］

　　　　　　　　きくちたかお
　　著　者　菊池多賀夫

　　発行所　財団法人　東京大学出版会

　　代表者　渡辺　浩

　　　　　113-8654 東京都文京区本郷 7-3-1 東大構内
　　　　　電話 03-3811-8814・振替 00160-6-59964

　　印刷所　三美印刷株式会社
　　製本所　矢嶋製本株式会社

Ⓒ 2001 Takao Kikuchi
ISBN 978-4-13-060176-4　Printed in Japan

Ⓡ〈日本複写権センター委託出版物〉
本書の全部または一部を無断で複写複製（コピー）することは，著
作権法上での例外を除き，禁じられています．本書からの複写を
希望される場合は，日本複写権センター（03-3401-2382）にご連絡
ください．

Natural History Series

日本の自然史博物館　糸魚川淳二著　　A5判・240頁/4000円
●理論と実際とを対比させながら自然史博物館の将来像をさぐる．

樹木社会学　渡邊定元著　　A5判・464頁/5200円
●永年にわたり森林をみつめてきた著者が描き上げた森林と樹木の壮大な自然史．

花の性　その進化を探る　矢原徹一著　　A5判・328頁/3800円
●魅力あふれる野生植物の世界を鮮やかに読み解く．発見と興奮に満ちた科学の物語．

シダ植物の自然史　岩槻邦男著　　A5判・272頁/3400円
●「生きているとはどういうことか」を解く鍵を求め続けてきたあるナチュラリストの軌跡．

高山植物の生態学　増沢武弘著　　A5判・232頁/3800円
●極限に生きる植物たちのたくみな生きざまをみる．

植物の進化形態学　加藤雅啓著　　A5判・256頁/4000円
●植物のかたちはどのように進化したのか．形態の多様性から種の多様性にせまる．

新しい自然史博物館　糸魚川淳二著　　A5判・240頁/3800円
●これからの自然史博物館に求められる新しいパラダイムとはなにか．

ここに表記された価格は本体価格です．御購入の際には消費税が加算されますので御了承下さい．